FASZINATION WISSEN

TIERE • NATUR • TECHNIK

Ravensburger Buchverlag

Inhalt

Tiere

Säugetiere

Inhalt

Was ist ein Säugetier?

Säugetiere sind erstaunliche Lebewesen. Manche klettern in Bäumen, andere laufen flink über den Boden, buddeln sich in die Erde, schwimmen oder tauchen, und einige können sogar fliegen. Giraffen sind riesig, Mäuse ziemlich klein und Schnabeltiere sehen aus wie ein Otter mit Entenschnabel. Alle Säugetiere säugen ihre Jungen mit Milch und sie sind behaart. Auch wir Menschen gehören zu der großen Gruppe der Säuger.

Kleiner Anfang
Vor fast 200 Millionen Jahren huschten schon einige behaarte Tiere zwischen den gewaltigen Füßen der Dinosaurier umher.

Warmblüter
Arktische Schneehasen hoppeln über eisigen Schnee, Mungos laufen auf heißem Sand. Doch ihre Körpertemperatur ist fast dieselbe. Der Grund: Alle Säugetiere sind Warmblüter. Sie regulieren ihre Körpertemperatur selbst, egal wie warm oder kalt es auch sein mag.

Eier legende Säugetiere

Fast alle Säuger gebären lebende Junge. Nur Schnabeltiere und Ameisenigel legen wie die Kriechtiere Eier. Die Schnabeltierkinder schlüpfen nach etwa zehn Tagen aus dem Ei und werden dann vier Monate lang von der Mutter mit Milch ernährt.

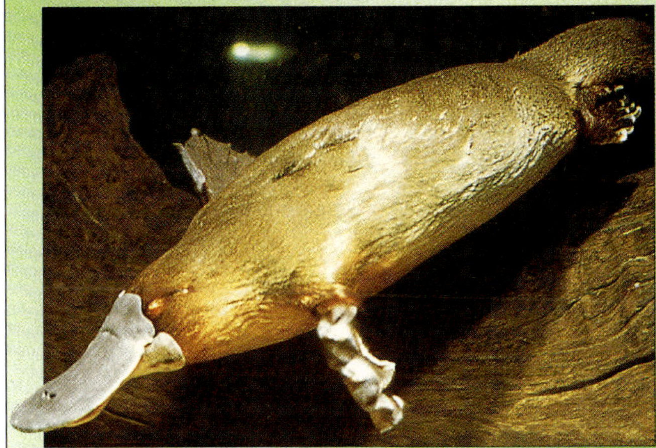

Die Eier der Schnabeltiere sind weich und etwa murmelgroß.

Es gibt über 6000 Säugetierarten. Diese schöne Katze ist ein Ozelot.

Nur Säugetiere haben Ohrmuscheln.

Mit ihrer feinen Spürnase können Säuger sehr gut riechen.

Der Unterkiefer besteht aus einem einzigen Knochen.

Alle Säugetiere haben Haare – selbst die Wale haben behaarte Lippen.

Über 550 Säugetierarten sind vom Aussterben bedroht, auch der Ozelot: Er wird wegen seines wunderschön gefleckten Fells gejagt.

Ozelotweibchen gebären nach einer Tragzeit von 80 Tagen bis zu 4 Junge pro Wurf.

Säuger haben wie alle Wirbeltiere im Körper ein Knochengerüst, das Skelett.

Unter der Haut liegt eine wärmende Fettschicht.

Großer Panda

Fledermaus

Eselhase

Goldmäuse

Babynahrung

Weibliche Säugetiere erzeugen in besonderen Drüsen Milch. Ihre Babys saugen häufig an den Zitzen und wachsen schnell heran.

Beuteltiere

Beuteltiere haben einen Bauchbeutel. Darin findet das Junge, was es braucht: Schutz und Milch. Heute leben fast alle Beuteltiere in Australien, doch vor 100 Millionen Jahren waren sie weltweit verbreitet. Als sich andere Säugetiere wie etwa Katzen und Ratten entwickelten, starben die meisten Beuteltiere aus. In Australien überlebten sie, weil dieser Kontinent von den anderen getrennt wurde, bevor die neuen Säuger dorthin vordringen konnten. Die bekanntesten Beuteltiere sind die Kängurus, daneben gibt es aber auch andere wie Beutelratten und Beutelbären.

Weibchen des Roten Riesenkängurus sind 1 Meter groß, die Männchen 2 Meter. Sie leben in Australien.

Kängurus können nicht rückwärts gehen.

Wie Hirsche und Rehe haben Kängurus lang gestreckte Kiefer mit viel Platz für ihre großen, flachen Mahlzähne.

Die Weibchen des Roten Riesenkängurus heißen auch „Blaue Flieger“, weil sie ein blaugraues Fell haben und schneller springen können als die Männchen.

Der Schwanz hilft dem Känguru, das Gleichgewicht zu halten.

Wird ihnen zu warm, lecken Kängurus eine kahle Stelle an ihren Vorderbeinen. Der Speichel verdunstet und bringt dem Tier Kühlung.

Natürlich haben nur die Weibchen einen Beutel, denn sie bekommen ja auch die Babys.

Bei Gefahr bringt sich das Junge schnell im Beutel in Sicherheit.

Gewaltige Beinmuskeln

Riesensprünge

Die Hinterbeine des Roten Riesenkängurus sind sehr lang. Damit kann es gewaltige Sprünge machen und erreicht Geschwindigkeiten von bis zu 65 Kilometer pro Stunde.

Ausgerottet

Der letzte Beutelwolf ist 1936 in einem Zoo gestorben. Beutelwölfe waren gestreift wie Tiger und hatten einen dicken Schwanz wie Kängurus. Sie wurden von Farmern ausgerottet, weil sie deren Schafe rissen.

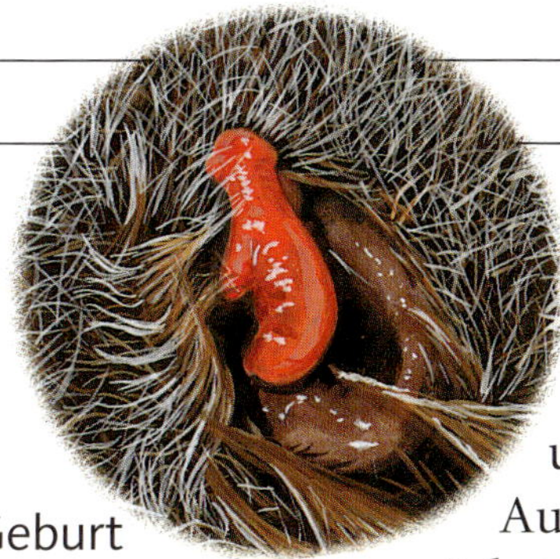

Geburt

Winzig klein

Ein neugeborenes Kängurubaby ist keine zwei Zentimeter lang und hat weder Beine noch Augen. Wie alle Beuteltiere wächst es im Beutel der Mutter weiter heran und nicht in ihrem Bauch.

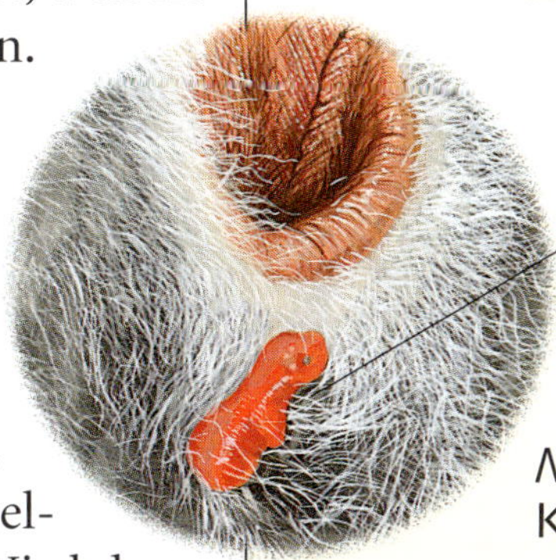

Der Winzling kriecht mit Hilfe seiner Stummelarme durch einen Wald von Haaren.

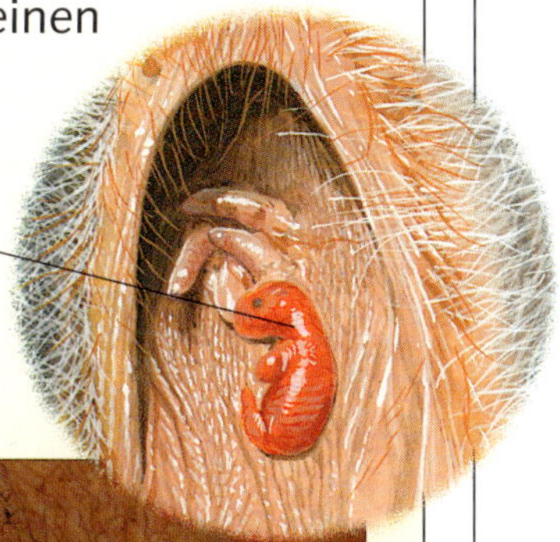

Minuten später ist das Kleine im Bauchbeutel.

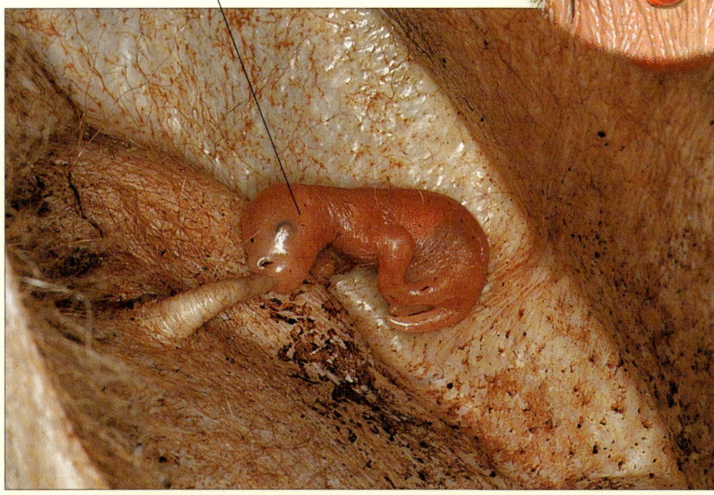

Dort saugt es sich an der Milchzitze fest.

Trickreiche Schauspieler

Beutelratten sind die einzigen Beuteltiere Amerikas. Wird das Nordamerikanische Opossum bedroht, streckt es seine Zunge heraus und liegt still da – es stellt sich tot. Oft fällt ein Angreifer darauf herein und lässt es in Ruhe.

Teddybären

Dieser kleine Koala ist schon zu groß für den Beutel seiner Mutter. Daher klammert er sich in ihrem Fell fest, wenn sie in den Eukalyptusbäumen umherklettert.

Verschiedene Beuteltiere

Honigbeutler

Ameisenbeutler

Ringelschwanz-Felsenkänguru

Beutelteufel

Zahnlose Säugetiere

Ameisenbären und Schuppentiere haben keine Zähne. Gürteltiere und Erdferkel haben hinten im Maul kleine Stifte, aber keine richtigen Zähne zum Beißen. Die brauchen sie auch nicht, denn sie lecken ihre Nahrung – Termiten und Ameisen – mit der Zunge auf. Faultiere, die im Zeitlupentempo Blätter kauen, haben ebenfalls keine richtigen Zähne. Etwa vierzig Arten dieser urtümlichen, seltsam aussehenden Tiere leben noch heute, die meisten von ihnen in Südamerika.

Schuppentiere
können sich nicht zwischen den Schuppen kratzen. Doch Ameisen, die sie auf ihrem Körper krabbeln lassen, fressen die Insekten, die den Juckreiz verursachen. Schließlich geht das Tier ins Wasser – und frisst die ertrinkenden Ameisen auf!

Nacktschwanz-Gürteltiere
sind 15 cm lang. Sie leben im nördlichen Südamerika.

Dieses Gürteltier bringt sich in Sicherheit, indem es sich mit seinen beilartigen Klauen blitzschnell eingräbt. Andere rollen sich zu einer Kugel zusammen.

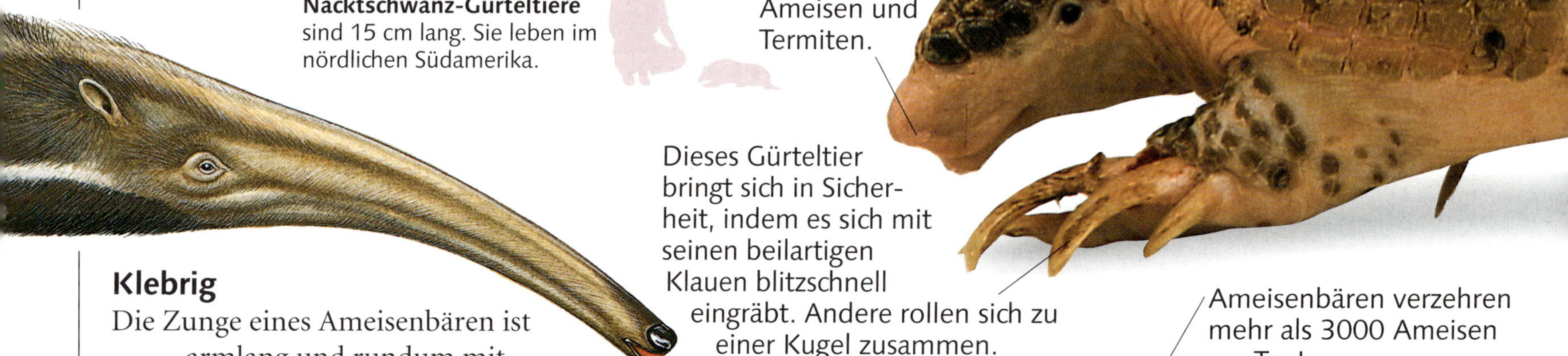

Klebrig
Die Zunge eines Ameisenbären ist armlang und rundum mit klebrigem Speichel überzogen.

Lebendiges Fellkleid

Im dichten Pelz des Faultiers leben Schmetterlingsraupen. Sie fressen winzige Algenpflanzen, die in den Haaren des Faultierpelzes wachsen und ihm einen grünen Schimmer verleihen.

Nur nichts überstürzen!

Dreifinger-Faultiere sind auf dem Erdboden die langsamsten Säuger der Welt. Sie schaffen in einer Minute gerade mal zwei Meter – Schildkröten sind doppelt so schnell!

Tierpuzzle

Das Erdferkel sieht aus wie ein Schwein mit Känguruschwanz und Kaninchenohren. Es lebt wie ein Ameisenbär. Doch mit keinem dieser Tiere ist es näher verwandt.

Säuger, die nicht beißen können

Neunbinden-Gürteltier

Großer Ameisenbär

Riesenschuppentier

Zweifinger-Faultier

Das Gürteltier pumpt Luft in seinen Magen, das gibt ihm im Wasser Auftrieb.

Zwischen den hornbedeckten Knochenplatten liegen ledrige Hautbänder. Ohne diese Bänder könnte das Tier seinen Körper nicht biegen.

Diese Gürteltierart besitzt als einzige keinen gepanzerten Schwanz.

Die Unterseite ist nicht gepanzert, sondern mit weichen Haaren bedeckt.

Ältere Nacktschwanz-Gürteltiere sind nicht mehr rosa, sie werden fast ganz schwarz.

Insektenfresser

Insektenfresser sind kleine Tiere mit einer langen Schnauze und scharfen Zähnen, die Insekten, Würmer und Schnecken verzehren. Weil sie so klein sind, kühlt ihr Körper schnell aus. Sie müssen daher sehr viel fressen, um aus der Nahrung immer genügend Wärme erzeugen zu können. Im Winter, wenn es kaum Insekten gibt, finden Spitzmäuse im verrottenden Laub gerade genug zum Überleben. Maulwürfe bleiben unter der Erde, und Igel halten einen Winterschlaf.

Riesenappetit
Stell dir vor, du müsstest doppelt so viel essen, wie du wiegst – genau das tun Spitzmäuse jeden Tag!

Unterwasserjäger
Die kleine Wasserspitzmaus stürzt sich unter Wasser sogar auf Frösche und Fische, die 50-mal schwerer sind als sie!

Spitzmäuse fressen auch Tiere, die viel größer sind als sie. Selbst dieser lange, saftige Regenwurm wird nur wenige Stunden reichen, dann hat die Spitzmaus schon wieder Hunger.

Die Tanreks oder Borstenigel
aus Madagaskar wachsen schneller als jedes andere Säugetier. Schon nach sechs Tagen hören sie auf, Milch zu saugen und fressen von nun an Würmer.

Igel können stundenlang eingerollt bleiben.

Kopf

Stachelkugel

Igel rennen bei Gefahr nicht weg, sie richten ihre Stacheln auf und rollen sich zusammen. Welcher Feind möchte sich schon die Schnauze zerstechen lassen!

Manche Füchse und Dachse wenden einen Trick an: Sie rollen den Igel ins Wasser – und warten, dass er sich ausstreckt!

Die stachelige Haut des Igels ist so groß, dass er sie wie eine Kapuze über den Kopf ziehen kann, wenn er sich einrollt.

Ausgewachsene Europäische Igel haben mehr als 5000 nadelspitze Stacheln.

Die Stacheln sind steife, hohle Haare.

Eine Woche alte Feldspitzmäuse beißen sich an der Mutter und aneinander fest, sodass kein Tier verloren geht.

Andere Insektenfresser

Goldmull

Desman

Sternmull

Schlitzrüssler

Feldspitzmäuse

Marder und Mungos

Viele Säugetiere sind Fleischfresser. Manche haben ein besonderes Gebiss mit spitzen Fang- oder Eckzähnen, die wie Dolche eingesetzt werden, und scherenartigen Backenzähnen zum Zerbeißen von Fleisch und Knochen. Diese Säugetiere zählen zur Gruppe der Raubtiere. Zwar sind Wölfe und Tiger recht große Tiere, aber die meisten Raubtiere wie Marder, Mungos und Stinktiere sind eher klein von Gestalt.

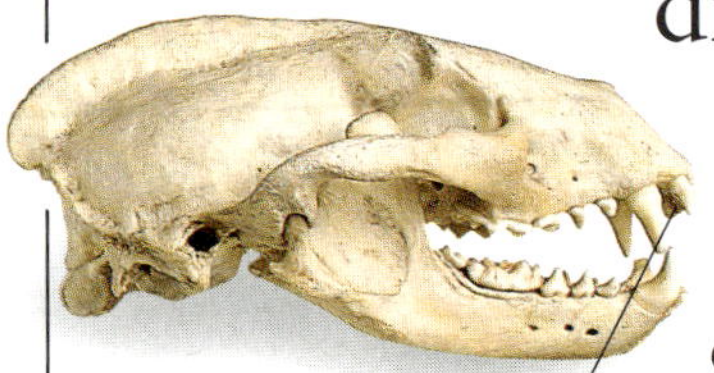

Eckzähne eines Dachses

Das kleinste Raubtier der Welt ist das Kleinstwiesel aus Nordamerika. Es wiegt so viel wie diese zehn Zuckerstückchen.

Zum Verhängnis wird vielen Säugern ihr schöner Pelz. Nerze werden heutzutage in Farmen gezüchtet, da es kaum noch wild lebende Tiere gibt.

Eurasische Dachse werden etwa 90 cm lang. Sie leben in Europa und Asien.

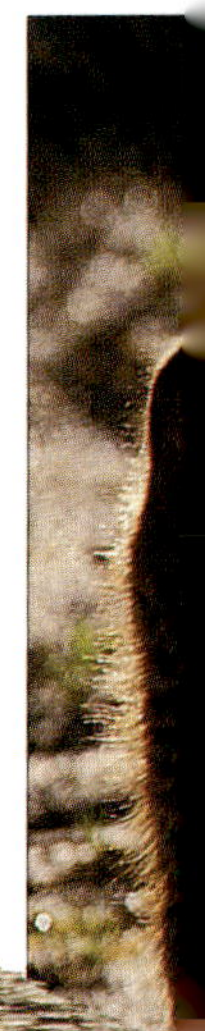

Der Mungo schlägt seine Zähne in den Nacken der Schlange und tötet sie.

Mit einem Biss ihrer Gitftzähne kann die Kobra den Mungo töten.

Selbst wenn ihn die Schlange zu Boden reißt, lässt der Mungo nicht los.

Auf Leben und Tod
Ein unerschrockener, flinker Mungo kann eine Kobra besiegen. Wenn die Schlange den Kopf mit ihren Giftzähnen hebt, stürzt sich der Mungo auf sie und schlägt ihr seine Fangzähne in den Nacken.

Ohhhh!
Alle Raubtiere riechen streng, doch Streifenskunks sind unübertroffen! Bei Bedrohung heben sie den Schwanz und verspritzen eine fürchterlich stinkende Flüssigkeit.

Erdmännchen
müssen ständig auf der Hut vor Fressfeinden sein, deshalb halten sie aufmerksam Wache und verschwinden bei Gefahr blitzschnell in ihrem Bau. Sie ernähren sich von Insekten, kleinen Eidechsen, Schlangen und Vögeln.

Die Riesenotter vom Amazonas
fressen Fische vom Kopf her. Bei den Piranhas jedoch knacken sie deren Kiefer mit den scharfen Zähnen zuletzt.

Kleine Raubtiere

Dieser Mäusefänger ist so winzig, das er sogar durch einen Ring passt.

Zorilla (Maushund)

Kleinstwiesel

Palmenroller

Afrikanischer Linsang

Katzen

Ein Gepard kann genauso schnell beschleunigen wie ein Ferrari.

Katzen sind Raubtiere. Die meisten schleichen sich geduckt und lautlos durchs Gebüsch an ihre Beute heran, dann setzen sie zum Sprung an und töten sie mit einem Biss ihrer Eckzähne. Die größte Katze, der Tiger, kann bei einer Mahlzeit 25 Kilogramm Fleisch verschlingen. Er ist die einzige Großkatze der Welt mit einem gestreiften Fell und kommt nur in Asien vor.

Tiger

Hochsitz
Katzen sind gute Kletterer. Dieser Jaguar lauert auf einem Baum vorbeilaufenden Pekaris, Tapiren oder sogar Kaimanen auf.

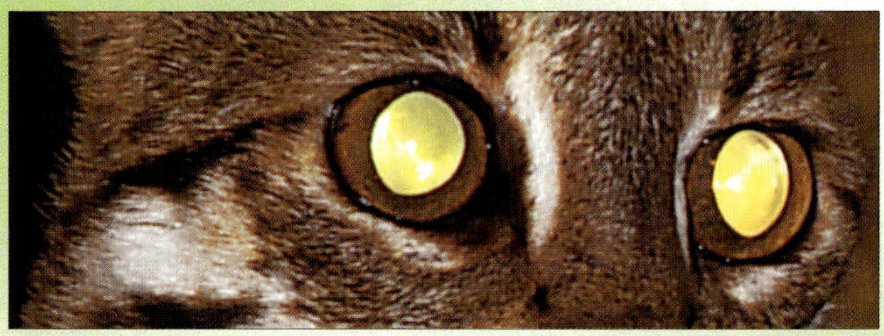

Katzenaugen
Fällt Licht in die Augen einer Katze, leuchten sie auf wie Reflektoren am Fahrrad. Das kommt daher, dass das einfallende Licht von einer glänzenden Schicht im Katzenauge gespiegelt wird. Durch diesen Trick können Katzen in der Dämmerung ausgezeichnet sehen.

Königin der Savanne
Löwen sind unter den Katzen eine Ausnahme: Sie leben in Rudeln. Der männliche Löwe wird „König der Wüste“ genannt, doch die Löwinnen führen das Rudel beim Jagen an.

Geschmeidiger Rücken

Geparde können nur etwa 20 Sekunden mit Höchstgeschwindigkeit rennen.

Geparde

sind die einzigen Katzen, die ihre Opfer im Spurt erbeuten – mit über 100 km pro Stunde. Damit sind sie die schnellsten Säugetiere.

Wildkatzen

Über 300 Millionen Hauskatzen leben auf der Welt. Sie wurden vor über 3000 Jahren aus Wildkatzen gezüchtet, die wie diese hier scheu und wild geblieben sind.

Kampfspiele

Kätzchen sind sehr verspielt. Sie tollen umher und können keinem zuckenden Katzenschwanz widerstehen. So lernen sie spielend die Jagd.

Leoparden sind 60 cm groß. Sie leben in Afrika und in Asien.

Leoparden schlafen in Intervallen 16 Stunden am Tag.

Empfindliche Schnurrhaare

Die raue Zunge trennt das Fleisch von den Knochen.

Großkatzen brüllen, schnurren können sie nicht.

Schwarze Leoparden, Panter genannt, können von Eltern mit hellem Fell abstammen.

Auch Panter sind gefleckt, nur sieht man bei ihnen die Flecken kaum.

Leoparden sind Einzelgänger. Nicht selten jagt ihnen ein Löwenrudel ihre Beute wieder ab.

Mit ihrer rauen Zunge kämmen und waschen Katzen ihr Fell.

Katzen schleichen lautlos auf ihren weichen Samtpfoten.

Zieh die Krallen ein!

Fast alle Katzen können ihre scharfen Krallen zwischen die Ballen zurückziehen, sodass sie nicht so schnell stumpf werden.

Hunde

Auch Hunde sind Raubtiere. Jagt ein Hund allein, kann er nur kleinere Tiere erlegen. Doch die meisten hundeartigen Raubtiere jagen im Rudel. Auf diese Weise verfolgen und töten die Hyänenhunde Afrikas selbst Zebras. Die etwa 35 Arten noch wild lebender Hunde werden fast überall verfolgt. Wölfe sind vielerorts sogar schon ausgerottet. Füchse haben bessere Überlebenschancen, weil sie kleiner und anpassungsfähiger sind.

Heulkonzert
Für Wölfe ist Heulen ein Mittel, verirrte Wölfe zum Rudel zurückzuleiten. Dieses Heulkonzert dauert etwa zwei Minuten und ist eine Rudelzeremonie.

Graue Wölfe werden etwa 1 Meter groß. Sie leben in Nordamerika und in Nordasien.

Großfamilie
Die Weibchen der Hyänenhunde werfen bis zu 16 Junge. Diese werden nicht von der Mutter allein aufgezogen, sondern auch von anderen Weibchen gesäugt.

Wölfe hören selbst das Ticken einer 10 Meter entfernten Uhr.

Alle Haushunde stammen vom Wolf ab. Vor mehr als 12 000 Jahren begannen Menschen, die ersten Wölfe zu zähmen.

Durch Hecheln verschaffen sich Hunde Abkühlung.

Mit ihren scharfen Eckzähnen reißen sie die Beute. Mit den Backenzähnen zerkleinern sie das Fleisch so weit, dass sie es hinunterschlucken können.

Auf der Jagd nach einem Elch legen Wölfe über 60 Kilometer am Tag zurück.

Dieser Welpe ist acht Wochen alt. Er frisst zwar schon Fleisch, beteiligt sich aber erst im Alter von sechs Monaten an der Jagd im Rudel.

Stadtfüchse
Viele Füchse sind aus dem Wald in die Städte gezogen. Dort streifen sie nachts durch die Straßen und durchwühlen die Mülltonnen, immer auf der Suche nach etwas Fressbarem.

Gesundheitspolizei
Die Wildhunde Afrikas, die Schakale, sind Aasfresser: Sie jagen nur selten und ernähren sich vor allem von dem, was ihnen andere übrig lassen, etwa die Löwen, die selten alles auffressen.

Der Schwanz des Fuchses wird Lunte genannt.

Wer hat die feinere Nase?
Wenn du mit geschlossenen Augen an einer Blume riechst, kannst du vielleicht erkennen, was es für eine Blume ist. Hunde können sogar riechen, wer die Blume gestern berührt hat!

Hundesprache
Jeder Hund kennt seinen Rang im Rudel ganz genau. Sie verständigen sich durch Körpersprache und drücken dadurch aus, wer den Ton angibt und wer sich unterordnet.

Das dichte Fell eines Wolfs kann alle Schattierungen von weiß bis schwarz aufweisen.

Buschiger Schwanz (Rute)

Hunde sind Marathonläufer, keine Sprinter. Ein Wolf kann höchstens 45 km pro Stunde rennen und ist damit um einiges langsamer als ein Löwe.

Knöchel

Hunde sind Zehengänger.

Die Krallen können nicht eingezogen werden.

Wenn Hunde sich freuen, wedeln sie mit dem Schwanz.

Der Anführer des Rudels hebt seinen Schwanz und knurrt.

Dieses Tier wirft sich auf den Rücken: Das bedeutet, es will keinen Kampf.

Bären

Bären sind die Riesen unter den Raubtieren. Weit verbreitet sind die Braunbären, am berühmtesten ist der Große Panda. Bären sind wilde und gefährliche Tiere. Menschen haben so viele Bären erlegt, dass diese fast nur in abgelegenen Berggebieten überlebten. In Europa sind sie selten geworden, in größerer Zahl kommen sie noch in Nordamerika, vor allem in Alaska vor.

Winterquartier
Bären ziehen sich für den Winter in eine Höhle zurück. In dieser Ruhezeit bekommt die Bärin ihre winzigen Jungen, meist sind es Zwillinge.

Tatzenabdruck eines Eisbären

Guten Appetit!
Bären sind Allesfresser. Hier seht ihr einige ihrer Lieblingsspeisen.

Honig

Beeren

Gras

Feinschmecker
Wenn die Lachse zum Laichen in den Flüssen aufsteigen, gehen die Grislibären auf Lachsfang. Oft springt ihnen ein Lachs beinahe ins Maul.

Meister der Tarnung
Eisbären leben im nördlichen Polargebiet. Sie sind reine Fleischfresser und jagen vorzugsweise Robben.

Tatzenspuren

Anders als Hunde und Katzen berühren Bären beim Gehen mit ihren Fersen den Boden.

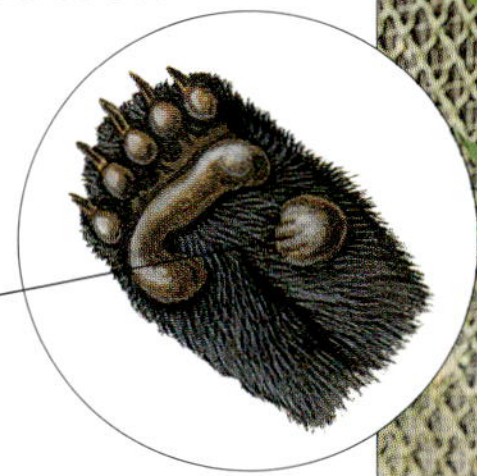

Der Panda hat an seiner Tatze einen besonderen Ballen, sozusagen einen sechsten Finger, der ihm das Abrupfen von Bambussprossen erleichtert.

Rettet den Bambusbär!

Es gibt nur noch etwa 1000 Baumbusbären (Großer Panda). Es ist schwierig, sie vor dem Aussterben zu bewahren. Die Weibchen sind nur drei Tage im Jahr empfängnisbereit und die Tiere brauchen pro Tag 20 Kilogramm Bambus.

Bären können gut sehen, hören und riechen.

Dieser Braunbär hat ein dichtes, zotteliges Fell, das ihn warm hält.

Alle Bären haben kleine, runde Ohren.

Juckt es sie am Rücken, kratzen sie sich an einem Baum.

Viele Bären haben schlechte Zähne. Der Grund: ihre Vorliebe für Süßes, vor allem Honig.

Mit ihren großen, starken Armen können Bären einen Menschen erdrücken.

Grislibären gehören zu den Braunbären. Ihren Namen verdanken sie den grauen Haarspitzen: Grauhaarig heißt auf Englisch „grizzled".

Seine Vordertatzen benutzt der Bär wie eine Keule.

Grislibären sind aufgerichtet bis zu 3 Meter groß. Sie leben in Nordamerika.

Menschenaffen

Ich will spielen!

Gib mir was zu fressen!

Unsere nächsten Verwandten sind die Menschenaffen: die Schimpansen, Orang-Utans, Gorillas und Gibbons. Sie alle haben ein großes Gehirn, können aufrecht gehen und haben keinen Schwanz. Die größten und stärksten sind die Gorillas, aber sie sind sanfte und freundliche Wesen. Schimpansen dagegen töten und fressen Hirsche und sogar andere Affen! Diese intelligenten Tiere gehen innerhalb der Familie liebevoll miteinander um.

Orang-Utan (Männchen)

Zeit zum Spielen

Schimpansen haben eine lange Kindheit. Sie werden von ihrer Mutter bis zum fünften oder sechsten Lebensjahr gesäugt. So haben sie viel Zeit zum Spielen.

Schimpansen benutzen wie kein anderes Tier Werkzeuge. So dienen ihnen Blätter als Schwamm. Zuerst kauen sie eine Hand voll Blätter weich, dann benutzen sie diese, um Wasser aufzusaugen.

Vegetarier

Gorillas sind Vegetarier. Sie fressen Bananen und Früchte, verachten aber auch saftige Blätter nicht.

Im Affengang

Alle Menschenaffen können aufrecht stehen, gehen aber meist auf allen vieren.

Menschenaffen gehen auf Hand- und Fußknöcheln.

Ich habe Angst.

Ich bin wütend.

Ohne Worte
Schimpansen gehören zu den wenigen Säugern, die mit ihrem Gesicht Gefühle ausdrücken können.

Greifhände
Unsere Hände sind zum Greifen so gut geeignet, weil der Daumen den anderen Fingern gegenübersteht. Auch Affen haben solch nützliche Greifhände.

Affen haben feinfühlige Hände.

Männliche Gorillas sind aufgerichtet 1,70 Meter groß; weibliche nur halb so groß. Gorillas leben in Zentralafrika.

Ein Orang-Utan kann auch mit seinen Zehen Gegenstände greifen.

Ein Gorilla hat etwa so viele Haare wie ein Mensch. Nur weil seine Haare länger sind und den Körper bedecken, sieht es so aus, als hätte er mehr Haare.

Gorillas können zwar klettern, aber sie verbringen die meiste Zeit des Tages gemächlich auf der Erde.

Schlafnest
In der Abenddämmerung baut sich der Orang-Utan in einer Astgabel ein großes Nest aus Laub, das manchmal sogar ein Dach als Regenschutz hat.

Menschenaffen sehen die Welt genau wie wir in Farben.

Menschenaffen können aufrecht sitzen und stehen.

Gorillas lernen mit zehn Wochen Kriechen, mit fünf Monaten Klettern und mit acht Monaten Gehen. Sie können 40 Jahre alt werden.

Affen

Krallen-
äffchen

Alle Affen sind Primaten. Im Gegensatz zu den Menschenaffen haben alle anderen Affen einen langen Schwanz. Manche, wie die Mandrille, leben auf dem Boden, doch die meisten sind so leicht, dass sie sich mühelos in den Bäumen von Ast zu Ast schwingen können. Bevor sie springen, vergewissern sie sich, dass keine Gefahr droht. Ein Adler könnte sich auf sie herabstürzen oder eine Raubkatze auf sie lauern. Wenn Affen den Halt verlieren, könnten sie bis zu 60 Meter tief fallen.

Die Balance halten
Um das Gleichgewicht nicht zu verlieren, balancierst du mit den Armen. Affen benützen dafür ihren Schwanz, denn die Arme brauchen sie zum Klettern.

Putzfreundschaften
Diese Rhesusaffen klauben sich gegenseitig Schmutz und Parasiten aus dem Fell. Sie reinigen einander sogar die Zähne! Diese Putzversammlungen sind wichtig für ein friedliches Zusammenleben in der Affenhorde.

Kleinere Gruppen von Affen werden Banden genannt, größere Gruppen Horden.

Wegweiser
Kattas gehören zu den Halbaffen. Sie leben auf Madagaskar. Dank des hochgereckten Schwanzes verlieren sie sich im hohen Gras nicht aus den Augen.

Affengesichter

Madrill (Männchen)

Nasenaffe (Männchen)

Scharlachgesicht

Lisztäffchen

Dreiarmig

Viele südamerikanische Affen haben drei „Arme“ – sie besitzen einen Greifschwanz, mit dem sie sich am Baum festhalten können. Der Spinnenaffe kann sich mit seinem Schwanz fest anhängen und hat so beide Arme zum Fressen frei.

Beide Augen sind nach vorne gerichtet. So können Entfernungen genau abgeschätzt werden.

Alle Primaten sehen Farben.

Schmale Brust

Weiche, seidige Mähne

Affen sind nicht wählerisch, was das Fressen angeht. Sie nehmen Obst, Blumen, Eidechsen, Insekten und auch Frösche.

Bei Affen sind die Arme länger als die Beine.

Das Goldgelbe Löwenäffchen wiegt nur 600 Gramm. So kann es selbst auf dünnsten Zweigen herumtollen, ohne sie abzubrechen.

Den Wald, in dem diese Löwenäffchen leben, haben Menschen schon so weit abgeholzt, dass von diesen schönen Tieren wohl nicht einmal 200 überlebt haben.

Behaarter Schwanz

Goldgelbe Löwenäffchen sind nur 22 cm groß. Sie leben in Brasilien.

Zeit für ein heißes Bad

Rotgesichtmakaken wärmen sich im Winter auf, indem sie in Tümpeln baden, die aus heißen Quellen mit warmen Wasser gespeist werden.

Fledermäuse

Fledermäuse sind die einzigen Säuger, die richtig fliegen können. Ihre Flügel bestehen aus einer dünnen Haut, die über die Finger gespannt ist. Fledermäuse leben fast überall auf der Welt. Den Tag verschlafen sie in einem Versteck. Nachts jagen die Kleinfledermäuse Insekten, Mäuse und sogar Fische. Großfledermäuse, wegen ihres Aussehens auch Flughunde genannt, ernähren sich von Obst und Nektar.

Die Ohren dieser Langohrfledermaus sind fast so groß wie ihr Körper. Im Schlaf steckt sie sie unter die Flügel.

Fledermäuse hören besser als die meisten anderen Säuger.

Die akrobatischen Fledermäuse kurven mit einer Geschwindigkeit von 55 km pro Stunde durch die Luft – schnell genug, um jeder Eule zu entkommen.

Der mausartige Körper ist mit Pelz bedeckt.

Handgelenk

Jeder Flügel hat so viele Knochen wie deine Hand.

Nachtfalter

Fledermäuse finden einander im Dunkeln durch quietschende Töne. Diese Fledermaus hat den Mund voll, daher quiekt sie durch ihre große Nase.

Nützliche Naschkatzen

Großfledermäuse bestäuben viele Pflanzen und aus den Samen, die sie ausspucken oder im Kot ausscheiden, können wieder neue Bäume heranwachsen.

Schlafhöhlen

Fast alle Fledermäuse sind nachtaktiv. Am Tag schlafen sie in Höhlen oder Baumlöchern. Wenn es dunkelt, verlassen sie zu Millionen ihre Verstecke und gehen auf die Jagd.

Ein neues Dach

Die Weißfledermäuse errichten sich jeden Abend ein neues Dach über ihrem Kopf. Sie knabbern die Mittelrippe eines Palmenblatts durch, bis es umknickt und ein kleines Zelt bildet. Darunter hängen sich die Fledermäuse, gut geschützt vor Wind und Regen.

Winzig klein

Diese winzige Fledermaus, eine Schweinsnase, ist gerade mal 3 cm groß. Ihre Flügelspannweite beträgt nur 15 cm und sie wiegt weniger als eine Weintraube.

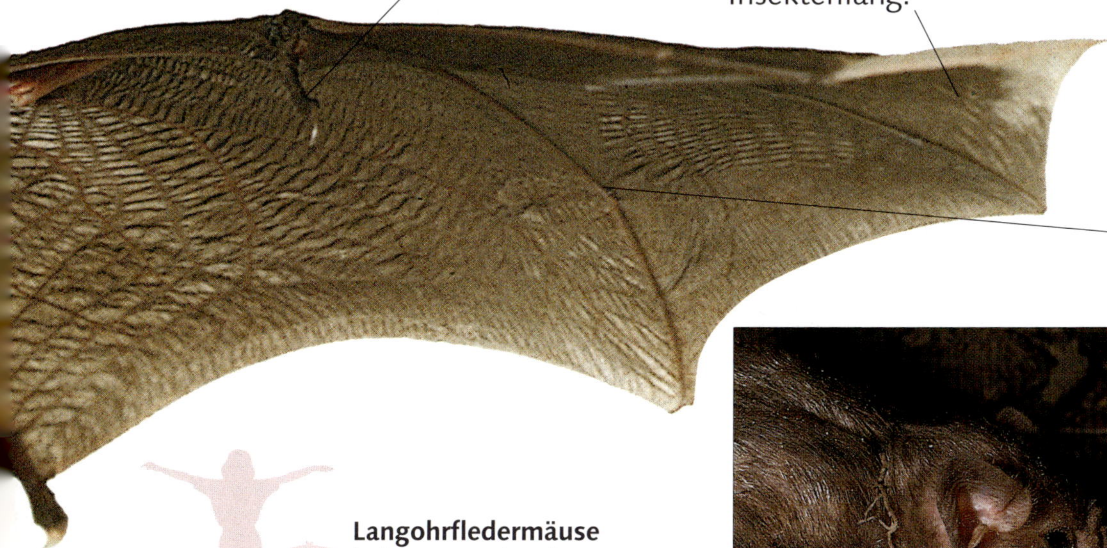

Dies ist der Daumen. Er dient den Fledermäusen als Kamm, um das Fell zu pflegen oder um sich damit irgendwo festzuhalten.

Der gebogene Flügel hilft der Fledermaus beim Insektenfang.

Langer Finger

Langohrfledermäuse haben eine Flügelspannweite von 28 cm. Sie leben in Europa und in Asien.

Vampire

Es gibt sie wirklich – Blut saugende Fledermäuse! Diese hat mit scharfen Zähnen das Bein eines schlafenden Huhns angeritzt und leckt nun etwa einen Esslöffel Blut aus der Wunde.

Jagd mit Ultraschall

Die meisten Fledermäuse benutzen zum Sehen nicht ihre Augen, sondern ihre Stimme und ihre Ohren. Amerikanische Fischerfledermäuse stoßen beim Flug über einen Teich Töne aus. Am Echo erkennen sie, ob ein Fisch nahe an der Oberfläche schwimmt.

Die Fledermaus hört das schwache Echo, schießt schnell hinunter und packt den Fisch.

Kleine Nagetiere

Diese neugeborenen nackten, blinden Mäusebabys können vorerst nur piepsen, saugen und schlafen.

Scharfe, meißelartige Schneidezähne sind typisch für die Nagetiere. Sie sind auf der ganzen Welt zu Hause, in afrikanischen Wäldern, wo Mähnenratten auf Bäumen herumklettern, ebenso wie in Wüstengebieten, wo Springmäuse im glühend heißen Sand herumhüpfen. Unsere Hausmäuse haben als blinde Passagiere auf Schiffen sogar die Forschungsstationen in der Antarktis erreicht.

Haselmaus

Tödliche Wanderungen

Alle paar Jahre verlassen abertausende von Lemmingen ihre völlig übervölkerte Heimat und sterben auf der ziellosen Wanderung.

Rattenplage

Jedes Jahr vernichtet ein Millionenheer von Ratten ein Fünftel der Welternte!

Viele Wanderratten leben in Abwasserkanälen. Ihre Füße benutzen sie beim Schwimmen als Paddel. So können sie sich tagelang über Wasser halten.

Schuppiger Schwanz

Der fettige Pelz hinterlässt Flecken auf Dingen, mit denen die Ratte in Berührung kommt.

Mit den flachen Backenzähnen zermahlen die Ratten Getreidekörner, aber auch Abfälle.

Ratten kommen mit vielerlei Schmutz in Kontakt – und dann mit Lebensmitteln. So werden Krankheiten übertragen.

Nest aus Stroh

Im Alter von 10 Tagen beginnt das Fell zu wachsen und die Tiere öffnen die Augen.

Nach 18 Tagen verlassen die Mäusekinder das Nest.

Nachwuchs am laufenden Band

Hausmäuse sind klein und wehrlos. Die Art überlebt, weil Mäuse enorm fruchtbar sind. Ein Weibchen kann schon mit sechs Wochen Junge bekommen und wirft bis zu 10-mal pro Jahr. Würden alle Babys überleben, hätte eine ein Jahr alte Maus bereits über 1 Million Nachkommen!

Geschickte Kletterer

Wie Affen auf hohe Bäume, so klettern Erntemäuse auf Pflanzenstängel. Dabei halten sie sich mit ihrem Schwanz fest.

Erntemäuse wiegen nur 5 Gramm. Sogar dünne Pflanzenstängel tragen ihr Gewicht.

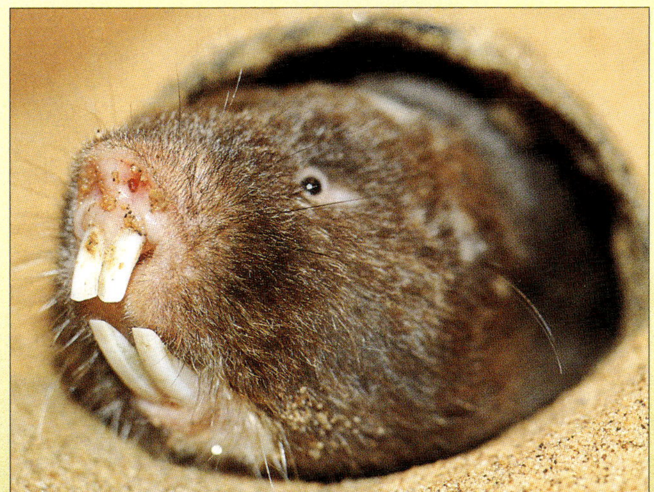

Nonstop-Zahnwuchs

Wenn Kinder nach und nach alle Milchzähne verlieren, wächst in den entstandenen Lücken das Dauergebiss heran. Anders bei den Nagern: Ihre Schneidezähne nutzen sich beim Nagen ständig ab und wachsen dauernd nach. Täten sie das nicht, wäre das Tier sehr bald verhungert.

Ein neuer Zahn wächst.

Mäuse nagen sogar Seife an.

Kleine Nager

Große Nagetiere

Backenhörnchen

Die meisten Nager sind kleine, mäuseähnliche Tiere. Es gibt aber auch größere wie die Eichhörnchen und die Stachelschweine. Auch die großen Nager haben Nagezähne, die ständig nachwachsen. Manche Nager wie die Biber oder die Präriehunde benutzen ihre Nagewerkzeuge so ausgiebig, dass sie das Gesicht ganzer Landschaften verändern.

So groß wie ein Schaf wird das Wasserschwein, das größte Nagetier der Welt. Es ist ein Verwandter des Meerschweinchens.

Oh weh! Ein angegriffenes Stachelschwein rennt rückwärts und rammt dem Angreifer seine Stacheln ins Gesicht.

Nest oder Kobel von Fußballgröße

Ein Stachelschwein hört, wenn ein paar Meter entfernt eine Frucht vom Baum fällt.

Hohle Stacheln

Stachelschweine schärfen ihre Zähne an alten Knochen.

Bei Bedrohung rasselt das Stachelschwein mit den Stacheln. So werden Feinde gewarnt: Verschwindet, sonst …

Seine gefährlich spitzen Stacheln stellt das Stachelschwein nur auf, wenn es angegriffen wird.

Große Nagetiere

Europäisches Eichhörnchen

Chinchilla

Felsen-Moko

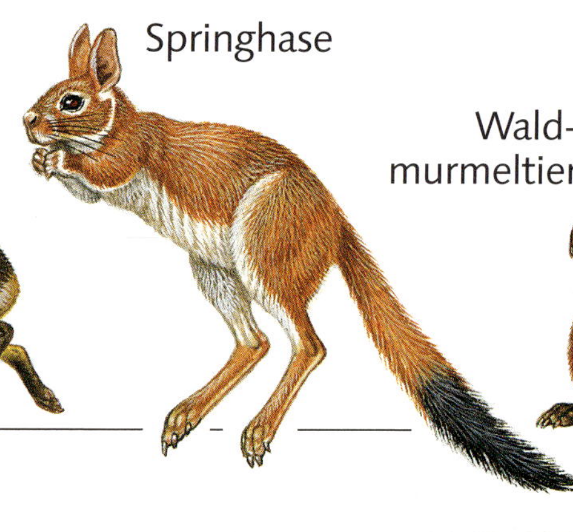

Springhase

Waldmurmeltier

Vergesslich

Eichhörnchen vergraben Nüsse als Wintervorrat, finden diese oft nicht mehr, und so wächst mancher neue Baum.

Auch Eicheln sammeln Eichhörnchen gern.

Präriehunde

hausen in unterirdischen Städten. Meist leben etwa 1000 Tiere zusammen, doch in Texas soll eine Präriehund-Stadt mehr als 400 Millionen Einwohner gehabt haben!

Europäische Eichhörnchen

sind nicht so zutraulich wie ihre amerikanischen Vettern, doch tollen auch sie in Gärten und Parks auf der Suche nach etwas Essbarem herum.

Fantastische Baumeister

sind die Biber. Mit ihren riesigen Nagezähnen fällen sie ganze Bäume. Aus den Stämmen errichten sie im Fluss einen Damm, hinter dem ein Stausee entsteht. Dort bauen sie ihre Burg.

Meeressäugetiere

Manche Säugetiere sind zu Meeresbewohnern geworden. Sie alle müssen zum Luftholen auftauchen, denn sie haben keine Kiemen wie die Fische. Walrosse, Seelöwen und Seehunde können das Wasser verlassen und an Land gehen. Vor 65 Millionen Jahren konnten die Ahnen der heutigen Wale und Delfine das auch. Manche heute lebenden Wale haben noch verkümmerte Überbleibsel von Beinknochen.

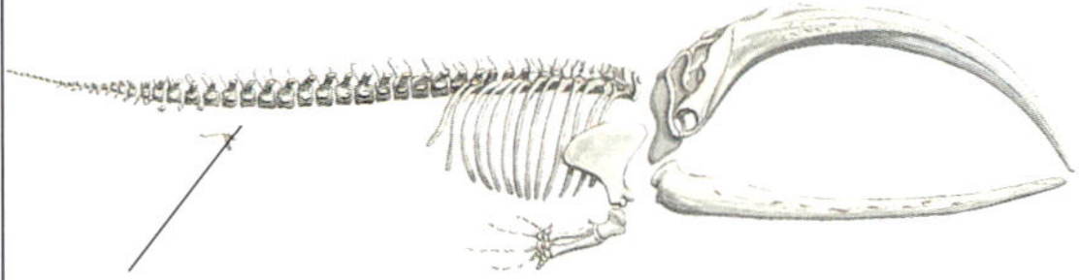

Beinknochen eines Bartenwals

Meerjungfrauen
Einst hielten Seefahrer die sanften Seekühe für Fabelwesen, halb Mensch, halb Fisch. Sie nannten sie Meerjungfrauen.

Errötende Walrosse
Nehmen Walrosse ein Sonnenbad, fließt ihr Blut unter die Haut und kühlt sie ab – die Tiere werden dabei ganz rosa.

Dieses noch braun gefärbte Walross kommt gerade aus dem Wasser.

Seelöwen können aufrecht sitzen, weil sie ihre Hinterflossen nach vorn einschlagen können.

Die Flossen haben fünf lange, durch Schwimmhäute verbundene Zehen.

Kalifornische Seelöwen werden bis zu 2,40 Meter groß. Sie leben im Pazifik.

Unterwassergeburt
Blauwalbabys sind die größten Babys der Welt. Sie sind mehr als tausendmal schwerer als ein Menschenbaby.

Wale kommen mit dem Schwanz voran zur Welt.

Das Walkalb ruht sich auf dem Rücken der Mutter aus und tut seinen ersten Atemzug.

Das Junge trinkt täglich 600 Liter Milch. In der ersten Lebenswoche verdoppelt es sein Gewicht.

Hoffnung für die Zukunft

Viele Menschen bezahlen dafür, um frei lebende Wale zu sehen oder zu berühren. Vielleicht hören die Walfänger auf, diese geheimnisvollen Riesen zu töten, wenn ihnen der Waltourismus mehr Geld einbringt.

Musikalische Meeresbewohner

Die Belugas (Weißwale) wurden von Walfängern früher auch „Seekanarien“ genannt wegen ihres Gesangs. Sie können quieken, pfeifen und sogar muhen. Diese Geräusche dienen der Verständigung untereinander und als Echopeilung.

Krafttrunk

Seehundmilch ist fetter und nahrhafter als Kuhmilch. Mit diesem Krafttrunk nehmen junge See-Elefanten täglich 6 Kilogramm zu.

Dieses Junge muss noch kräftig wachsen. Sein Vater wiegt über 2 Tonnen!

Pferde, Esel und Zebras

Przewalski-Pferd

Die letzte überlebende Wildpferdart ist das Przewalskipferd. Einst in den Steppen Innerasiens verbreitet, wird es heute nur noch in Zoos gehalten. Das häufigste Wildtier dieser Familie ist das Zebra. Diese flinken Tiere leben von Gras, das sie mit ihren großen, flachen Backenzähnen zermahlen. Pferde, Zebras und Esel gehen auf Zehenspitzen, die in einem Hornschuh stecken, dem Huf.

Die scheuen Wildesel sind sehr selten geworden. Ein paar leben wohl noch in den Wüsten Nordostafrikas.

Steppenzebras haben eine Schulterhöhe von 1,20 Meter. Ihre Heimat ist Afrika.

Zebras haben eine Stehmähne.

Die Ohren sind aufmerksam nach vorn gerichtet.

Zebras können am Tag Farben und nachts so gut wie Eulen sehen.

Der Huf ist eigentlich ein großer Zehennagel.

Zebrafohlen sind schon wenige Minuten nach der Geburt auf den Beinen.

Gute Freunde

Zebras und Gnus leben oft zusammen. Während die Gnus Gefahren wie etwa Löwen wittern, halten die Zebras nach ihnen Ausschau.

Gnus fressen das kurze Gras, das die Zebras übrig lassen.

Schnellfüßig

Esel, Zebras und Pferde können bis zu 50 km pro Stunde schnell laufen.

Im Galopp sind alle vier Hufe vom Boden abgehoben.

Lange Beine erlauben große Schritte und einen schnellen Lauf.

Tarnstreifen

Ihr gestreifter Körper macht die Zebras für Tsetsefliegen unsichtbar, sodass sie nicht unter diesen Plagegeistern und den von ihnen übertragenen Krankheiten zu leiden haben.

Steppenzebras sind stämmige Tiere.

Wenn es das Zebra am Rücken juckt, rollt es sich am Boden.

Mit dem Schwanz vertreibt das Zebra lästige Fliegen.

Stuten, Fohlen und Hengste leben in einer Herde zusammen.

Zebras haben eine gut bemuskelte Hinterhand, wichtig für sie beim Laufen durch die weiten Savannen Afrikas.

Der harte Huf birgt nur eine einzige Zehe.

Wehrhaft

Bergzebras leben nicht in Herden. Jeder Hengst hat sein eigenes Territorium. Jeder andere Hengst wird daraus mit Hufschlägen und Bissen vertrieben.

In freier Wildbahn

Die Vorfahren der amerikanischen Mustangs sind die einst den spanischen Eroberern entlaufenen und verwilderten Pferde.

Einmalig

Keine zwei Menschen haben dieselben Fingerabdrücke. Bei den Zebras trägt jedes ein anderes Streifenkleid! Manche haben auf schwarzem Grund ganz feine, weiße Streifen.

Nashörner und Tapire

Nashörner und Tapire sind nahe miteinander verwandt. Beide haben an jedem Fuß drei Zehen, beide sind Pflanzenfresser und Einzelgänger. Abgesehen von der Körpergröße liegt der Hauptunterschied darin, dass den Tapiren das Horn der Nashörner fehlt. Diese Tiergruppe gab es schon vor über 55 Millionen Jahren, heute ist sie vom Aussterben bedroht. Schuld daran ist der Mensch, der die Nashörner gnadenlos jagt und den Tapiren ihren Lebensraum, den Regenwald, nimmt.

Indische Panzernashörner haben als Schutz gegen stachelige Waldpflanzen eine besonders dicke Haut. Tiefe Hautfalten erwecken den Eindruck, als trügen sie einen Plattenpanzer.

Aussterbende Nashörner
In 20 Jahren gibt es vielleicht keine Nashörner mehr. Sie werden dahingeschlachtet, um aus den Hörnern Dolchgriffe herzustellen oder wirkungslose Pulver, die als teure Stärkungsmittel verkauft werden.

Weg da!

Schnaubend gehen Spitzmaulnashörner auf alles los, was sich bewegt oder ihnen missfällt, auch wenn sie es mit ihren kurzsichtigen Augen nicht genau erkennen können.

Soll das ein Nashorn sein?

Gestalt und Größe der Nashörner haben sich oft gewandelt. Die ersten waren so groß wie Hunde, vor 20 Millionen Jahren waren sie größer als Giraffen.

Dieses Nashorn war der größte Landsäuger aller Zeiten.

Die ersten Nashörner sahen den Tapiren ähnlich.

Vor 15 000 Jahren lebten noch Wollnashörner.

In Sicherheit

Die eselsgroßen Schabrackentapire sind eine Lieblingsspeise von Leoparden. Aber Tapire sind bessere Schwimmer als Katzen – deshalb sind Mutter und Kind im Wasser vor Überfällen sicher.

Weiße Nashörner sind in Wahrheit grau. Sie rollen sich aber oft in hellem Erdreich oder Staub und sehen dann fast weiß aus.

Nashornmütter können 20 Liter Milch am Tag geben.

Ein Breitmaulnashorn ist schwerer und größer als ein PKW. Es kann über 2,5 Tonnen wiegen.

Nashörner können auch im Stehen schlafen.

Weiße Nashörner werden 1,80 Meter groß. Sie leben in Afrika.

Junge südamerikanische Flachlandtapire

tragen ein gelblich geflecktes und gestreiftes Kleid. Im Dschungel mit seinen Licht- und Schattenstellen sind sie so nur schwer zu erkennen.

Nilpferde, Schweine und Pekaris

Nil- oder Flusspferde leben in Flüssen und flachen Seen von Gräsern und anderen Pflanzen. Zwar leben Schweine und Pekaris nicht im Wasser, aber sie wälzen sich genauso gern im Schlamm wie ihre großen Verwandten. Wildschweine sind keine Raubtiere, doch können sie mit ihren Hauern selbst Tiger tödlich verletzen, und Pekaris nehmen auch den Kampf mit einem Jaguar auf. Das schwergewichtige Nilpferd schreckt selbst vor einem Kampf mit einem Krokodil nicht zurück und kann sogar ein Boot zertrümmern!

Wildschweine sind die Ahnen aller Hausschweinrassen.

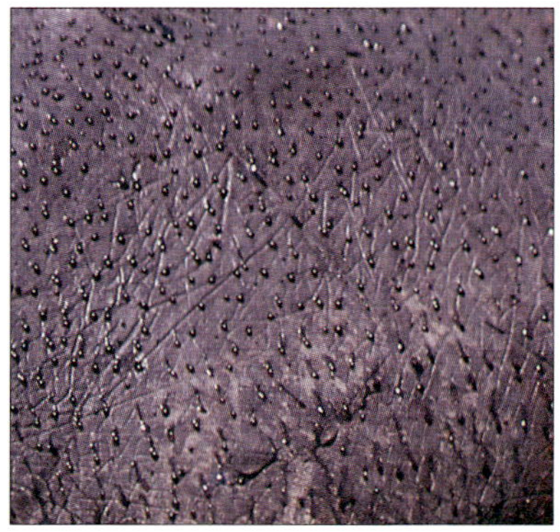

Sonnenöl-Produzent
Die Haut der Nilpferde sondert kleine Tropfen eines rosafarbenen Öls ab. Dieses Öl schützt ihre Haut vor Austrocknung und Sonnenbrand.

Imponiergehabe
Du gähnst, wenn du müde bist oder dich langweilst. Flusspferdbullen gähnen vor Wut. Kleinere Bullen beeindruckt der aufgesperrte Rachen mit den mächtigen Zähnen so sehr, dass sie lieber schnell verschwinden.

Diese bis 50 Zentimeter langen Eckzähne können selbst Krokodilen gefährlich werden.

Augen und Nasenlöcher liegen bei den Nilpferden ganz oben am Kopf. So brauchen sie beim Waten im Wasser nur die Kopfoberseite herauszuhalten, um noch etwas zu sehen und atmen zu können.

Glatte, fast haarlose Haut

Dieser große Nilpferdbulle wiegt etwa so viel wie 120 acht Jahre alte Kinder.

Nilpferde sind 1,50 Meter groß. Sie leben in Afrika.

Nächtliches Weiden

Nachts kommen die Nilpferde an Land und grasen fünf bis sechs Stunden. Lange bevor die Sonne aufgeht, trotten sie auf ausgetretenen Pfaden wieder ins Wasser zurück.

Aufopfernde Pekaris

Greift ein Puma eine Gruppe von Pekaris an, quiekt ein Tier, so laut es kann, und rennt auf den Puma zu. Es muss sterben, doch die anderen entkommen.

Unterwasserballett

Nilpferde können länger als fünf Minuten die Luft anhalten. Genug Zeit, um einen kleinen See leichtfüßig am Grunde zu durchqueren.

Schweineverwandte

Pinselschwein

Halsbandpekari

An jedem Fuß sitzen vier Zehen.

Nilpferd

Zwergflusspferd

Kamele

Kamele, Vikunjas und Guanakos sind an ein Leben in den unwirtlichsten Gebieten der Erde angepasst: Wüsten, Hochsteppen und baumlose Hochgebirge. Vikunjas leben hoch in den Anden und Kamele werden mit dem extremen Wüstenklima fertig: glühend heiße Tage und eiskalte Nächte. Der Mensch hat diese erstaunlichen Tiere gezähmt und hält sie als Last- und Reittiere. Wilde Kamele sind sehr selten geworden.

Der Kamelhöcker ist ein Fettpolster als Nahrungsreserve.

Wüstenhaustier
Für die Nomaden ist das Dromedar, das einhöckerige Kamel, unentbehrlich. Es dient als Reit- und Lasttier, als Milch- und Fleischlieferant. Kamelhaut wird zu Schuhen verarbeitet, die Wolle zu Bekleidung und trockener Kamelmist ist Brennstoff.

Riesendurst
Ein Kamel kommt tagelang ohne Wasser aus, trinkt dann aber neun Eimer Wasser in nur 15 Minuten leer.

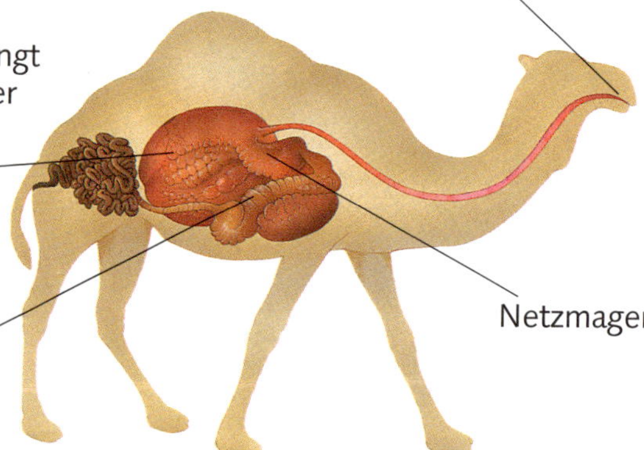

Zweimal kauen ist besser
Manche Säuger wie die Kamele, Hirsche und Rinder haben einen mehrteiligen Magen. Sie kauen ihr Futter zweimal, darum heißen sie Wiederkäuer.

Ohren und Nüstern kann das Kamel verschließen, sodass kein Sand eindringt.

Zwei Reihen langer Wimpern schützen die Augen vor Sand und der kalten Nachtluft.

Kamele verschwenden kein Wasser. Tropft die Nase, rinnt die Flüssigkeit die gespaltene Lippe entlang ins Maul hinein!

Trampeltiere oder zweihöckerige Kamele sind 2,20 Meter hoch. Wild leben sie nur noch in der Wüste Gobi in Asien.

Ärgern sich Kamele über etwas, spucken sie es an.

Mit ihren großen Lippen ergreifen sie geschickt dornige und stachelige Wüstenpflanzen.

Kamele schwitzen selten. So verlieren sie kaum Wasser.

Weil sie beide Beine auf einer Seite zugleich anheben, schwanken die Kamele beim Gehen – darum nennt man sie auch Wüstenschiffe.

Zwei gespreizte Zehen verhindern, dass das Kamel im Sand einsinkt.

Höckertiere

Dromedar

Trampeltier

Guanako

Vikunja

Herr der Lage

Während die Stuten grasen, steht der Vikunjahengst auf einem Felsen. Erspäht er ein Raubtier, so pfeift er und die Stuten ergreifen schleunigst die Flucht.

Haustiere aus den Anden

Lamas stammen von wilden Guanakos ab, Alpakas von Vikunjas. Lamas liefern Milch und tragen schwere Lasten. Alpakas geben eine seidenweiche Wolle.

Lama

Alpaka

Hirsche und Giraffen

Im ersten Jahr

Im dritten Jahr

Nur männliche Hirsche, aber auch die Rentierkühe, tragen auf dem Kopf ein knöchernes Geweih. Giraffen haben kleine, stumpfe Stirnzapfen, die stets von Haut bedeckt sind. Das Geweih der Hirsche ist viel größer. Während des Wachstums sind die Geweihstangen von einer samtigen Haut überzogen, dem Bast, den die Bullen dann an Bäumen „blankfegen". Hirsche erneuern ihr Geweih jedes Jahr. Das mächtigste Geweih hat der Elch.

Männlicher Hirsch mit Geweih

Bei Hirschen sitzen die Augen seitlich am Kopf. So können sie rundum jede Gefahr rechtzeitig erkennen.

Männliche und weibliche Rothirsche begegnen sich nur wenige Wochen im Jahr zur Zeit der Brunft.

In Eis und Schnee
leben im hohen Norden die Rentiere. Sie tragen ein dickes Fell und sogar ihre Nase ist dicht behaart. Im Winter scharren sie mit den Hufen oder ihrem Geweih im Schnee nach Flechten.

Rothirsche
leben in Europa und Asien. Sie erreichen eine Schulterhöhe von 1,30 Meter.

Duftstoff-Lieferant
Männliche Moschustiere bilden in einer Drüse am Bauch den stark riechenden Moschus. Dieser begehrte Stoff ist Bestandteil vieler Parfüms.

Elche
ernähren sich im Winter von Baumrinde. Im Sommer waten sie gern im Wasser und fressen saftige Wasserpflanzen.

Geweihschmuck

Rothirsche werfen jedes Frühjahr ihr Geweih ab. Im Sommer schieben sie in nur 100 Tagen einen neuen, größeren Kopfschmuck.

Giraffen-Artistik

Zum Trinken spreizen Giraffen ihre langen Vorderbeine so weit, bis sie mit dem Kopf das Wasser erreichen können.

Tarnkleid

Hirschkälber tragen ein geflecktes Tarnkleid. Sind ihre Mütter nicht da, liegen sie reglos im hohen Gras und sind kaum zu entdecken.

Rinder und Antilopen

Ringwall
Moschusochsen bilden bei Gefahr einen Kreis um ihre Kälber. Kein noch so hungriger Wolf wird versuchen, aus der Mitte ein Kalb zu reißen.

Gerenuk (Männchen)

Rinder, Ziegen und Schafe, Gazellen und Antilopen, sie alle tragen Hörner auf der Stirn. Diese Hörner enthalten einen Knochenzapfen im Inneren, bedeckt von einer Schicht aus Horn, demselben Stoff wie unsere Fingernägel. Alle Hornträger sind Wiederkäuer: Sie kauen ihr schwer verdauliches Futter ein zweites Mal und nutzen es so besser aus. Giraffengazellen oder Gerenuks fressen Blätter von Bäumen, doch die meisten Hornträger fressen wie die Bisons am liebsten Gras.

Diese Hörner können eine Länge von 1,30 Meter erreichen!

Die Arabische Oryxantilope lebt in den glühend heißen Wüsten Arabiens. Mit ihrer feinen Nase wittert sie den Regen schon von weitem und zieht gleich dorthin, denn dort wächst frisches Grün.

Ein langer Marsch
zu Beginn der Trockenzeit führt die riesigen Gnuherden über 1600 Kilometer weit zu grünen, saftigen Weidegründen. Mit Beginn der Regenzeit ziehen sie wieder zurück. Auf ihren alljährlichen Wanderungen benutzen sie stets dieselben Zugwege.

Wiederkäuer haben einen vierteiligen Magen.

Bisons haben an jedem Fuß vier Zehen und zwei Hufe.

In Eis und Schnee

Der Jak lebt im Tibetanischen Hochland in Höhen bis zu 6000 Metern. Für dieses Leben in Kälte und Schnee ist er gut gerüstet – sein langer, dichter Pelz lässt ihn selbst eisigsten Schneestürmen trotzen.

Im Frühjahr fällt der dichte, zottelige Winterpelz in großen Klumpen aus.

Das dunkle Fell erwärmt sich in der Sonne. Das hilft den Bisons, im kalten Winter warm zu bleiben.

Im Kampf um die Kühe rammen sich die Bisonbullen gegenseitig mit ihren gewaltigen Köpfen. Gewinner ist derjenige, dem es gelingt, den anderen wegzudrücken.

Anders als ein Geweih sind Hörner nie verzweigt. Sie werden auch nicht jährlich abgeworfen, sondern wachsen ein Leben lang immer weiter.

Ein Bisonbulle ist schwerer als ein Kleinwagen.

Bisons werden 2 Meter groß. Sie leben in Nordamerika.

Bisonherden grasen fast den ganzen Tag. Erst nachts kauen die Tiere wieder.

Hornschmuck

Kaffernbüffel (Bulle)

Hirschziegenantilope (Bock)

Wildziege (Bock)

Dickhornschaf (Bock)

Elefanten

Elefanten haben mächtige Stoßzähne, riesige Ohren und einen langen Rüssel. Sie sind die schwersten Landsäugetiere. Elefantenherden prägen die Landschaft, in der sie leben, indem sie breite Pfade austreten, in trockenen Flussbetten nach Wasser graben und das hohe Gras niedertrampeln. Bei ihren Wanderungen schlagen sie auch Schneisen in die Wälder.

Eine Elefantenherde wird stets von einer alten, erfahrenen Leitkuh angeführt. Zur Herde gehören alle Kühe ihrer Großfamilie samt deren Kinder.

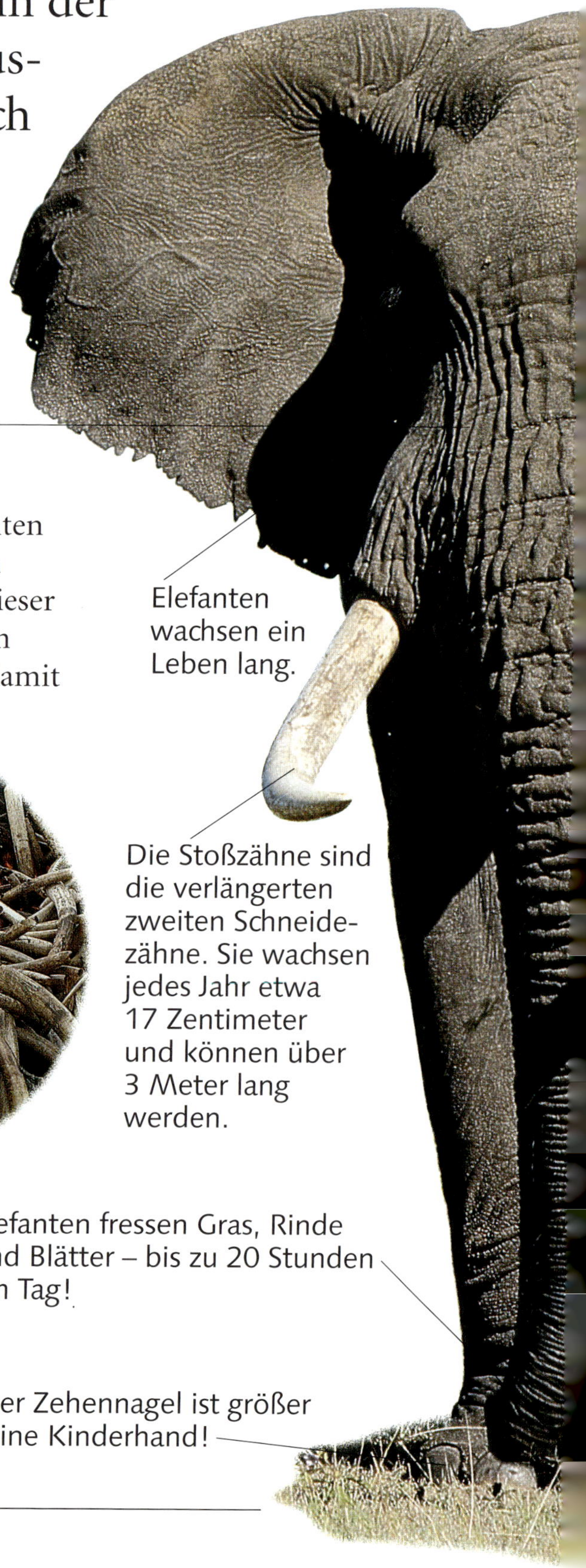

Einst Riesen – jetzt Zwerge
Die Klippschliefer sehen aus wie Meerschweinchen, sind aber verwandt mit den Elefanten. Vor Jahrmillionen waren es noch große Tiere. Elefanten und Klippschliefer haben beide Nägel an Stelle von Hufen.

Berge von Elfenbein
Immer noch werden Elefanten wegen ihrer Stoßzähne von Wilderern erlegt. Gegner dieser grausamen Jagd verbrennen aufgefundene Stoßzähne, damit niemand daran verdient.

Wer ist wer?
Heute gibt es nur noch zwei Elefantenarten.

Junge Kühe fungieren als Kindermädchen.

Die Bullen verlassen ihre Herde mit etwa 14 Jahren.

Kühl bleiben ist alles

Elefanten haben viele Methoden, sich abzukühlen. Sie wälzen sich im Schlamm, werfen sich mit dem Rüssel Staub und Wasser auf die Haut oder fächeln sich mit ihren Riesenohren Kühlung zu.

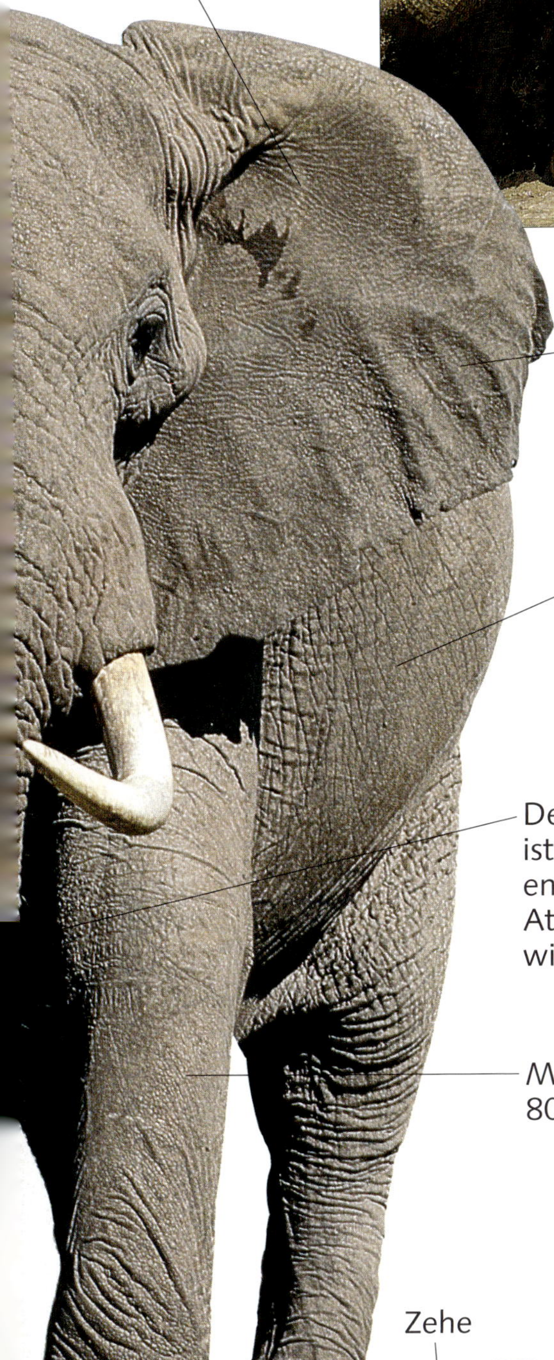

Die Ohren des Afrikanischen Elefanten sind riesig!

Spreizt ein Elefant die Ohren ab, sieht er noch größer und gefährlicher aus.

Elefanten halten Verbindung miteinander durch grollende Geräusche, die aus ihrem Bauch kommen.

Der sehr bewegliche Rüssel ist aus Nase und Oberlippe entstanden. Er dient zum Atmen und Riechen ebenso wie zum Tasten und Greifen.

Manche Elefanten können 80 Jahre alt werden.

Dies ist einer der ersten vier Zähne.

Dies ist einer der sechsten Zähne, größer als ein Ziegelstein.

Auf Zehenspitzen

kommen Elefanten daher, auch wenn es so aussieht, als hätten sie ganz flache Füße.

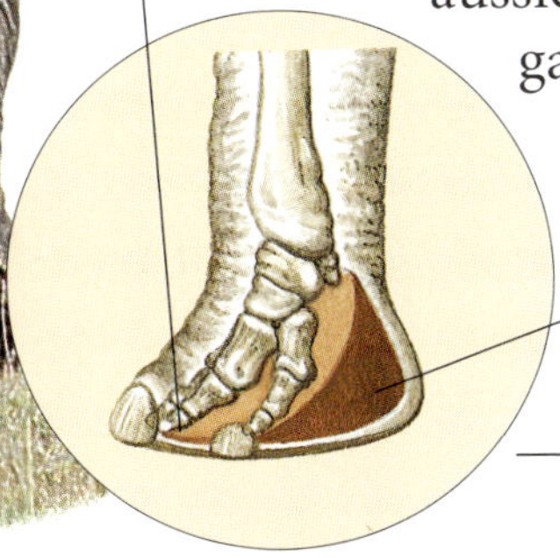

Zehe

Die Ferse ist mit Fett gepolstert.

Immer wieder neue Zähne

Außer den Stoßzähnen haben Elefanten nur vier Backenzähne, die fünfmal erneuert werden. Ein neuer, größerer wächst hinten im Kiefer und drückt den alten, abgenutzten vorn hinaus.

Worterklärungen

Aasfresser Tiere, die sich vor allem von den Resten der Beute ernähren, die Raubtiere übrig lassen.

Allesfresser Tiere, die sowohl Pflanzen als auch Fleisch fressen. Viele Bären, wie etwa der Schwarzbär, und Affen, zum Beispiel die Schimpansen, sind Allesfresser.

Art Eine Gruppe von Tieren, die in einem Gebiet leben, sich miteinander paaren und fortpflanzungsfähige Nachkommen haben. Pferde und Esel lassen sich zwar miteinander paaren, doch ihre Nachkommen, die Maultiere und Maulesel, können keine Jungen bekommen. Deshalb sind Pferd und Esel zwei verschiedene Arten.

Ausgestorben Tierarten, die seit mindestens 50 Jahren nicht mehr gesehen wurden oder ganz sicher nicht mehr existieren. Eine Tierart kann in einem bestimmten Gebiet aussterben oder auf der ganzen Welt. Oft hat der Mensch diese Tiere, wie etwa den Beutelwolf, ausgerottet oder ihre Lebensräume wurden zerstört.

Beuteltiere Säuger, die als Embryo geboren werden und sich erst im Bauchbeutel ihrer Mutter zum ausgereiften Jungtier entwickeln.

Brunft Zeit, in der Hirsche paarungsbereit sind und mit ihrem Geweih um die Hirschkühe kämpfen.

Fangzähne Eckzähne der Raubtiere. Spitze, dolchartige Zähne, mit denen die Beute gepackt und getötet wird.

Geweih Knöcherne Stirnwaffen am Kopf der Männchen fast aller Hirscharten – beim Rentier auch der Weibchen. Das Geweih wird jedes Jahr erneuert.

Greifschwanz Viele Affen, vor allem Arten in Südamerika, verfügen über einen besonders langen Schwanz, der wie eine fünfte Hand benutzt wird: Die Tiere können ihn um Äste wickeln und sich damit festhalten.

Haarwechsel Viele Säugetiere haben im Winter ein dichteres, besser wärmendes Fell, das sie im Frühjahr gegen ein leichteres Sommerfell austauschen.

Hauer Die Eckzähne männlicher Schweine (Eber oder Keiler), die nach oben aus dem Maul herauswachsen. Es sind gefährliche Waffen. Stattliche Hauer haben auch Nilpferde und Walrosse.

Herde Gruppe von Huftieren wie Bisons oder Pferde, die gemeinsam grasen.

Horn Auf der Stirn vieler rinderartiger Wiederkäuer wachsender, von verhornter Haut überzogener Knochenzapfen. Er wird im Unterschied zum Geweih nicht abgeworfen. Das Horn der Nashörner enthält keinen Knochen und wird von Zeit zu Zeit erneuert.

Huf Hornschuh der Huftiere, der die Laufzehen schützend umgibt.

Milchdrüsen Besondere, in der ganzen Tierwelt nur bei den Säugetieren vorhandene Hautdrüsen der Weibchen, in denen Milch gebildet wird. Die Säuglinge oder Jungtiere saugen die Milch aus den Zitzen, den Drüsenmündungen ihrer Mutter.

Nagezähne Lange, meißelartige Schneidezähne der Nagetiere und Kaninchen. Sie nutzen beim Nagen ab, wachsen aber ständig nach.

Primaten Gruppe der Säugetiere, zu denen Menschen, Menschenaffen und Affen zählen. Primaten haben Hände, mit denen sie greifen können, und ein großes Gehirn.

Raubtiere Tiere, die andere Tiere erbeuten und fressen.

Rudel Gruppe von Säugetieren, die zusammenleben und gemeinsam auf der Suche nach Nahrung umherziehen.

Rüssel Beim Elefanten langer, beweglicher Körperteil, der aus verlängerter Oberlippe und Nase entsteht. Mit ihm kann der Elefant Gegenstände greifen, trinken, riechen, atmen und kämpfen.

Stoßzahn Vergrößerter, umgebildeter Schneidezahn bei Elefanten, aber auch beim Narwal. Stoßzähne bestehen aus Elfenbein.

Tarnung Durch Fellfarbe und -musterung sind viele Säuger ihrer Umgebung so perfekt angeglichen, dass sie für Feinde kaum wahrzunehmen sind – sie sind getarnt.

Territorium Lebensraum eines Einzeltiers oder einer Tiergruppe, das als eigenes Gebiet beansprucht und gegen Eindringlinge verteidigt wird.

Warmblüter Säugetiere und Vögel. Ihre Körpertemperatur ist unabhängig von der Außentemperatur und fast immer höher als diese. Um diese Körperwärme aufrechterhalten zu können, brauchen Warmblüter viel Energie, das heißt viel Nahrung.

Wiederkäuer Huftiere mit einem mehrteiligen Magen und einer besonderen Art der Futterverwertung. Das vorgekaute Pflanzenfutter gelangt erst in den großen Pansen. Dann wird das vorverdaute Futter wieder aufgestoßen und ein zweites Mal gekaut. Bakterien und Einzeller im Pansen helfen den Wiederkäuern bei der Verdauung von Gras und Blättern.

Tiere der Wildnis

Inhalt

Im Dschungel

Die feuchtheißen tropischen Regenwälder werden auch Dschungel genannt. Einmal am Tag regnet es heftig. Wegen dieses Klimas gedeihen dort mehr und üppigere Pflanzenarten als irgendwo sonst auf der Welt. Und ebenso vielfältig und einmalig ist die Tierwelt. Die vielen unterschiedlichen Tiere verursachen einen ohrenbetäubenden Lärm, den man schon von weitem hört.

Iguanas fangen in den blattreichen Bäumen des Urwalds Insekten.

Die weit ausladenden Baumkronen werden von Stürmen gepeitscht, von Regengüssen durchnässt und von der Sonne gnadenlos bestrahlt.

In den Urwaldflüssen tummeln sich Riesenotter, die sich von kleinen Flussfischen und -tieren, aber auch von Vögeln ernähren.

Vom Fluss aus gesehen erscheint der Urwald viel undurchdringlicher, als er in Wirklichkeit ist. Denn am Flussufer wächst ein Wall von Licht liebenden Pflanzen.

Was da so träge am Ufer lauert, ist ein Kaiman.

Die größten Bäume bezeichnet man als Überhälter.
Dieser scharlachrote Ara frisst Früchte und verbreitet ihre Samen im Dschungel.
Die Blätter vieler Dschungelpflanzen hängen nach unten, so kann der Regen besser abtropfen.
Aus der Vogelperspektive bietet das grüne Blätterdach der Dschungelbäume einen herrlichen Anblick.
Der Brüllaffe schwingt sich von Ast zu Ast. Er frisst Blätter und Früchte.
Die Goldene Baumboa lauert auf einem Ast, um sich vorbeifliegende Tiere zu schnappen.
Es gibt 25 000 Orchideenarten. Viele wachsen an den Stämmen der Urwaldbäume.
Dieser Morpho-Falter befruchtet Pflanzenblüten mit Pollen.
Auch holzige Kletterpflanzen, Lianen genannt, winden sich die Stämme hinauf.
Nur etwa 2 Prozent des Sonnenlichtes gelangen durch das Blätterdach bis auf den dunklen, feuchtwarmen Urwaldboden.
Riesige dicke Wurzeln geben dem Stamm Halt.
Der Ozelot schläft am Tage und jagt in der Nacht nach kleinen Tieren.

Tierfamilien

Einige Tiere kommen nur im Dschungel eines bestimmten Kontinentes vor, aber Tiere aus derselben Familie und mit ähnlichen Jagd- und Fressgewohnheiten können auch in Urwäldern leben, die tausende von Kilometern voneinander entfernt sind. Auf dieser Erde gibt es drei Hauptdschungelgebiete: Sie liegen in Südamerika, Afrika und Südostasien.

Klammeraffe *(Südamerika)*

Gorilla *(Afrika)*

Orang-Utan *(Südostasien)*

Affen und Menschenaffen
Klammeraffen, Gorillas und Orang-Utans sind in verschiedenen Urwäldern heimisch. In freier Natur sind sie einander noch nie begegnet.

Großkatzen
Jaguar, Leopard und Nebelparder sind einander ähnlich, aber sie leben in verschiedenen Teilen der Welt.

Jaguar *(Südamerika)*

Ein Superkontinent

Vor vielen Millionen Jahren befanden sich alle Dschungelgebiete der Erde auf einem Pangäa genannten Superkontinent.

Trennung

Allmählich geriet die Erdkruste in Bewegung. Der riesige Kontinent brach auseinander und die Tiere drifteten mit dem Land davon. Heute leben viele der Tierfamilien durch Ozeane getrennt, aber ihr Aussehen und ihr Verhalten sind noch ähnlich.

Nebelparder *(Südostasien)*

Grünhelmvogel *(Afrika)*

Goldtukan *(Südamerika)*

Nashornvogel *(Südostasien)*

Leopard *(Afrika)*

Vögel, die Früchte fressen

Tukane oder Pfefferfresser, Hornvögel und Turakos verbreiten die Samen in den Urwäldern.

Pflanzen

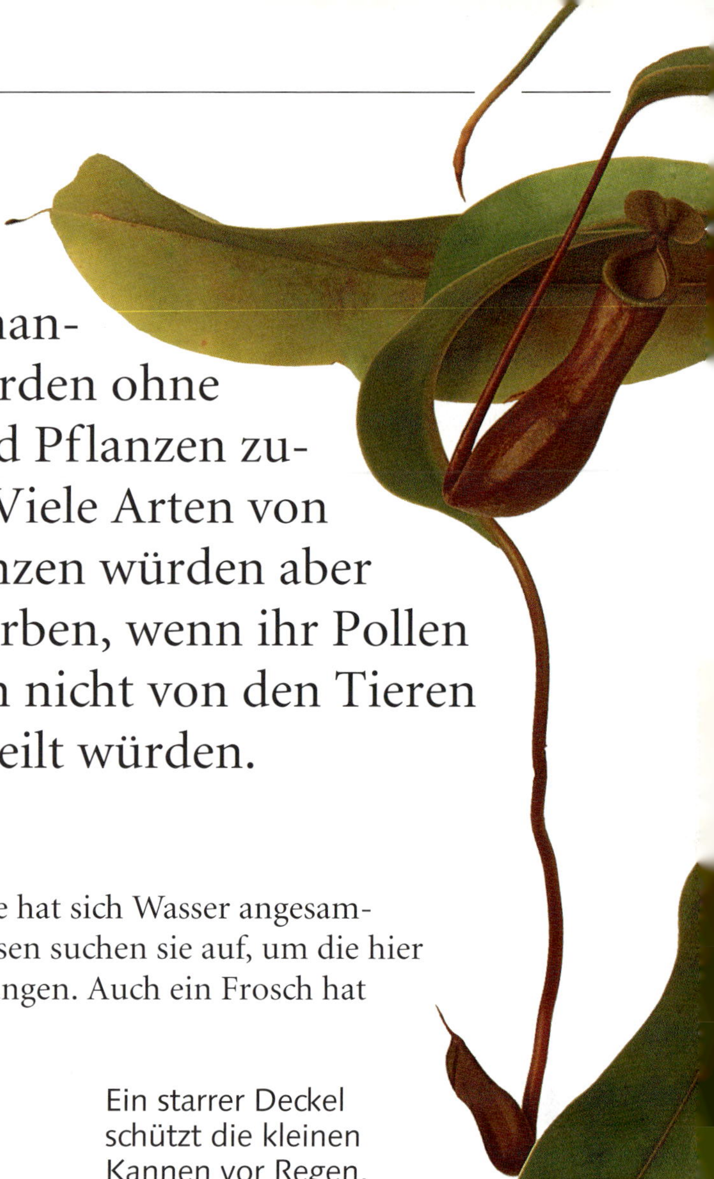

Pflanzen und Tiere im Urwald brauchen einander zum Leben. Zahllose Dschungeltiere würden ohne die Nahrung und den Schutz der Bäume und Pflanzen zugrunde gehen. Viele Arten von Dschungelpflanzen würden aber ebenfalls aussterben, wenn ihr Pollen und ihre Samen nicht von den Tieren im Urwald verteilt würden.

Mini-Dschungel
In dieser Ananaspflanze hat sich Wasser angesammelt. Vögel und Eidechsen suchen sie auf, um die hier lebenden Insekten zu fangen. Auch ein Frosch hat seinen Laich abgelegt.

Ein Kreislauf
Viele Fledermäuse saugen Nektar aus den Blüten der Dschungelpflanzen und verbreiten deren Pollen. Samen entstehen und neue Pflanzen entwickeln sich – und so geht die Nahrung nie aus.

Insekten, aufgepasst!

Die kannenförmigen Blätter dieser Pflanze sind raffinierte Insektenfallen. Ein Insekt ist rettungslos verloren, wenn es in die Kanne fällt, denn dort ertrinkt es und wird dann von chemischen Substanzen zersetzt. Anschließend wird es von der Pflanze als Nahrung aufgenommen.

Ananaspflanze

Ein Kriminalfall

Ein Vogel lässt Samen einer Würgerfeige in einen Baum fallen. Bald ranken sich die Feigenwurzeln um seinen Stamm. Sie nehmen ihm das Licht und er stirbt. Der Würger steht jetzt allein da wie der Geist des erdrückten Baumes.

In der Falle

Wenn ein Insekt auf dem Rand einer solchen Kanne landen will, findet es auf seiner schlüpfrigen Oberfläche keinen Halt und rutscht in die Kanne. Jetzt ist es gefangen und ertrinkt in der Flüssigkeit.

Früchte fressende Vögel

Wenn im Urwald eine Schar Papageien aus den Ästen eines Früchte tragenden Baumes wegfliegt, gleicht das einer wahren Farbexplosion. Fruchtbäume entwickeln sich aus winzigen Samen, die von Vögeln verbreitet werden. Auch Tukane und Hornvögel gehören zur Vielzahl der Früchte fressenden Urwaldvögel.

Regenbogentukan
Warum Tukane solche „Superschnäbel" haben, weiß man nicht. Sie könnten ihre Nahrung – weiche Früchte und Kleintiere – auch mit anders gebauten Schnäbeln bewältigen.

Schnabelparade

Der Schnabel dieses Helmhornvogels ist viel leichter, als er aussieht.

Mit seinem großen Schnabel verzehrt dieser Lauch-Tukan geschickt Früchte aller Art.

St.-Vincent-Papageien haben einen scharf gebogenen Schnabel, mit dem sie die Früchte knacken.

Köstliche Früchte
Der feuerrote Arakangasittich weiß genau, wann eine Frucht reif ist. Er hat 400 Geschmacksknospen auf der Zunge. Du hast 9000.

Baumelnde Früchte
Versuche einmal, einen Apfel ohne Hilfe deiner Hände zu essen. Gar nicht so einfach! Deshalb halten Papageien beim Fressen eine Frucht häufig mit den Füßen fest.

Eine große Familie

Die Sittiche gehören zur Familie der Papageien. Im Dschungel gibt es viele Arten dieser Früchte fressenden Vögel. Dies hier ist ein Gelbflügelsittich.

Mit seinen hoch entwickelten Augen kann der Sittich die Entfernung zwischen Urwaldbäumen genau abschätzen.

Manche gezähmten Papageien können sprechen lernen. Wild lebende dagegen imitieren keine Laute.

Damit der Vogel jederzeit auf einem Ast landen kann, sind die Greiffüße während des Fluges immer in Bereitschaft.

Mit seinen kurzen Flügeln kann der Sittich im dicht belaubten Dschungel rasch die Richtung ändern.

Starke Muskeln ermöglichen dem Vogel eine sehr schnelle Bewegung der Flügel.

Selbst die leuchtendsten Federn sind im Wechsel von strahlendem Sonnenlicht und dunklen Schatten der Baumkronen kaum zu erkennen.

Dschungelfrüchte

Die Urwaldvögel mögen diese Rambutanfrucht, aber auch Feigen oder Avocados.

Fürsorgliche Eltern

Das Weibchen des Hornvogels legt seine Eier im Inneren hohler Bäume ab und bleibt ständig bei den Jungen. Währenddessen versorgt das Männchen die Familie mit Futter. Bald ist das Nest zu klein für die Mutter und ihre Kinder. Dann verlässt sie es und beide Eltern füttern die Jungen gemeinsam, bis diese flügge sind und selbst auf Nahrungssuche gehen.

Honigsauger

Südamerikanischer Korallenstrauch

Die Blütenblätter sind genauso lang wie der Schnabel des Honigsaugers.

Manche Urwaldvögel saugen Nektar. Diese süße Flüssigkeit in den Blüten der Pflanzen enthält Wasser, Vitamine, Mineralien und vor allem Zucker. Die südamerikanischen Kolibris und die afrikanischen und südostasiatischen Nektarvögel brauchen große Mengen Nektar, um die Kraft zu erhalten, die sie zum Fliegen benötigen. Die raschen Flügelbewegungen verbrauchen viel Energie.

Grünrücken-Nektarvogel

Flugkünstler
Ein Kolibri bewegt seine Flügel bis zu 70-mal in der Sekunde. Sich auf der Stelle zu drehen, rückwärts und sogar auf dem Rücken zu fliegen ist für ihn kein Problem!

Kaum zu glauben!
Nektar enthält Zucker, und Zucker gibt Kraft. Da du viel größer bist als ein Kolibri, brauchst du auch mehr Kraft. Wolltest du aber so aktiv sein wie ein Kolibri, müsstest du am Tag 299 Gläser Honig essen!

Gleichgewichtskünstler
Dieser Karmesinrote Nektarvogel hat wie der Kolibri einen langen Schnabel und leuchtende Federn. Um Nektar zu saugen, setzt er sich auf eine Blüte.

Honigsuche

Der Violettwangige Kolibri schwirrt durch den südamerikanischen Dschungel auf der Suche nach Nektar.

Kolibris sehen leuchtende Farben besonders gut, deshalb fliegen sie oft zu roten Blüten wie zu diesem Hibiskus.

Sein Schnabel ist gerade lang genug, um den Nektar tief aus dem Inneren der Blüte zu saugen.

Seine leuchtenden Federn reflektieren das Licht.

Die starke Flügelmuskulatur macht allein ein Drittel seines Körpergewichtes aus.

Die Federn dieses Vogels liegen sehr dicht beisammen. Er hat gut tausend davon.

Wenn der Kolibri in der Luft steht, schlägt sein Herz sehr rasch – etwa 1260-mal in der Minute!

Die Brust des Kolibris wird beim Nektarsaugen mit Pollen bestäubt. Fliegt er dann zur nächsten Blüte, gibt er den Pollen weiter und befruchtet sie.

Mit seinen kleinen Füßen setzt sich der Kolibri auf Blütenränder oder Pflanzen. Er hüpft aber nicht herum.

Nest und Eier

Die weiblichen Kalliope-Kolibris bauen kleine Nester hoch oben in den Bäumen. Sie brüten winzige Eier aus. Die Jungen werden etwa einen Monat lang gefüttert, dann sind sie flügge.

(Originalgröße)

Gleitflieger

Wenn du einen Papierflieger in die Luft gleiten lässt, schwebt er mit etwas Glück ein Stück dahin. Manche Dschungeltiere, die in den Baumkronen heimisch sind, haben eine schnelle und sichere

Fortbewegungstechnik entwickelt. Sie schwingen sich nicht von Ast zu Ast wie die Affen, sie fliegen aber auch nicht wie Vögel oder Fledermäuse. Vielmehr breiten sie spezielle Hautfalten aus und gleiten fast wie ein Papierflieger von Baum zu Baum.

Kuschelpause
Dieses Philippinen-Gleitfliegerweibchen ruht sich aus. Auf seinen Gleitflügen hat es sein Junges dabei. Die fellbedeckte Gleithaut, die den Segelflug ermöglicht, ist jetzt für das Baby eine kuschelige Hängematte.

Gleitflug

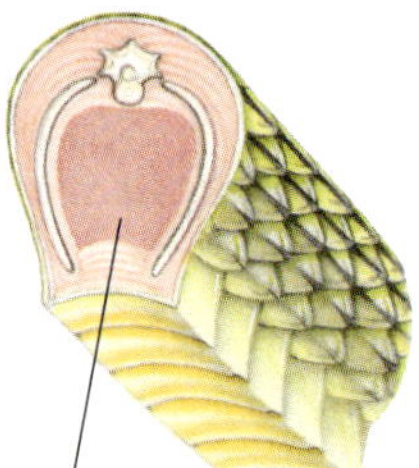

Wenn die Schlange auf Ästen liegt, zieht sich ihr Körper schlauchartig zusammen.

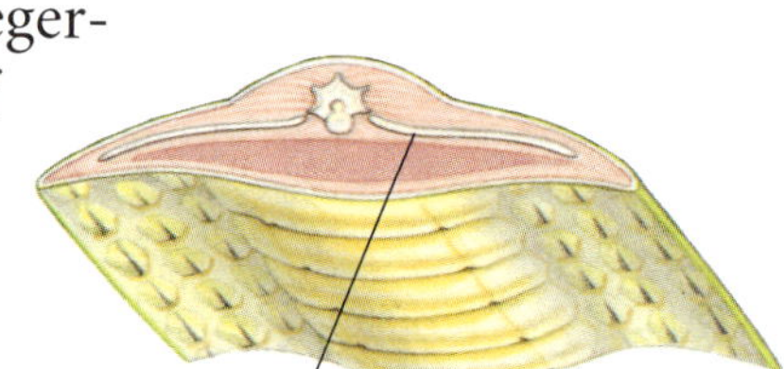

Zum Gleiten dehnt die Schlange ihre Rippen seitlich aus und flacht ihren Körper ab.

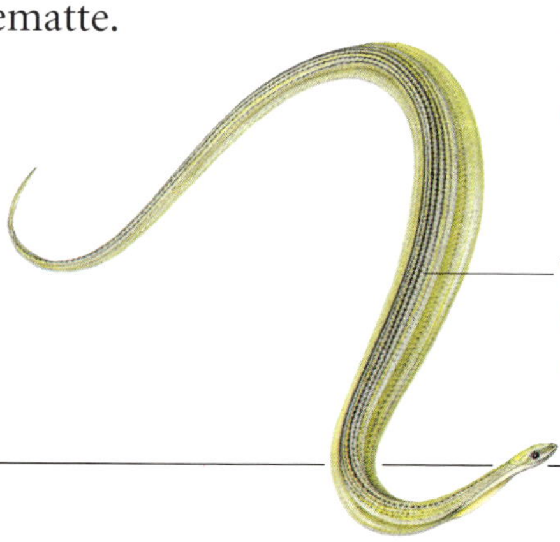

Während des Gleitens bewegt sie sich s-förmig, um zu steuern.

Sie lässt sich schnell vom Ast gleiten.

Die rauen Schuppen auf ihrer Bauchseite erleichtern der Schlange das Hochschlängeln an Baumstämmen.

Schlange im Flug!
Wenn sie vor einem hungrigen Habicht oder Adler fliehen muss, kann eine Schmuckbaumnatter bis zu 50 Meter weit durch die Luft gleiten.

Von Echsen, Vögeln, Fröschen und Fledermäusen verschlingt sie zuerst den Kopf.

Schleckermaul

Das Zuckerhörnchen lebt in Australien und ernährt sich von dem süßen Saft der Eukalyptusbäume.

Wenn der Abstand zwischen zwei Bäumen zum Springen zu groß ist, dehnt das Zuckerhörnchen zum Gleiten seine Gleithäute aus.

Fliegender Frosch

Dieser Frosch kann seine Zehen spreizen und dann dank der sie verbindenden Häute durch die Luft gleiten. So bringt er sich auch vor Feinden in Sicherheit.

Beim Gleitflug streckt das Zuckerhörnchen die Beine aus und entfaltet die Gleithäute.

Bevor es an einem Baumstamm landet, stellt das Tier zum Bremsen seinen buschigen Schwanz auf.

Schwebende Echse

Der Falten-Gecko beginnt sein Leben in einem winzigen Ei. Ist er ausgewachsen, kann er sich mit seinen starken Hinterbeinen abstoßen und bis zu 18 Meter weit durch die Luft gleiten.

Unter den Gleithäuten zwischen den Zehen bildet sich ein Luftpolster. Darauf gleitet der Gecko durch die Lüfte.

Im Gleitflug faltet der Gecko Hautlappen auf, die sonst am Bauch anliegen.

Nachttiere

Wenn es im Urwald dunkel wird, begeben sich nicht alle Tiere zur Ruhe. Manche werden jetzt erst richtig munter und machen sich auf, um ihren Hunger zu stillen. Viele der kleinen Dschungeltiere sind in der Nacht aktiv, weil die Dunkelheit ihnen Schutz bietet. Wenn es dämmert, ziehen sie sich gut getarnt zum Schlafen zurück.

Kleiner Imbiss
Der afrikanische Potto fängt nachts mit den Händen Insekten, die er mit Blättern und Früchten verspeist. Die Stacheln im Nacken schützen ihn vor Feinden.

Um sich nachts warm zu halten, braucht man ein dickes Fell.

Kulleraugen
Der Koboldmaki hat riesige Augen. Wären deine auch so groß, hätten sie den Umfang von Pampelmusen.

Greifprofis
Viele Nachttiere leben in den Bäumen. Dafür sind ihre Greifhände bestens geeignet.

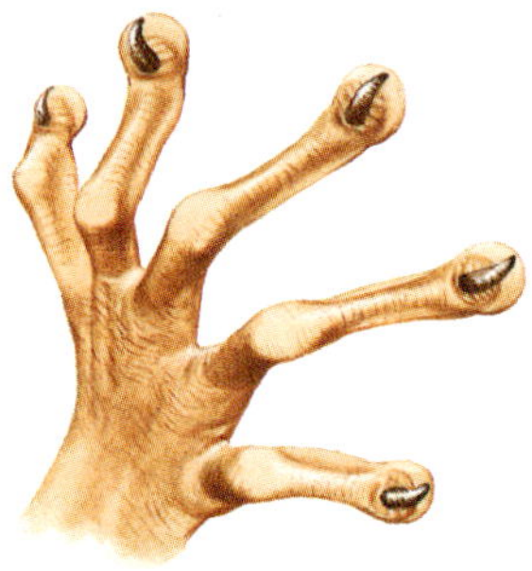

Maki

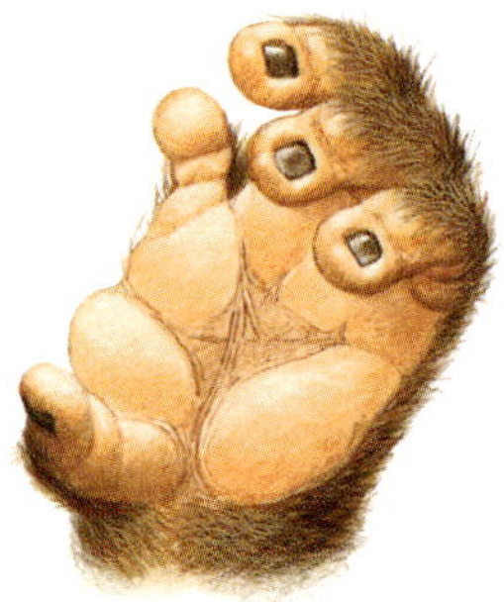

Lori

Lang und mager

Am Tag schläft dieser Lori in einem Baum. Er wird auch als Schlanklori bezeichnet, weil seine Arme und Beine lang und mager sind.

Mit den großen runden Augen kann er in der Dunkelheit sehr gut sehen.

Ein hoch entwickelter Geruchssinn hilft dem Lori, sich nachts zurechtzufinden.

Genau wie wir Menschen hat auch der Lori einen entgegenstellbaren Daumen, der ihm das Greifen ermöglicht.

Auch mit den Füßen kann er sich so gut an Ästen festklammern, dass er manchmal sogar an einem Fuß hängend frisst.

Sprichwörtliche Trägheit

Faultiere sind nachts wach, aber sie bewegen sich so langsam, dass man meinen könnte, sie schliefen. Ihre Jungen tragen sie bei sich.

Baumkratzer

Das seltene Fingertier schläft am Tag in einem Baumnest. In der Nacht kratzt es aus der Borke der Urwaldbäume mit seinem längsten, dem mittleren Finger Insekten hervor. Um zu hören, wo Insekten krabbeln, spitzt es seine großen Ohren.

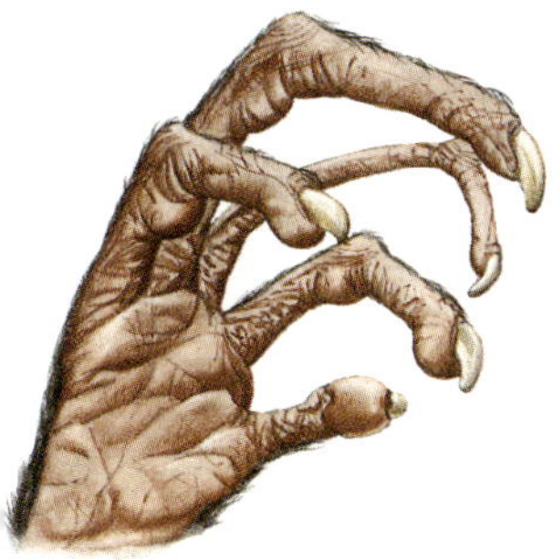

Fingertier

Zweifinger-Faultier

Schmetterlinge und Motten

Im feuchtheißen Klima des Dschungels gedeihen Schmetterlinge und Motten sehr gut, es lauern aber auch viele Gefahren auf sie. Die Tiere haben jedoch höchst wirksame Selbstschutzverfahren entwickelt, um sich vor Fressfeinden zu schützen. Manche sind ungenießbar, andere haben sich so gut getarnt, dass ihre Feinde sie nicht entdecken.

Der südamerikanische Heliconius-Falter legt seine Eier besonders gern in den Blättern der Passionsblume ab.

Eine Raupe hat bereits ein Loch in dieses Blatt gefressen.

Die Raupen sind mit Stacheln bedeckt.

Verwandlungskünstler
Diese Schmetterlinge sehen gleich aus, aber der untere ist ungenießbar. Der obere hat sich zum Schutz dem Artgenossen angepasst.

Schmetterlinge in Gefahr
Dieser Homerus-Schwalbenschwanz wird durch Sammler in seinem Bestand bedroht. Viele Artgenossen sind auch in Gefahr, weil ihr Lebensraum immer mehr zerstört wird.

Eier werden auf der Pflanze abgelegt.

Eine als Chrysalis bezeichnete bucklige Hülle schützt die Puppe, während sie sich in einen Schmetterling verwandelt.

Motte oder Schmetterling?

Die meisten Schmetterlinge sind Tagfalter und haben bunt leuchtende Flügel. Motten sind im Allgemeinen nachts unterwegs und sehen eher unscheinbar aus.

Atlasfalter

Erkennst du mich?

Dieser Blattschmetterling kann sich optisch dem Hintergrund angleichen. Das Muster der Flügel ist eine gute Tarnung.

Königin-Alexandra-Vogelfalter (Männchen)

Fühler unterstützen das Gleichgewichtsempfinden.

Flügel und Körper sind mit kleinen, farbintensiven Schuppen bedeckt.

Der Hinterleib, auch Abdomen genannt, ist der größte Teil des Körpers.

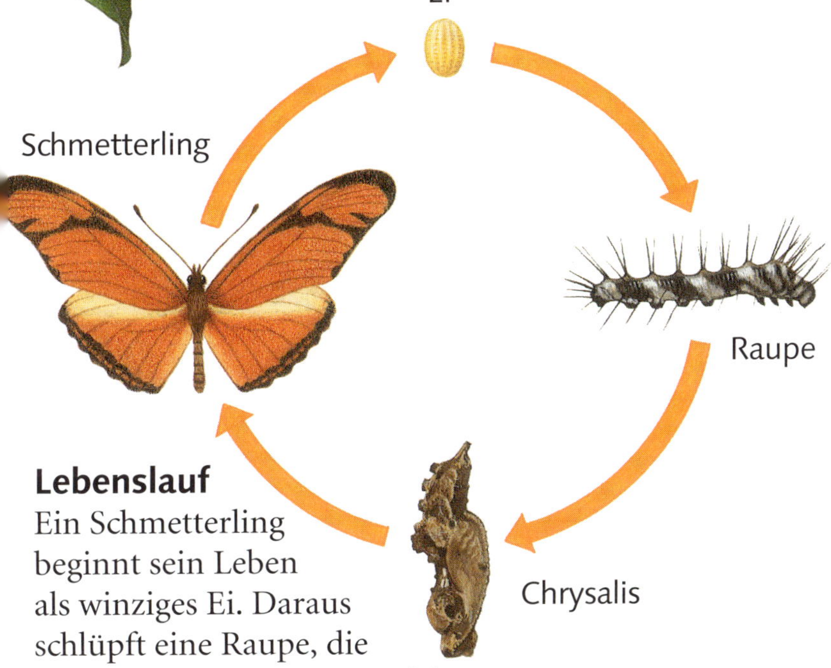

Lebenslauf

Ein Schmetterling beginnt sein Leben als winziges Ei. Daraus schlüpft eine Raupe, die sich in eine Puppe verwandelt. In der Chrysalis wächst dann ein Schmetterling heran.

Riesenschmetterling

Der südamerikanische Eulenfalter ist der größte Schmetterling der Welt. Er erreicht eine Flügelspanne von 32 Zentimetern und ist damit größer als viele Vögel.

Insekten

Die Ameisen tragen die Blätter ins Nest und ernähren sich von den Pilzen, die sich auf den gärenden Blättern entwickeln.

Die Insekten stellen weltweit mehr Arten als alle anderen Tiergruppen zusammen, und immer noch werden neue entdeckt. Sie haben jeden Lebensraum erobert, selbst Wüsten, die eisigen Polarregionen – und sogar Benzinpfützen.

Leben im Untergrund
Die Blattschneiderameisen schleppen Blätter in ihr unterirdisches Nest. In einem solchen Ameisenstaat leben etwa 2,5 Millionen Tiere.

Ameisen können Blattstücke schleppen, die mehr als doppelt so groß sind wie sie selbst.

Termitenbau
Die Bauten einiger Termitenarten erinnern an Türme. An den wie Schirme gebauten Dächern läuft der Regen gut ab.

Termiten-Soldaten verteidigen das Nest. Sie schützen die übrigen Termiten vor Eindringlingen.

Termiten-Arbeiter füttern die Termiten-Soldaten, weil diese sich nicht selbst versorgen können.

Die Termiten-Königin legt die Eier. Die Arbeiter füttern sie, weil sie das Nest nicht verlassen kann.

Der Arbeiter-Ameise folgt eine kleine Ameise, die winzige Phoridfliegen davon abhält, ihre Eier auf der Arbeiterin abzulegen.

Harte Arbeit
Zwei Arbeiterinnen schneiden mit ihren scharfen Zangen ein großes Stück aus dem Blatt heraus.

3, 2, 1 ... Start
Käfer können gut fliegen und krabbeln. Die Flügel falten sie unter den harten Deckflügeln.

Bevor er abhebt, öffnet und schließt dieser Juwelenkäfer mehrmals seine Deckflügel.

Dann öffnen sich die Deckflügel, der Käfer faltet die Hinterflügel auf und fliegt davon.

Seltsame Käfer

Der afrikanische Goliathkäfer ist der größte Käfer der Welt.
Er kann rund 110 Gramm wiegen, etwa so viel wie ein Apfel.

Nasonella fungi ist einer der kleinsten Käfer der Welt.
Er lebt im südamerikanischen Regenwald und könnte ohne weiteres durch ein Nadelöhr schlüpfen.

(Originalgröße)

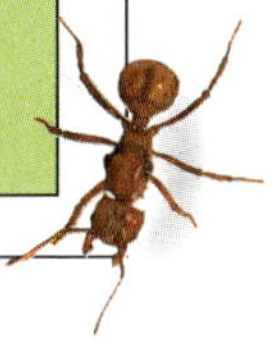

Insektenfresser

Afrikanischer Baumpangolin

Die Zahl der im Dschungel lebenden Insekten ist so groß, dass einige Urwaldtiere ihren Speiseplan ausschließlich auf Insekten abgestimmt haben. So ernähren sich etwa der Ameisenbär und der Pangolin fast nur von Ameisen und Termiten. Sie brechen mit ihren starken Klauen die Bauten auf und holen die kleinen Tiere mit ihrer langen, klebrigen Zunge heraus.

Guten Appetit!
Dieser Baumameisenbär wird gleich den Termitenbau mit seinen starken Armen und den scharfen Krallen aufbrechen.

Insektenjäger
Der Tamandua ist ein Ameisenbär, der auf Bäumen wohnt. Sein Greifschwanz dient ihm als fünfte Hand. Er geht nachts auf Suche nach Ameisen- und Termitenbauten.

Ein Tamandua stößt mit der Schnauze in ein Insektennest, fährt seine lange, klebrige Zunge aus und fängt damit sein Futter.

Der dunkle Fellstreifen an seinem Hals sieht aus wie ein Kragen.

Insekten-jäger

Lippenbär

Rattenigel

Südlicher Tamandua

Das goldbraune Fell ist in den schattigen Bäumen eine gute Tarnung.

Mit seiner kräftigen Magenmuskulatur zerdrückt der Tamandua die Insektenkörper.

Sein langer, kräftiger Greifschwanz hilft dem Ameisenbär, hoch in die Bäume hinaufzuklettern. Die nackte Unterseite des Schwanzes gibt ihm dabei sicheren Halt.

Pangolin

Ameisenbär

Durch Welten getrennt

Schuppentiere wie der Pangolin leben in Afrika und Südostasien, die Ameisenbären dagegen in Südamerika. Beide sind Dschungeltiere und ernähren sich von Ameisen und Termiten.

Südostasiatischer Pangolin

Panzerkleid

Der von Insekten lebende Pangolin ist von der Nase bis zum Schwanz von einem Schuppenpanzer bedeckt. Nur der Bauch ist ungeschützt. Wenn ein Pangolin sich bedroht fühlt, rollt er sich in einem Versteck zusammen.

Gestreifter Tenrek

Riesengürteltier

Erdferkel

Schlangen

Im Dschungel leben einige der gefährlichsten Schlangenarten der Welt. Schlangen verstecken sich oft in Bäumen, um dort Vögeln und anderen Tieren aufzulauern, auf die sie dann blitzschnell herunterstoßen. Sie sind kaltblütig, das heißt, ihre Körpertemperatur erhalten sie über ihre Nahrung. Eine Mahlzeit genügt ihnen für mehrere Tage.

Erstes Lebenszeichen
Wie die südamerikanische Buschmeisterschlange schlüpfen die meisten Schlangen aus Eiern.

Ganz vorsichtig
Wenn sie ausschlüpfen, schaut zuerst ihr Kopf heraus.

Riesenschlange
Die Anakonda ist die schwerste Schlange der Welt. Eine acht Meter lange Anakonda wiegt 227 Kilogramm. Sogar Kaimane kann diese Riesenschlange erdrücken und verschlingen.

Aus der Haut fahren
Eine Schlange trägt nicht immer die gleiche Haut. Etwa viermal im Jahr häutet sich die Grubenotter. Sie reibt sich an einem rauen Gegenstand und stößt die alte Haut ab. Darunter ist bereits eine neue Haut.

Hier bin ich!
Wenn eine Schlange schlüpft, ist es immer wieder verwunderlich, dass ein so langes Tier in einem so kleinen Ei Platz hatte.

Ihre perlenförmigen Augen sind nach vorn gerichtet, so kann sie weit entfernte Dinge deutlich erkennen.

Grüne Peitschenschlange

Die Grüne Peitschenschlange jagt in den Urwaldbäumen Afrikas nach kleinen Vögeln und Echsen. Während des Tages hängt sie oft stundenlang reglos in den Ästen. Wenn sie den Platz wechselt, geschieht dies sehr langsam.

Sie kann bis zu 2 Meter lang werden. Das Ende ihres Schwanzes ist dünner als dein Finger.

Hunderte harter Schuppen bedecken ihren Körper. Angeordnet sind sie wie Dachziegel.

Wegen ihres langen, dünnen grünen Körpers ist die Schlange im Geflecht der Ranken und Gewächse kaum zu erkennen.

Wo bin ich?

Zwischen diesen Blättern hat sich eine afrikanische Gabun-Viper versteckt. Sie lauert auf dem Urwaldboden und tötet ihre Beute mit einem Gift. Durch das Muster ihrer Haut ist sie sehr gut getarnt.

Kopf und Körper der Gabun-Viper sind fast nicht zu erkennen.

Echsen

Goldskink

Schon seit Millionen von Jahren gibt es auf der Erde Echsen. Viele von ihnen sehen aus wie kleine Dinosaurier. Reptilien wie Chamäleons und andere Echsen sind wechselwarme Tiere, das heißt, ihre Körpertemperatur gleicht sich der jeweiligen Außentemperatur an. Diesen Tieren kann es daher weder zu warm noch zu kalt werden. In der Mittagshitze erwärmt sich ihr Körper, während er in kühlen Nächten erstarrt.

Aufgepasst!
Im südamerikanischen Urwald kann es vorkommen, dass einem ein verängstigter Iguana auf den Kopf fällt.

Madagassisches Chamäleon

Das Chamäleon rollt seinen Schwanz ein, um ihn schwerer zu machen. Auf diese Weise hält es das Gleichgewicht, wenn es auf einem Ast hockt.

Taggecko

Salomonenskink

Stetiger Wechsel

An einem heißen Sommertag ziehst du bestimmt ein helles T-Shirt an. Die Haut des Chamäleons wird bei Hitze und Licht heller, weil seine Hautzellen kleiner werden.

Das Chamäleon sieht auch Insekten, die hinter ihm sind. Seine Augen stehen vor und können unabhängig voneinander bewegt werden, also gleichzeitig in zwei verschiedene Richtungen sehen. Von allen Reptilien hat das Chamäleon die beste Rundumsicht.

Klebrige Spitze

Die Zunge des Chamäleons ist so lang wie sein Körper und es kann damit blitzschnell Insekten einfangen. Die verdickte, klebrige Zungenspitze umfasst die Beutetiere, die an der Zunge festkleben.

Tockeegecko

Ameive

Das Chamäleon ist mit harten Schuppen bedeckt, die ähnlich aufgebaut sind wie deine Fingernägel. Diese Schuppen nutzen sich im Laufe der Zeit ab und erneuern sich mehrmals jährlich.

Die Füße des Chamäleons sind zum Klettern in den Bäumen bestens geeignet. Zwei Zehen sind nach rechts abgewinkelt, drei nach links, so kann sich das Tier mit sicherem Griff an den Ästen festhalten.

Anolis

Wenn es abends kälter wird, trägst du vielleicht einen dunklen Pulli. Chamäleons werden dunkler, wenn sich ihre Hautzellen bei Kälte und Dunkelheit vergrößern.

Der Beste gewinnt!

Diese männlichen Warane tanzen nicht etwa, sondern sie kämpfen um die Gunst eines Weibchens!

Krokodile

Krokodile sind die großen Jäger der Dschungelflüsse. Sie fressen Antilopen, junge Flusspferde, Büffel, aber auch Fische und Schildkröten – und manchmal sogar Menschen! Wie dunkle Baumstämme, fast vom Wasser bedeckt, treiben sie dahin und lauern auf ihre Opfer. Viele Krokodile fressen nur einmal in der Woche, aber dann große Mengen.

Ein Schlag mit diesem starken Schwanz kann sehr gefährlich sein.

Große, teilweise verknöcherte Hornschilder bilden einen dicken Panzer, der das Krokodil vor Feinden schützt.

Nil-Krokodil

Im Magen erwachsener Krokodile finden sich zahlreiche Steine. Sie dienen aber nicht der Verdauung, wie allgemein angenommen wird; ihr Gewicht hilft ihnen, im Wasser zu treiben.

Trotz ihrer kurzen Beine können die Krokodile sehr schnell laufen.

Superschwimmer
Beim Schwimmen schlägt das Krokodil heftig mit dem Schwanz und legt seine Beine dicht an den Körper.

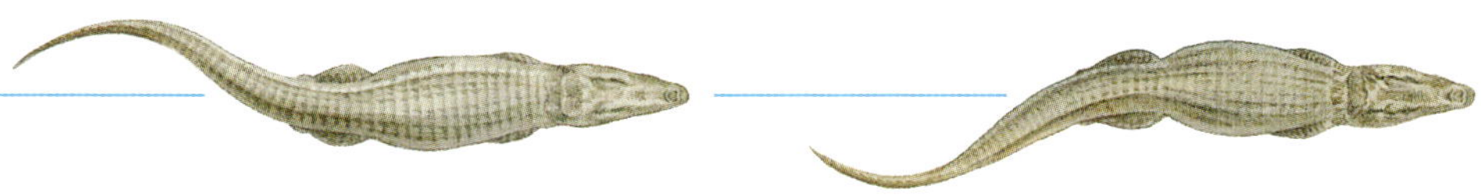

Krokodile in Gefahr

Krokodile werden wegen ihrer Haut gejagt, denn sie ist ein begehrtes Material zur Herstellung von Uhrarmbändern, Handtaschen oder Schuhen. Der Chinesische Alligator, der Schwarze Kaiman und viele andere Krokodilarten sind schon fast ausgerottet – es gibt nur noch wenige Exemplare von diesen Tieren.

Die Familie der Krokodile

Die größten und gefährlichsten Reptilien der Welt gehören zur Familie der Krokodile.

Krokodil

Kaiman

Gavial

Hier bin ich!

Krokodile schlüpfen aus Eiern. Beim Durchbrechen der Schale quietschen sie laut – und rufen dadurch ihre Mutter herbei, die sie aus dem Brutnest befreit.

Zahnersatz

Dir wachsen nur einmal Zähne nach. Krokodile bekommen immer dann neue, wenn die alten abgenutzt sind.

Fische

Im südamerikanischen Amazonas leben mehr Fische als in jedem anderen großen Fluss der Welt. Rund 3000 Arten sind allein oder in Schwärmen auf Futtersuche und fressen fast alles – von Samen bis hin zu kleinen Krokodilen.

Schädel eines Piranha

Messerscharfe Zähne

Gefährlich!
Wenn die Piranhas sich auf ein Opfer stürzen, reißen sie mit ihren messerscharfen Zähnen große Stücke heraus. Sie können ein großes Tier innerhalb von Minuten bis auf die Knochen abnagen.

Überfluteter Urwald
Im Dschungel Südamerikas kann es so heftig regnen, dass der Amazonas sechs Monate im Jahr über die Ufer tritt und Gebiete überflutet, die größer sind als England.

Amazonasfische
Im Amazonas wimmelt es nur so von Fischen unterschiedlichster Formen und Größen. Einige sind Fleischfresser, andere fressen nur Pflanzliches.

Neonfische werden nur 4 Zentimeter lang.

Der Pirarucu ist einer der größten Flussfische der Welt.

Ungewöhnlich!

Die Eier des Arowana-Fischweibchens behält das Männchen bis zum Schlüpfen im Maul. Mit einem Meter Länge ist der Arowana-Fisch einer der größten Insekten fressenden Fische der Welt.

Der Schützenfisch fängt Insekten, indem er sie mit einem gezielten Wasserstrahl „abschießt".

Zielgenau

Der Schützenfisch ist in den Dschungelflüssen Südostasiens zu Hause. Mit seinen großen, beweglichen Augen kann er ausgezeichnet sehen, auch über Wasser. Entdeckt er auf einem über dem Wasser hängenden Blatt ein Insekt, schießt er einen Wasserstrahl darauf ab, damit es herunterfällt.

Spürnase

Dieser Tambaqui-Fisch riecht, wenn die Gummibäume ihre Samen abwerfen. Dann taucht er auf und schnappt sich die herabfallenden Samen. Viele Dschungelfische leben von Früchten und verteilen bei der Verdauung deren Samen.

Er kann bis zu 30 Zentimeter weit aus dem Wasser springen.

Der Pacu ist ein Piranha, er frisst aber kein Fleisch.

Der Arowana-Fisch schnellt auf der Jagd nach Insekten bis zu einem Meter hoch aus dem Wasser.

Flusstiere

Die Dschungelflüsse wimmeln von Lebewesen. Schildkröten lauern auf dem Grund auf Fische, während weiter oben Flussdelfine und Lamantine (amerikanische Seekuh) ihre Bahnen ziehen. Verspielte Riesenotter und Wasserschweinfamilien tummeln sich am Ufer oder im Wasser und die Flussufer sind von Insekten unterschiedlichster Art und Größe bevölkert.

Wasserlebewesen

Viele Dschungelinsekten lieben es warm und feucht. Die Riesenwasserwanze ernährt sich von Fischen und Fröschen, die Blutegel leben von fremdem Blut.

Sie kann unter Wasser sehr gut sehen.

Verkriechen kann sie sich nicht. Denn Hals und Kopf des Tieres haben unter dem Panzer keinen Platz.

Zum Atmen streckt die Schildkröte den Kopf aus dem Wasser heraus.

Sie ernährt sich von Fischen und Insekten. Diese Beutetiere zermalmt sie in ihrem knochigen Maul, denn sie hat keine Zähne zum Kauen.

Wegen der Schwimmhäute an ihren Füßen kann sie ausgezeichnet schwimmen.

Schlangenhals-Schildkröte

Die Schlangenhals-Schildkröte liegt auf dem Grund südostasiatischer Urwaldflüsse auf der Lauer. Ausgewachsen ist sie etwa 30 Zentimeter lang. Ihr Hals ist genauso lang wie der Körper.

Riesenmeerschweinchen

Das Wasserschwein ist das größte Nagetier der Welt – rund fünfmal so groß wie ein Meerschweinchen. Dank seiner starken, mit Schwimmhäuten versehenen Füße ist es ein sehr guter Schwimmer.

Unter Wasser

Der Lamantin wird unter Wasser geboren und hält sich sein Leben lang in Urwaldflüssen auf. Er kann den Atem 16 Minuten lang anhalten, bevor er wieder auftauchen muss.

Seltene Wassertiere im Dschungel

Der Lamantin kann die Länge eines Indischen Elefanten erreichen.

Flussdelfine haben mindestens 100 Zähne.

Ein Riesenotter kann bis zu 2 Meter lang werden.

Die Moschusschildkröte ist sehr gut getarnt, wenn sie auf dem Grund eines Flusses auf der Lauer liegt.

Die südamerikanischen Flussschildkröten schwimmen in Gruppen zu ihren Nistplätzen.

Wollaffe

Dschungel in Gefahr

St.-Vincent-Papagei

Der Urwald ist der vielseitigste natürliche Lebensraum unserer Erde. Alle Dschungelgebiete dieser Erde drohen in nicht zu ferner Zukunft vernichtet zu werden. Denn sie werden abgeholzt wegen ihrer Edelhölzer und niedergebrannt, um Nutzland zu gewinnen. Die Tiere auf diesen beiden Seiten sind vom Aussterben bedroht.

In Rauch aufgelöst
Dschungelgebiete, die man als Ackerland nutzen will, werden oft durch Brandrodung vernichtet. Den Rauch sieht man sogar noch vom Weltraum aus.

Schwarzer Kaiman

Javanesisches Nashorn

Röhrennasen-
flughund

Rotbraunkehliger
Kolibri

Sri-Lanka-
Rosenfalter

Edelhölzer
Aus Urwaldbäumen geschnittenes Teak- oder Mahagoniholz wird hauptsächlich zur Herstellung von Möbeln verwendet. Das Absägen eines Baumes nennt man Fällen.

Samen der Hoffnung
Jede Minute verschwindet ein Dschungelgebiet, das so groß ist wie 40 Fußballfelder. Naturschützer sind aber bemüht, abgeholzte Bäume durch neue zu ersetzen. Dieser Mann sammelt deshalb die Samen von Bäumen.

Pflanzen, die wir brauchen
Viele Dschungelpflanzen sind vielleicht schon vernichtet, bevor wir über ihren Nutzen etwas erfahren haben. Auch der Schwarzbohnenbaum war bereits vom Aussterben bedroht, als Wissenschaftler herausfanden, dass seine Frucht einen Wirkstoff enthält, der vielleicht gegen manche Krankheiten helfen könnte.

Schote der
Schwarzen Bohne

Berggorilla

Schabrackentapir

Jaguar

Worterklärungen

Art Bestimmte Tier- und Pflanzentypen. Männliche und weibliche Mitglieder einer Art können zusammen Junge zeugen.

Ausgestorbene Arten Tier- und Pflanzenarten, die mangels Lebensraum von der Erde verschwunden sind.

Bedrohte Arten Tier- und Pflanzenarten, die vom Aussterben bedroht sind.

Bestäubung Die Übertragung der Pollen vom männlichen auf den weiblichen Teil der Blüte. Dabei entstehen Samen, aus denen sich neue Pflanzen entwickeln können.

Beutetier Ein Tier, das von anderen Tieren gejagt und gefressen wird.

Chemische Substanz Ein chemischer Stoff, der in Verbindung mit anderen Substanzen reagiert.

Chrysalis Das Stadium im Leben eines jungen Insektes, in dem es sich in eine Puppe verwandelt.

Deckflügel Harte Schutzhüllen, unter die ein Käfer seine zarten, empfindlichen Hinterflügel falten kann, wenn er nicht fliegt.

Flügelspanne Die Entfernung zwischen den beiden Flügelspitzen eines Tieres.

Fühler Anhänge im Bereich des Kopfes mancher Tiere, in denen verschiedene Sinnesorgane sitzen.

Lebensraum Ein Gebiet, in dem bestimmte Tier- und Pflanzenarten leben wie beispielsweise ein Dschungel oder eine Wüste.

Nachttiere Tiere, die während des Tages schlafen und nachts aktiv sind.

Nagetiere oder Nager Eine Säugetierfamilie, der Meerschweinchen, Ratten und Mäuse angehören. Nagetiere nagen immer an etwas, um ihre ständig nachwachsenden Zähne abzuschleifen.

Naturschutz Das Bemühen, die bedrohten Tier- und Pflanzenarten und ihre natürliche Umwelt zu erhalten.

Nektar Eine süße Flüssigkeit, die tief in den Blüten der Pflanzen verborgen ist.

Pollen oder Blütenstaub Ein feines Pulver, das in den Blüten von Samenpflanzen enthalten ist.

Reptil oder Kriechtier Ein wechselwarmes Tier, das von Schuppen bedeckt ist. Die Reptilien sind Luftatmer, und die meisten von ihnen schlüpfen aus Eiern aus.

Säugetiere Alle Säugetiere sind Warmblüter, das heißt, dass ihre Körpertemperatur immer gleich bleibt, egal wie warm oder kalt ihre Umgebung auch sein mag. Säugetiere atmen Luft und ernähren ihre Jungen mit Milch.

Schuppen Kleine harte Platten, die den Körper mancher Tiere bedecken.

Tarnung Eine Veränderung der Körperfärbung oder -gestalt, mit der ein Tier sich seiner Umgebung anpasst.

Territorium Ein Gebiet, das von einem einzelnen Tier oder einer Gruppe von Tieren als Lebensraum beansprucht und gegen Eindringlinge verteidigt wird.

Wechselwarme Tiere Tiere, deren Körpertemperatur sich der jeweiligen Außentemperatur anpasst.

Zellen Die Grundeinheiten, aus denen alle Lebewesen bestehen.

Vögel

Inhalt

Was ist ein Vogel?

Jedes Tier mit Federn ist ein Vogel. Auch jene Arten, die Federn haben und nicht fliegen können, sind Vögel. Wie Flugzeuge verfügen Vögel über einen glatten Körper, der durch die Luft gleiten kann. Sie schwingen sich über schneebedeckte Berge, schwirren durch feuchte Dschungel und gleiten über Meereswogen. Auf der Erde gibt es über 100 Milliarden Vögel.

Der erste Vogel
Dieser hühnergroße Archäopteryx lebte vor über 150 Millionen Jahren. Er hatte Zähne wie ein Dinosaurier, aber auch Federn – also war er ein Vogel.

Kauen ohne Zähne
Die heutigen Vögel haben keine Zähne, mit denen sie ihre Nahrung zerkauen könnten. Dafür besitzen sie ein besonderes Zerkleinerungsorgan, den Muskelmagen, der die Nahrung durch Muskelkraft zerdrückt.

Vogelskelett

Die Knochen in diesem Papageienskelett unterscheiden sich von unseren Knochen: Sie sind wie bei den meisten Vögeln hohl wie Strohhalme. Massive Knochen wären zu schwer zum Fliegen. Sogar ein großer Steinadler wiegt weniger als vier Kilogramm.

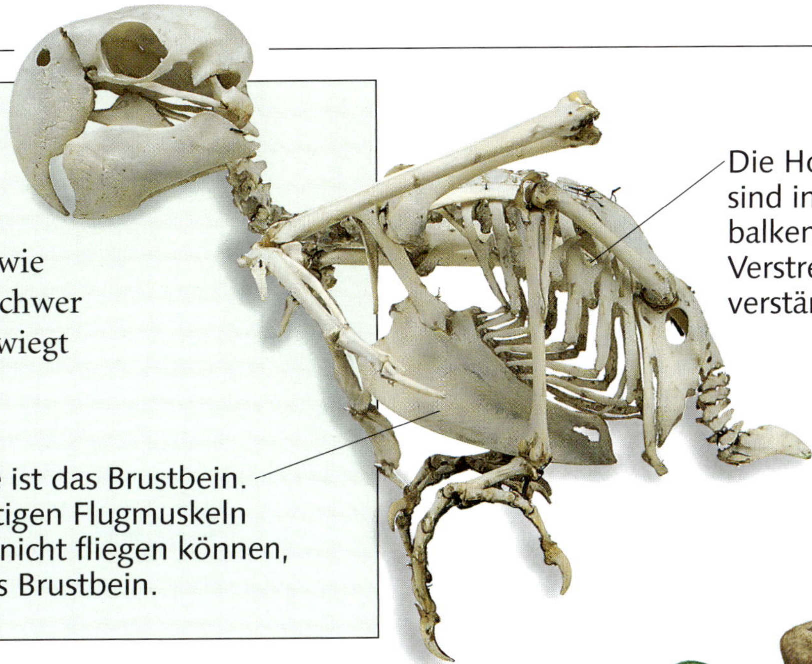

Die Hohlknochen sind innen durch balkenartige Verstrebungen verstärkt.

Diese Knochenplatte ist das Brustbein. An ihm sind die kräftigen Flugmuskeln befestigt. Vögel, die nicht fliegen können, haben kein so großes Brustbein.

Die Ohren sind unter Federn verborgen.

Ein Papagei hat mehr Knochen in seinem Hals als eine Giraffe!

Groß und klein

Manche Vögel sind größer als Menschen, andere kleiner als Bienen.

Anden-Felsenhahn

Brautente

Quetzal

Wiedehopf

Hummelkolibri

Königspinguin

Wir treten immer dann auf, wen ein Größenvergleich zu Vögeln ansteht.

Lachender Hans

Flamingo

Strauß

Federn und Flug

Drei Gruppen von Tieren können fliegen: Vögel, Fledermäuse und Insekten. Die Vögel mit ihrem Federkleid sind wohl die besten Flieger. Sie sind fast ganz mit langen, leichten oder kleinen, weichen Federn bedeckt – gewöhnlich sind nur der Schnabel, die Augen, Beine und Füße der Vögel nackt. Federn halten sie warm und trocken und ermöglichen es ihnen, in der Luft zu bleiben.

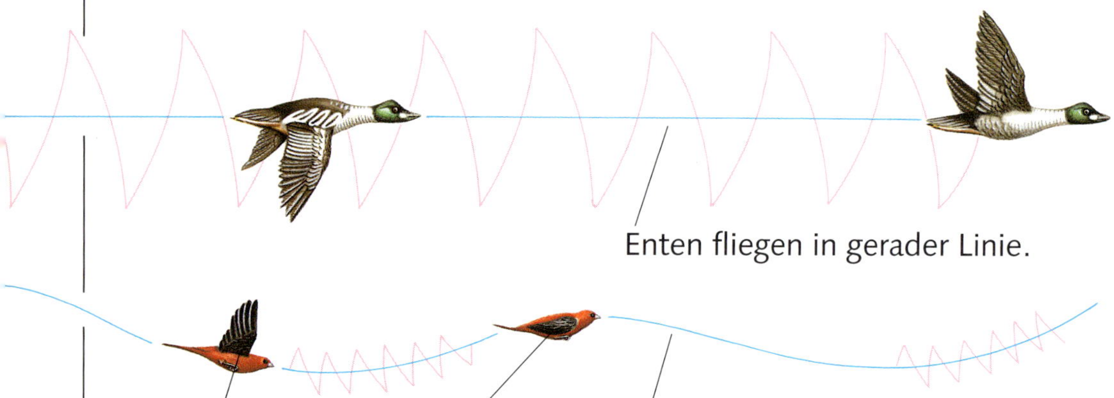

Flugmuster

Fliegen ist schwere Arbeit. Viele große und starke Vögel schlagen im Flug ständig mit den Flügeln; bei anderen, kleineren Vögeln wechseln Flügelschlag und Gleitflug ab.

Windkraft

Halte ein Stück Papier dicht an den Mund und blase fest darüber – das Papier hebt sich. Auch Luft, die über einen Vogelflügel weht, trägt ihn und den Vogel hoch in den Himmel. Da die darüber streichende Luft schneller fließt als die Luft unter dem Flügel, kommt es zu diesem Auftrieb.

Flatterflug

Wenn diese Taube die Flügel nach unten schlägt, überdecken sich die Federn und drücken gegen die Luft. Beim Aufwärtsschlagen dagegen strömt die Luft zwischen den Federn hindurch.

Verhakt

Jede Flugfeder enthält über eine Million winziger Häkchen. Diese Hakenstrahlen sind miteinander verflochten und halten die Feder selbst bei starkem Wind in Form.

Waschen und Säubern

Vögel halten ihre Federn durch Putzen sauber und in Ordnung. Sie ziehen jede Feder durch den Schnabel, bringen sie so in Form und befreien sie von Ungeziefer. Die meisten Vögel fetten ihre Federn auch noch mit Öl aus der Bürzeldrüse über dem Schwanz und machen sie so Wasser abweisend.

Nestbau

Ein Nest ist ein schützendes Gebilde, in dem Eier und Küken vor Feinden wie Schlangen und Ratten verborgen sind. Als Nester können Baumlöcher, Erd- oder Zweighaufen dienen. Grünfinken bauen korbförmige Nester im Gebüsch, wo man sie nicht sehen kann, während Adlerhorste gut sichtbar, aber schwer zugänglich sind. So erhalten die Küken jeder Art gute Chancen, groß zu werden.

Balzen
Zur Paarung werben Vogelmännchen um die Weibchen. Pfauen schlagen dabei ein Rad.

Tierhaar

Samen

Schnur

Alufolie

Baumaterial
Vögel bauen ihre Nester aus allen möglichen Dingen. Die meisten Vögel benutzen Zweige und Blätter, manche aber auch so merkwürdige Dinge wie Schnur.

Viele Singvögel halten ihr Nest mit klebrigen Spinnweben zusammen.

Vögel tragen auf tausenden von Flügen ihr Nestbaumaterial zusammen.

Kinderzimmer bauen
Bei vielen Vogelarten bauen beide Eltern das Nest. Diese Amerikanischen Graureiher trampeln auf Zweigen herum und formen ein großes korbförmiges Nest.

Gut getarnt
Sandregenpfeifer bauen kein Nest. Sie legen ihre kieselfarbigen Eier am Strand ab.

Naturtalent

Webervögel sind hervorragende Nestbauer, ohne dass sie das lernen oder andere Vögel nachmachen. Dieses angeborene Wissen nennt man Instinkt.

Webkunst

Zuerst verknotet der Webervogel mit Schnabel und Füßen Gras.

Dann wird Gras zu einem Ring vernäht.

Nachdem er Wände, Dach und Tür gewoben hat, hängt das Männchen kopfüber vor seinem Heim und lädt ein Weibchen zum Einzug ein.

Korbförmige Nester haben Wände, damit die Eier nicht hinausrollen.

Vogelbabys liegen geschützt auf weichen Federn.

Nester in Bäumen und Büschen werden durch Blätter wie von kleinen Schirmen trocken gehalten.

Auch Flechten werden verwendet.

Moos hält die Eier trocken.

Diese Nestmulde entstand dadurch, dass ein Grünfink das Material mit seiner Brust zurechtdrückte und sich dabei drehte.

Erdarbeiter

Bienenfresser nisten im Boden. Das Männchen pickt an einer Uferböschung gegen die Erde. Hat es so einen Spalt geschaffen, beginnt es mit Schnabel und Füßen zu graben. Wenn es fertig ist, zieht das Weibchen ein.

Familienleben

Das Familienleben der Vögel ist meist von kurzer Dauer und sehr arbeitsreich. Nach der Paarung legt das Weibchen die Eier, gewöhnlich in ein Nest, und brütet sie aus. Nach dem Schlüpfen der Küken müssen die Eltern so lange Futter herbeibringen, bis die Küken fliegen können.

Brutpflege
Eier müssen warm gehalten oder bebrütet werden, sonst sterben die kleinen Vögel darin. Daher sitzen die Elternvögel auf ihnen.

Was ist in einem Ei?
Alle Vogeleier enthalten das Gleiche: ein heranwachsendes Küken, das sich vom Eidotter ernährt und durch das wässrige Eiweiß vor Stößen geschützt ist. Spechte und Grasmücken schlüpfen bereits nach 11 Tagen – Albatrosse erst nach 11 Wochen.

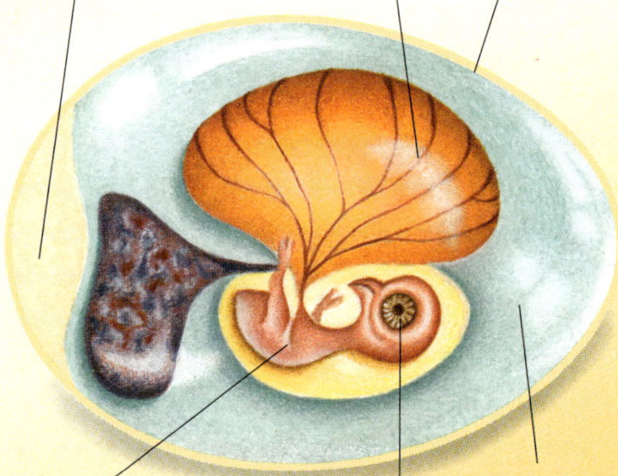

Straußenei *(Originalgröße)*

Kolibri-Ei *(Originalgröße)*

Pick, pick, pick ...
Das Küken pickt gegen die harte Schale, bis es nach vielen Stunden oder Tagen frei ist. Das nennt man Schlüpfen.

Erster Riss

Das Küken piepst und teilt so seinen Eltern mit, dass es schlüpft.

Das stumpfe Ende des Eies wird vom Küken mit einem hornigen Sporn, dem Eizahn, abgepickt.

Leere Schale

Fast erwachsen

Wenn Küken ihr Nest verlassen, nennt man sie Jungvögel. Viele werden von Raubtieren gefressen, aber einige werden überleben und wiederum Junge haben.

Füttere mich!

Nesthocker sind nach dem Schlüpfen blind, nackt und hilflos und müssen gefüttert werden.

Die Eltern stopfen Nahrung in die hellen Schnäbel ihrer Küken.

Immer hungrig

Blaumeisen bringen ihren hungrigen Küken täglich über 1000 saftige Raupen und Blattläuse ans Nest.

Raupe

Enten öffnen gleich nach der Geburt die Augen.

Bald trocknen die nassen, klebrigen Flaum- oder Daunenfedern.

Nachdem das Küken mit dem Kopf voran geschlüpft ist, ist es sehr erschöpft.

Nach ein paar Tagen fällt dieser Eizahn ab.

Dem Leittier folgen

Entenbabys folgen dem ersten großen, bewegten Ding, das sie sehen – normalerweise ihren Eltern. Diesen Vorgang nennt man Prägung.

Wie die meisten Wasservögel kann dieses Entlein schon eine Stunde nach dem Schlüpfen gehen, schwimmen und fressen.

In großer Höhe

Lange Flügel sorgen für Auftrieb.

Wenn man einen Berg besteigt, wird es immer kälter, je höher man kommt. Selbst wenn am Fuß des Berges tropische Wälder wachsen, kann oben ewiger Schnee liegen. Dazwischen liegen Streifen von Bergwald, Wiesen und Tundra, wo verschiedene Vögel leben. Und hoch oben am stürmischen Gipfel jagen Alpendohlen und segeln Adler.

Frecher Papagei
Der Kea ist ein ungewöhnlicher Papagei aus den Bergen Neuseelands. Er frisst Fleisch genauso gern wie Obst.

Keas schreien beim Fliegen „Keaaa".

Keas hacken gern an Autoreifen und reißen mit ihren starken Klauen und Schnäbeln Campingzelte um.

Bergsteiger
Himalaja-Glanzfasane können nicht sehr gut fliegen. Sie fliehen vor einer Gefahr, indem sie bergab fliegen – und dann zurücklaufen!

Adler segeln in Warmluftspiralen, der Thermik, nach oben – das ist leichter als durch Flügelschlagen.

Eigenes Reich
Jedes große Schwarzadlerpaar benötigt ein Jagdgebiet oder Territorium von mindestens 12 Quadratkilometern zur Versorgung seiner Familie. Andere Adler werden angegriffen und vertrieben.

Adler schreien bei Gefahr.

Dieser Vogel hat eine Feder verloren. Wenn er alle Federn auf einmal verlöre, könnte er nicht fliegen.

Große Adler haben fingerartig gespreizte Flügelspitzen, die den Wind einfangen und mehr Auftrieb erzeugen.

Schwarzadler leben in Afrika. Weibchen sind meist größer als Männchen und haben eine Flügelspannweite von über 2 Metern.

Adlerbeute

Klippschliefer

Dik-Dik-Antilope

Am Dach der Welt

Die Bergsteiger hatten sich durch Eis, Schnee und eisige Winde fast bis zum Gipfel des Mount Everest hochgekämpft. Und was sahen sie? Große schwarze Vögel: Alpendohlen!

Im Nadelwald

Nadelbäume wie Kiefern, Zedern und Tannen bedecken ein Zehntel der Landmasse unserer Erde. Diese großen Bäume haben Nadelblätter und Zapfen. Im Nadelwald leben viele Vögel, von Samen fressenden Zeisigen bis zu großen Greifvögeln. Jede Vogelart hat eine bestimmte Etage belegt.

Der Schwanz des Zeisigs wird gespreizt und wirkt als Bremse.

Diese Feder heißt Alula – sie ist mit dem Vogeldaumen verbunden.

Die Füße sind gestreckt, um den Zweig zu packen.

Dieser Japanische Seidenschwanz hat ein Büschel kleiner Federn, eine Haube, auf dem Kopf.

Seidenschwänze verdanken ihren Namen der schönen, seidig glänzenden Schwanzspitze.

Sicherer Schlaf

Wenn Vögel beim Absitzen oder Hocken ihre Beine abbiegen, werden die Zehen durch Muskeln automatisch gekrümmt. Jetzt kann der Vogel selbst im Schlaf nicht vom Ast fallen.

Läusejäger

Ein Schwarzkopfhäher lässt Ameisen über seine Federn krabbeln. Die von ihnen verspritzte Ameisensäure tötet lästige Milben und Federlinge.

Zapfenöffner

Kreuzschnäbel knacken Zapfen wie mit einem Büchsenöffner. Fichtenkreuzschnäbel fressen Fichtensamen, kräftigere Arten öffnen sogar Kiefernzapfen.

Lärchenzapfen

Fichtenzapfen

Ausgehungert

Alle paar Jahre ist der Winter kälter als sonst. Dann wandern Kreuzschnäbel und Seidenschwänze in wärmere Wälder zur Nahrungssuche.

Kiefernzapfen

Zapfeninneres

Landung

Vögel müssen vor der Landung abbremsen, aber nicht zu stark – sonst können sie wie Flugzeuge überziehen und abstürzen. Indem sie die Alula ausstrecken, verändern sie den Luftstrom über dem Körper und vermeiden Bruchlandungen.

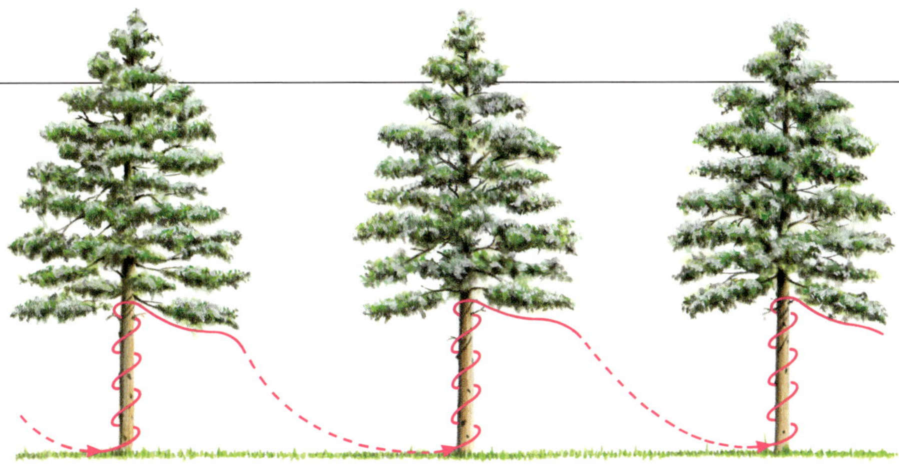

Hinauf und hinüber

Wie eine kleine gefiederte Maus krabbelt der Baumläufer auf der Suche nach Spinnen und Ohrwürmern Bäume hinauf. Er beginnt ganz unten, saust rund um den Stamm hoch, läuft den ersten großen Ast entlang und hüpft dann hinunter zum nächsten Baum.

Im Laubwald

Große Teile von Europa und Amerika waren einst von Laubbäumen bedeckt. Die meisten dieser Ahorn-, Buchen- und Eichenwälder wurden abgeholzt, um Ackerland und Städten Platz zu machen. In den verbliebenen Wäldern lebt noch mancher hübsche Vogel, und auch wenn man sie im dichten Laub nicht sehen kann – man hört sie! Singvögel wie die Nachtigall flöten Tag und Nacht.

Kunstflieger
Waldvögel wie diese kecke Blaumeise haben kurze Flügel. Damit kurven sie kreuz und quer zwischen den Bäumen.

Die Füße von Spechten sind fürs Klettern geschaffen: Zwei Zehen zeigen nach hinten.

Harter Schnabel

Dieser Buntspecht mit seinem harten Schädel bekommt vom Klopfen keine Kopfschmerzen.

Wer da?
Tock, tock – ein Specht hämmert mit seinem Schnabel gegen einen Baumstamm und holt Insekten heraus.

Spechte stützen sich mit ihren langen, steifen Schwanzfedern am Stamm ab und können so in Ruhe fressen.

Trauerschnäpper auf Fliegenjagd

Waldkäuze schlafen am Tag. Dieser wird von Vögeln geweckt, die ihr Nest in der Nähe haben.

Rotkehlchen grenzen durch Gesang ihr Revier ab.

Singdrosseln öffnen Schnecken, indem sie sie gegen Steine schlagen.

Wenn das Laub fällt

Die meisten Laubbäume werfen ihre Blätter zum Winter ab. Wie diese Eberesche tragen viele im Herbst saftige Beeren, die viele Waldvögel ernähren.

Untergeschoben

Kuckucke legen ihre Eier in die Nester anderer Vögel, die ihnen das Ausbrüten abnehmen.

Sobald der junge Kuckuck geschlüpft ist, stößt er die anderen Eier aus dem Nest.

Die winzige Braunelle füttert den riesigen jungen Kuckuck.

In Sümpfen und Marschen

Säbelschnäbler

Sümpfe und Marschen, halb Wasser, halb Land, sind für tausende von Vögeln eine ideale Heimat voller Nahrung. Vögel, die in baumbestandenen Sümpfen oder düsteren Marschen leben, schwimmen oder waten durchs Wasser. Letztere nennt man Watvögel. Sie haben lange Beine, die zuweilen dünner als ein Bleistift sind.

Teichrohrsänger bauen ihre Nester hoch über dem Wasser ins Schilf, wo Eier und Küken nicht nass werden.

Junge Rote Ibisse haben graue Federn. Sie bekommen erst nach mehreren Jahren rote Federn.

Lange, rote Flügel mit schwarzer Spitze

Kein Knie, sondern ein Knöchel!

Hoch aufgehängt
Füchse und andere Eierdiebe können nicht auf Sumpfland laufen. Teichrohrsänger bauen im hohen Schilf, wo es sicher ist, ihr Nest. Es ist fest am Halm verzurrt und fällt auch bei Wind nicht herunter.

Rote Ibisse sind etwa 46 Zentimeter groß und leben in Sümpfen Südamerikas.

Langbeinig

Auf Stelzen hast du längere Beine und kannst durch Pfützen laufen, ohne nass zu werden. Auch der Stelzenläufer, ein kleiner Watvogel, hat sehr lange Beine – wie Stelzen. So bleibt sein Gefieder trocken.

Schnabelschau

Störche spießen auf, Schuhschnäbel schaufeln, Flamingos und Löffler sieben – all diese erstaunlichen Schnäbel oder Löffel fassen Nahrung.

Weißer Löffler

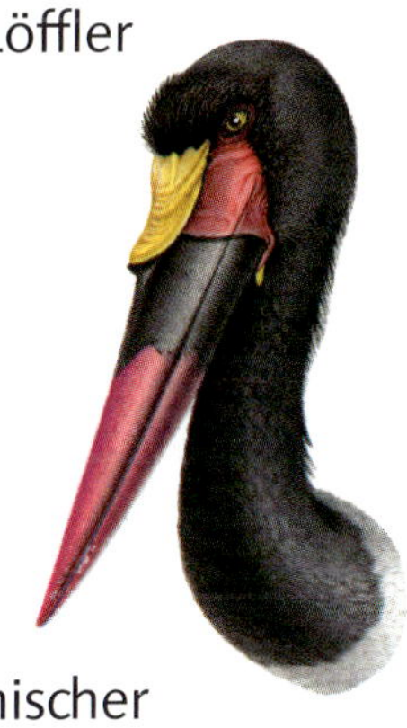

Afrikanischer Sattelstorch

Schuhschnabel

Flamingo

Gewusst wie!

Wenn die Sonne sich im Wasser spiegelt, sind Fische kaum zu erkennen. Glockenreiher haben einen Trick: Sie fischen im Schatten ihrer Flügel.

An Seen und Flüssen

Seen und Flüsse sind Lebensraum für Enten, Gänse, Schwäne und viele ungewöhnliche Vögel. Überall auf der Welt kann man diese Wasservögel sehen. Viele leben auch auf den Gewässern in Städten und sind an die Menschen gewöhnt.

Schwimmflossenfüße
Wasservögel haben Schwimmfüße, mit denen sie sich wie mit Schwimmflossen durchs Wasser bewegen.

Platsch!
Ein leuchtend blauer Eisvogel stürzt sich – die Flügel gefaltet und Augen und Nasenlöcher fest geschlossen – in Flüsse und fängt Fische, die halb so groß sind wie er. Er muss gegen die reißende Strömung ankämpfen, aber schon bald fliegt er mit seiner Beute davon.

Wassertänzer
Diese Renntaucher tanzen. Sie sausen in einer Linie über den See, und der beste Tänzer wird vom Weibchen erwählt.

Wasserstartbahnen
Schwere Wasservögel können nicht auf der Stelle landen oder starten – sie brauchen wie Flugzeuge eine Startbahn.

Nahrungssuche

Jede Entenart ernährt sich anders. Einige nippen und stippen mit dem Schnabel ins Wasser und sieben kleine Pflanzen und Tiere ab. Andere tauchen mehrere Meter unter Wasser und fressen Pflanzen, Muscheln und Insekten vom Grund.

Schwarzer Schwan

Ohrentaucher

Blatthühnchen

Ruderente

Meeresvögel

Papageitaucher und Tölpel leben wie alle Meeresvögel die meiste Zeit im Jahr auf dem Meer. Im Sommer aber kommen sie zum Brüten ans Ufer. Die meisten nisten in großen Kolonien. Hier, wo tausende von Augen nach Gefahr Ausschau halten, sind die Tiere sicherer. Gelege auf steilen Klippen sind für viele Eierdiebe unerreichbar.

Mit diesen langen Schwingen fängt die Silbermöwe den Wind und lässt sich wie ein Drachen hoch hinauftragen.

Wenn Silbermöwenküken an diesen roten Fleck picken, werden sie gefüttert.

Meeresvögel verbringen ihr Leben meist in der Luft und stehen nur selten auf ihren schwachen Beinen.

Schwimmfüße

Wasser abweisendes Federkleid

Meeresvögel werden auf langen Flügen nicht müde, weil sie stundenlang ohne Flügelschlag gleiten können.

Tölpel tauchen aus bis zu 30 Metern Höhe ins Meer – fast 100 km/h schnell.

Sturztaucher

Hat ein Tölpel einen Fischschwarm entdeckt, stürzt er sich mit gefalteten Flügeln ins Wasser. Sekunden später hat er den Fisch unter Wasser verschlungen und fliegt davon.

Knochenklappen bedecken die Nasenlöcher.

Der harte Schädel schützt den Tölpel wie ein Sturzhelm.

Der speerförmige Schnabel ist ideal zum Fischefangen.

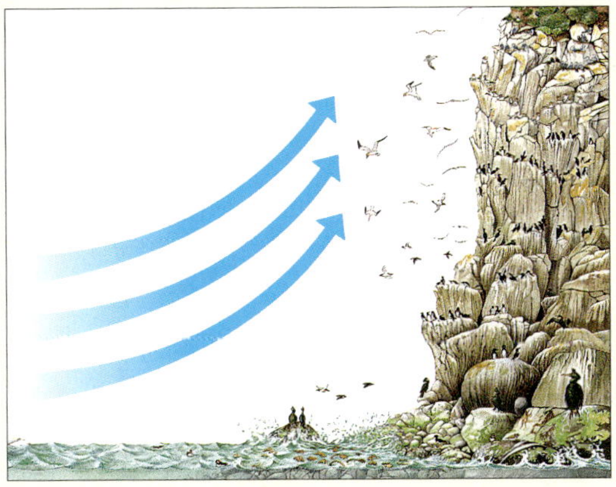

Spiel der Lüfte

Trifft der Wind auf eine Klippe, schießt er nach oben. Meeresvögel wie Papageitaucher lassen sich von dieser Brise mit ausgebreiteten Flügeln zu ihren luftigen Nestern hochtragen.

Papageitaucher

haben wulstige Schnabelwinkel, mit denen sie Fische festhalten, während sie nach neuen schnappen.

Kreiseleier

Trottellummen bauen keine Nester. Ihre Eier sind an einem Ende zugespitzt, sodass sie nur im Kreis rollen und nicht von der Klippe fallen.

Hochhausbewohner

Eine Klippe ist wie ein Hochhaus. Krähenscharben nisten in Höhlungen im Erdgeschoss.

Lebende Kiesel

Sandregenpfeifer leben am Strand. Sie sind hervorragend getarnt.

Im Regenwald

Baumriesen, die bis in den Himmel zu ragen scheinen, bilden mit ihren Kronen ein grünes Blätterdach. Darunter leben tausende von herrlichen wie seltsamen Vögeln: In den feuchtheißen Dschungeln sind über die Hälfte der 9000 Vogelarten der Welt beheimatet. Lärmende Papageien sammeln Früchte und Nüsse, farbenprächtige Honigsauger schlürfen Blütensaft, und Harpyien stoßen auf schnatternde Affen herab.

Riesentukane sind etwa 35 Zentimeter groß und leben in Südamerika.

Beim Schlafen lässt der Tukan seinen großen, farbenfrohen Schnabel auf dem Rücken ruhen.

Dieser Schnabel ist leichter, als er aussieht. Er ist hohl und wird innen von dünnen Knochenstreben gestützt und verstärkt.

Dank dem sägezahnartigen Rand seines Schnabels kann der Tukan auch große Früchte zerteilen.

Große Reichweite
Mit seinem langen, unförmigen Schnabel erreicht der Tukan auch weiter entfernte Früchte und Beeren. Er pflückt sie und lässt sie in die Kehle rollen.

Graupapageien sind etwa 25 Zentimeter groß und leben in Afrika.

Mit ihrem starken, gekrümmten Schnabel knacken Papageien auch harte Nüsse.

Papageien gibt es in allen Farben. Aber selbst prächtig gefärbte sind im Blätterwald nur schwer zu erkennen.

Papageien halten ihre Nahrung mit den Klauen – die einen mit dem rechten, andere mit dem linken Fuß.

Der lange, dünne Schnabel des Kolibris reicht genau bis zum Grund der Blüte.

Kolibris können als einzige Vögel rückwärts fliegen.

Schwebende Kolibris

Durch blitzschnelle Flügelschläge können Kolibris vor einer Blüte schwebend deren Saft, Nektar genannt, aussaugen.

Bunte Federn

Flaggenträger

Pracht-paradiesvogel

Königs-vogel

Großer Paradiesvogel

Verwandtschaft

Unser Haushuhn stammt wohl vom tropischen Bankivahuhn ab. Diese Wildvögel ähneln unseren Hühnern, legen aber nicht so viele Eier.

Greifvögel

Adler, Habichte und Falken sind Greifvögel. Diese starken, flinken Vögel töten und fressen Vögel und andere Tiere. Der Größte unter ihnen ist der Kondor mit einer Flügelspannweite von drei Metern. Sie alle haben einen Hakenschnabel, scharfe Klauen und „Adleraugen“, die ein Kaninchen kilometerweit sehen.

Geier
wühlen beim Fressen mit ihrem kahlen Kopf im Aas – Federn würden sie dabei nur stören.

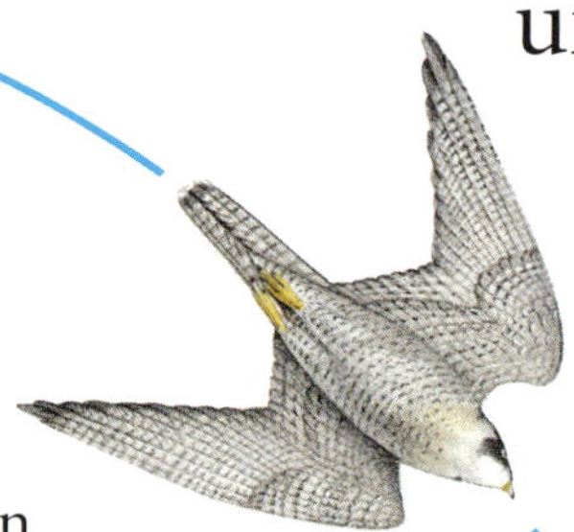

Sturzflug
Wanderfalken stürzen bis zu 350 km/h schnell herab. Im letzten Moment strecken sie die Füße und durchbohren ihr Opfer mit den Klauen.

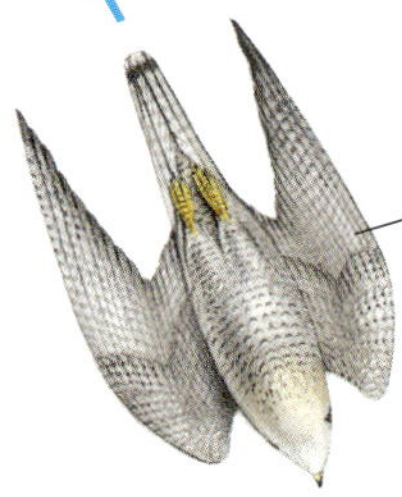

Die Flügel zeigen nach hinten, der Schwanz klappt wie ein Fächer zusammen.

Mit seinen starken Schwingen kann sich der Falke auch mit einer erbeuteten Ente in die Lüfte heben.

Die Taube wird getötet und fällt zu Boden.

Mit seinen spitzen Flügeln kann der Wanderfalke schneller als andere Vögel fliegen.

Der Schwanz dient zum Steuern.

Unglaublich!
Viele Adler kehren jedes Jahr zum selben Nest (Horst) zurück und schichten neues Nistmaterial auf, sodass ein riesiges Nest entsteht. Ein 35 Jahre alter Horst war so schwer wie zwei Autos!

Wanderfalken sind etwa 32 Zentimeter groß und leben auf der ganzen Welt.

Gelenkig

Höhlenweihen können mit ihren langen Beinen Eier, Küken und Fledermäuse aus Baumlöchern holen, weil sich diese gelenkigen Beine nach hinten, nach vorne und sogar seitwärts abbiegen lassen.

Zusammenarbeit

Jahrhundertelang hat man Greifvögel zur Jagd abgerichtet. Im Mittelalter wäre dieser Lannerfalke von einem Falkner betreut worden.

Fleisch fressende Vögel

Amerikanischer Turmfalke

Habicht

Harpyie

US-Adler

Dieses Abzeichen der US-Armee trägt einen Weißkopf-Seeadler, das Wappentier der USA.

Vogelzug

Fast die Hälfte aller Vögel der Erde sind Zugvögel. Zum Winter hin verlassen sie ihr Sommernistgebiet und fliegen in wärmere, nahrungsreichere Gegenden. Diese alljährliche Reise nennt man Vogelzug. Dabei bewegen sich Vögel gewöhnlich auf „Hauptflugrouten“, die hohe Gebirge und stürmische Meere umgehen. Rätselhaft ist, wie Vögel von einer Seite der Welt zur anderen finden. Man glaubt, dass sie sich von der Sonne, dem Mond oder Landmarken wie Hügeln und Flüssen leiten lassen.

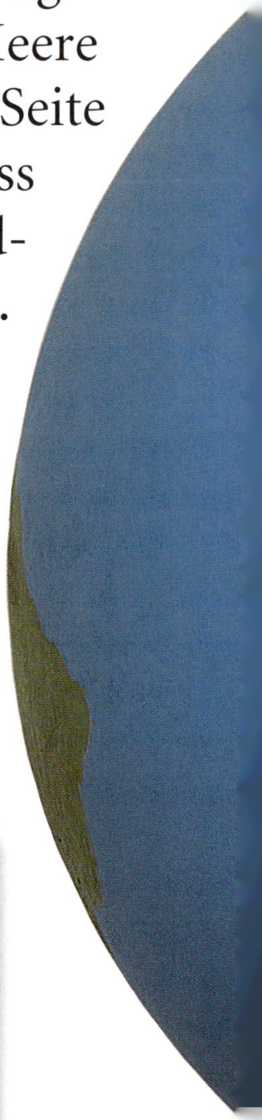

Sicherheit in der Gruppe
Vögel fliegen oft im Schwarm oder in einer Schar – das schützt sie besser vor Gefahren.

Zugführer
Luftwirbel bremsen große Vögel. Das wird durch ein v-förmiges Flugmuster vermieden – so fliegen die Vögel im Windschatten des Vorausfliegenden.

Schwanenring

Eulenring

Kuckuksring

Finkenring

Beinringe
Um zu wissen, wohin ein Vogel fliegt, legt man ihm einen Ring ums Bein. Fängt man ihn irgendwo wieder, weiß man, woher er kommt.

Beim Überqueren schmaler Landzungen schließen sich Weißstörche zu riesigen Schwärmen zusammen.

Rauchschwalben ziehen bis zu 20 000 Kilometer weit – quer über die Wüste Sahara in Afrika.

Erddrosseln fressen viele Beeren vor der Reise.

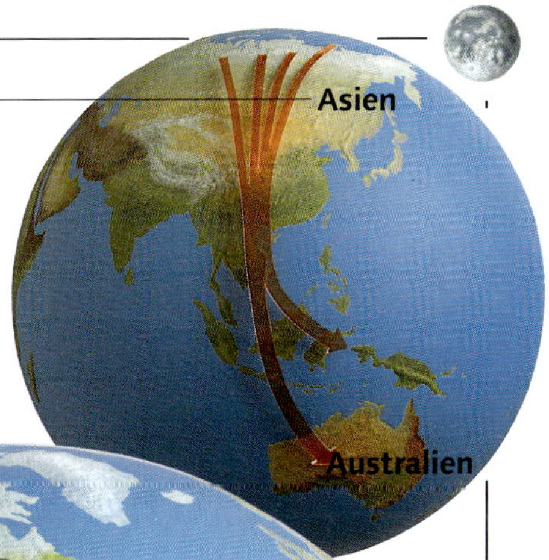

Winzige Rubinkehl-Kolibris ziehen von Kanada nach Mexiko.

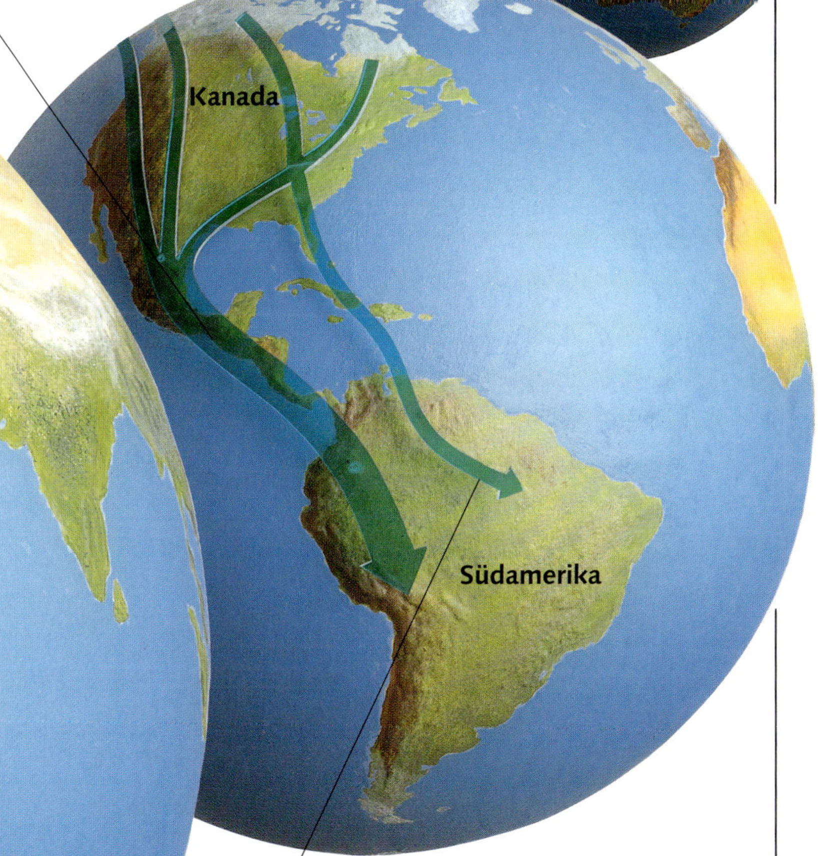

Amerikanische Goldregenpfeifer fliegen tagsüber – mit etwa 80 km/h!

Müde Zugvögel fallen Greifvögeln leicht zum Opfer. Die Küken des Eleonorenfalken werden mit vorbeiziehenden Vögeln immer reichlich satt.

Segler fliegen mit offenem Schnabel und fangen Insekten. Sie sollen im Flug sogar schlafen können.

Junge Kuckucke kennen ihre Eltern nicht. Ihr Instinkt führt sie sicher von Europa nach Südafrika.

Laufvögel

Emu

Kagu

Fliegen ist schwere Arbeit – zum Flügelschlagen und Abheben gehört viel Energie. Für die meisten Vögel lohnt sich die Mühe, denn so können sie sich vor einer Gefahr retten oder Nahrung finden. Aber manche Vögel wie Kiwis und Kagus leben auf Inseln, wo sie keine Feinde haben; andere suchen sich ihre Nahrung im Laufen oder Schwimmen. Im Laufe von Jahrmillionen sind manche Arten wie Strauße, Emus und Pinguine allmählich flugunfähig geworden.

Kulleraugen
Runde Straußenaugen sind fast so groß wie Tennisbälle!

Superei
Strauße legen die größten Eier: Sie sind 24-mal größer als ein Hühnerei! Die Schale ist so stark, dass du sogar auf einem Straußenei stehen könntest, ohne dass es zerbricht.

Die Schale ist etwa 2 Millimeter dick.

Schnüffler
Der Kiwi, der Wappenvogel Neuseelands, ist einer der wenigen Vögel, die sehr gut riechen können, beispielsweise Würmer im Boden.

Sprinter
Strauße leben in afrikanischen Steppen. Sie können zwar vor Löwen und Hyänen nicht davonfliegen, aber mit 70 km/h rennen sie schneller als ein galoppierendes Pferd.

Nandus sind 1,5 Meter groß, wiegen über 20 Kilo und leben in Südamerika.

Nandus picken mit dem großen, flachen Schnabel auf dem Boden nach Gras, Samen und Blättern.

Diese plustrigen Federn halten den Nandu nachts warm.

Wenn der Nandu seine Flügel wie Segel ausbreitet, kann er mit Rückenwind noch schneller laufen.

Männchen wackeln mit dem dünnen, nackten Hals hin und her und locken so Weibchen an.

Laufvögel haben feste, muskulöse Beine.

Nandus haben in den Beinen keine leichten Röhrenknochen, sondern feste, massive Knochen.

Nandus sehen so zerzaust aus, weil die Strahlen ihrer Federn nicht ineinander haken. Laufvögel brauchen keine flugtauglichen Federn.

Drei Zehen zeigen nach vorn.

Nandus
Bei den Nandus brüten die Männchen (!) die Eier aus und sorgen bis zu fünf Monate lang für ihre großen Babys.

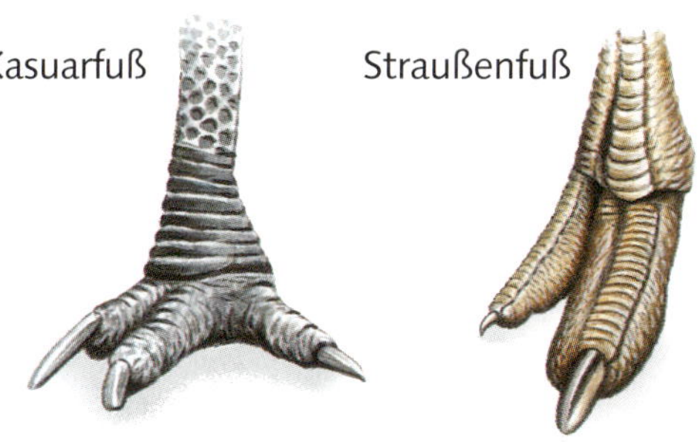

„Laufschuhe"
Der Strauß hat als einziger Vogel zwei Zehen; die meisten Vögel haben vier.

Nachtvögel

Bei Sonnenuntergang gehen die meisten Vögel schlafen – einige aber werden dann erst munter. Eulen und andere Vögel, die im Dunkeln fliegen und Nahrung suchen, nennt man Nachtvögel. Nachts haben sie weniger Feinde und Konkurrenten bei der Nahrungssuche. Eulen hört man nachts zwar manchmal rufen – aber man sieht sie nur sehr selten.

Nachtfischer
Watvögel wie dieser Nachtreiher suchen im seichten Wasser nach Nahrung. Wenn mitten in der Nacht Ebbe ist, gehen sie fischen.

Eulen können geräuschlos fliegen, weil speziell geformte Federn die Luft bremsen, wenn sie über die Flügel streicht.

Sacht und lautlos
Im Dunkeln machen Schleiereulen mit den Ohren, nicht mit den Augen, ihre Beute aus. Sie können sogar eine Maus fressen hören.

Viele Nachtvögel sind mit ihren dunklen Federn nachts noch besser verborgen.

Hast du den Ziegenmelker entdeckt?

Kurzer Schwanz

Wo ist der Vogel?
Am Tag schlafen Ziegenmelker auf dem Boden. Ihre Federn haben die Farbe von Blättern, und wenn sie sich ruhig verhalten, finden Füchse und Falken sie nicht.

Tot stellen

Wenn die Eule eine Gefahr wittert, reckt sie ihren Kopf zum Himmel, erstarrt in dieser Haltung und gleicht so einem abgebrochenen Ast.

Eulen sehen nachts zehnmal besser als du.

Eulen können ihre Augen nicht bewegen, aber ihren Kopf weit drehen und nach hinten sehen.

Wie bei allen Vögeln sind die Ohren als kleine Schlitze unter Federn verborgen.

Neuseeländische Kuckuckskauze rufen tatsächlich wie unser Kuckuck.

Weiche Federn

Mit diesen gekrümmten Krallen werden Ratten, Mäuse, Eidechsen und Spinnen ergriffen und getötet.

Kuckuckskauze sind etwa 20 Zentimeter groß und leben in Australien und Neuseeland.

Eulengesichter

Waldohreule

Elfenkauz

Schleiereule

Uhu

Gewölle

Eulen kauen ihre Nahrung nicht – Mäuse und Vögel werden als Ganzes geschluckt. Knochen, Federn und Fell werden nicht verdaut, sondern als Gewölle wieder herausgewürgt.

Schädel

Hüftknochen

Kiefer

Beinknochen

Schulterblätter

Vögel und Menschen

Auf der Erde wird immer mehr Raum für Gebäude, Felder und Straßen beansprucht. Nur wenige Vogelarten kommen damit zurecht: Stare, Sperlinge und Tauben etwa. Sie suchen nun in Gärten statt in Steppen nach Futter, nisten auf hohen Gebäuden statt auf Klippen und bevölkern Parks statt Wälder.

Nicht scheu
Vögel, die bei Menschen leben, werden sehr zahm. Diese Haussperlinge fressen Samen aus der Hand.

Ein willkommener Gast
Seit Jahrhunderten glauben die Menschen, dass Weißstörche Glück bringen. In europäischen Dörfern legt man deshalb Wagenräder auf die Dächer, damit dort Störche ihre Nester bauen und jedes Jahr wiederkommen.

Vogelacker
Pflügen zerstört die Heimstatt vieler Vögel – aber Kuhreiher lieben Ackerland. In den letzten 40 Jahren haben sie sich in Amerika und Australien ausgebreitet.

Gut eignen sich Obst, Haferflocken und Körner.

Rotkehlchen und Finken fressen vom Vogeltisch.

Blaumeisen hängen sich kopfüber an eine Kokosnuss.

Auf eine Schnur aufgefädelte ungesalzene Erdnüsse

Nistkästen müssen an ruhigen Plätzen im Garten hängen.

Gartenvögel
Man kann Vögel in den Garten holen, indem man Futter ausstreut. Noch besser ist ein Vogeltisch, weil die Vögel hier vor Katzen sicher sind. Wenn man keinen Garten hat, legt man das Futter einfach aufs Fensterbrett.

Ungewöhnliches Nest
Vögel sind nicht immer sehr wählerisch, wenn sie ein Nest bauen. Diesem Grauschnäpper genügt ein alter Fleischwolf.

Die größten Feinde eines Stadtvogels sind Katzen und Autos.

Haussperlinge ernährten sich einst in Wäldern von Samen. Heute hausen sie in Städten.

Weltbürger
Seit Mitte des 19. Jahrhunderts sind Sperlinge dem Menschen fast überallhin gefolgt. 1852 wurden ein paar in New York ausgesetzt, um 1870 in Australien. Auch hier wurden sie rasch heimisch.

Stadtvögel

Blauhäher leben in Amerika. Diese schmucken Vögel kommen gern an Vogeltische.

Gebirgsloris sind ein farbenfroher Anblick in Parks und Gärten in australischen Tropengebieten.

Heringsmöwen folgen Fischerbooten und suchen auf städtischen Müllhalden nach Nahrung.

Stare leben überall. Bei Sonnenuntergang ziehen sie zum Schlafen in die Städte.

Worterklärungen

Anpassung Vorgang der Veränderung, durch den das Überleben in einer neuen Umgebung ermöglicht wird.

Art Eine Gruppe von Vögeln, die sich – ausschließlich miteinander – paaren und vermehren können.

Auftrieb Die nach oben gerichtete Kraft, die Vögel in der Luft hält. Entsteht durch die Strömung der Luft über den Flügeln.

Ausgestorben Eine Art ist ausgestorben, wenn ihre sämtlichen Angehörigen tot sind.

Balz Die Art und Weise, wie ein Vogel einen Partner zur Paarung anlockt.

Beute Tiere, die von anderen Tieren gejagt und gefressen werden.

Brüten Warmhalten der Eier, gewöhnlich durch Daraufsitzen, sodass die Küken darin wachsen und schließlich schlüpfen können.

Brutfleck Zur Brutzeit entsteht am Bauch eines Vogels eine nackte Hautstelle, mit der die Eier gewärmt werden.

Brutzeit Die Jahreszeit, in der Vögel Nester bauen, Eier legen und ihre geschlüpften Jungen aufziehen.

Ei Wird von einem weiblichen Vogel nach der Paarung gelegt. Im Inneren dieses hartschaligen, ovalen oder runden Gebildes wachsen die kleinen Küken heran, bis sie schlüpfen.

Federn Flache, leichte „Fransen", die fast den ganzen Körper eines Vogels bedecken. Sie halten ihn warm und trocken und ermöglichen es vielen Arten zu fliegen.

Federkleid Sämtliche Federn eines Vogels. Während der Brutzeit ist es oft bunter als gewöhnlich.

Flügelspannweite Die Entfernung zwischen den zwei Flügelspitzen.

Flugmuster Die Art und Weise, wie sich ein Vogel durch die Luft bewegt: zum Beispiel gerade oder wellenförmig auf und ab.

Gleitflug Flugform, bei der die Flügel ruhig bleiben und der Wind genutzt wird.

Hahn Ein männlicher Vogel.

Henne Ein weiblicher Vogel, der Eier legt.

Hocken Die Art und Weise, wie sich ein Vogel ausruht.

Instinkt Wissen, wie man etwas tun muss, ohne es gelernt zu haben. Vögel bauen ihre Nester instinktiv.

Klippe Eine steile, hohe Felswand, auf der Meeresvögel nisten. Klippen gibt es oft an Meeresufern.

Kolonie Eine Gruppe von Vögeln derselben Art, die an einem Ort nisten.

Küken Ein junger Vogel, der noch nicht fliegen kann.

Mauser Das Abwerfen alter Federn und das Nachwachsen neuer.

Nachtvögel sind nachts aktiv und schlafen am Tag.

Nest Ein Ort, an dem die Eier ausgebrütet und meist auch die Jungen aufgezogen werden.

Nestflüchter Ein Küken, das bald nach dem Schlüpfen sein Nest verlässt, laufen und selbst Futter suchen kann.

Nesthocker Ein Küken, das nach dem Schlüpfen im Nest bleibt, dort gefüttert wird und heranwächst.

Putzen Die Art und Weise, wie ein Vogel seine Federn mit dem Schnabel säubert, einölt und in Ordnung bringt.

Rütteln Sich durch Flügelschlagen an einer Stelle über dem Boden halten.

Samen Von Pflanzen nach der Blüte gebildete Teile zur Vermehrung. Sie dienen vielen Vögeln als Nahrung.

Schar Eine Gruppe von Vögeln, die zusammen fliegt.

Schlüpfen Ein Küken schlüpft, wenn es sich aus dem Ei befreit.

Schnabel Der hornige Teil eines Vogelmunds, mit dem er Futter sammelt.

Tarnung Durch entsprechende Farben und Muster der Federn sehen viele Vögel ihrer Umgebung ähnlich und sind so vor ihren Feinden verborgen.

Territorium Das Gebiet, in dem ein Vogel lebt. Es wird von ihm gegen Eindringlinge verteidigt.

Thermik Spiralförmig aufsteigende Warmluft, mit der sich große Vögel nach oben treiben lassen.

Erde

Die Erde

Inhalt

Die Erde im Weltall

Uns erscheint die Erde ungeheuer groß, aber in der unendlichen Weite des Weltalls ist sie nur ein winziger Punkt. Sie ist einer der acht Planeten, die ständig einen bestimmten Stern, nämlich die Sonne, auf riesigen so genannten Umlaufbahnen umkreisen. Sonne und Planeten zusammen nennt man das Sonnensystem.

Gestirne
Das Sonnensystem gehört zu einer Gruppe von Milliarden von Sternen und Planeten, die Galaxis oder Milchstraße heißt. Sie ist so riesig, dass ein Düsenjet viele Lichtjahre brauchen würde, um sie zu durchqueren.

Ein Komet sieht aus wie ein Stern mit einem Schwanz.

Asteroiden

Größenverhältnisse
Die Planeten sind unterschiedlich groß. Hier siehst du sie im Verhältnis ihrer Größe zueinander. Welches ist der größte, welches der kleinste Planet? Zwei sind fast gleich groß – welche sind es?

Verschiedene Welten
Der Mond umkreist die Erde. Er ist ihr Satellit und Nachbar, aber es gibt auf dem Mond kein Leben. Der erste Mensch ging 1969 dort spazieren.

Die Sonne ist eine Feuerkugel aus Gasen. Sie gibt uns Wärme und Licht. Ohne Sonne wäre auf der Erde kein Leben möglich.

Gewichtszunahme

Hast du gewusst, dass die Erde jeden Tag schwerer wird? Winzige, unsichtbare Staubteilchen aus dem Weltall kommen ständig auf sie herunter – täglich insgesamt etwa 25 Tonnen.

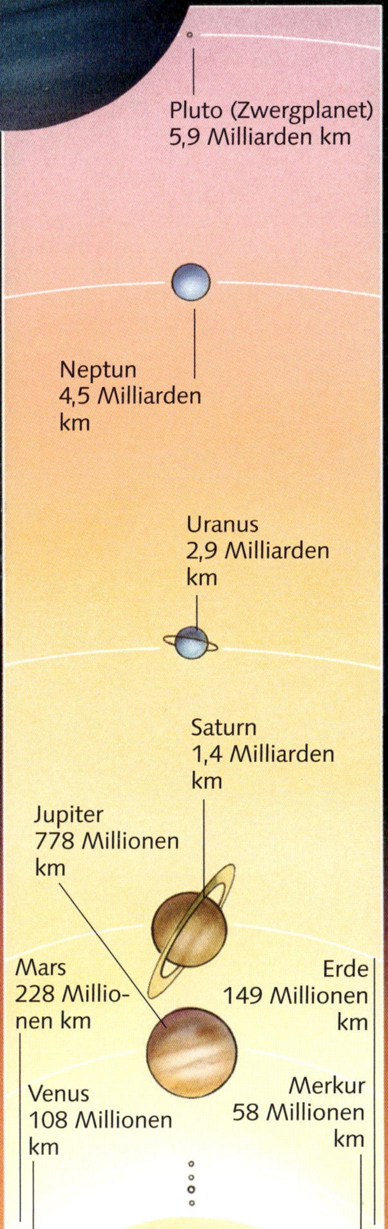

Weiter und weiter

Die Planeten drehen sich auf eigenen Bahnen um die Sonne. Die Entfernungen der Planeten von der Sonne sind gewaltig.

Ein Blick aus dem All

Wenn die Astronauten in einem Raumschiff durchs All sausen, sehen sie unsere Erde als große, blaue Kugel, die von wirbelnden, weißen Wolken umhüllt ist. Es ist ein fantastischer Anblick. Wären diese Wolken nicht, könnten sie jede Einzelheit sehen: Land und Gebirge, Meere und Flüsse.

Im Visier
Dies ist ein Foto von London, aufgenommen aus dem All.

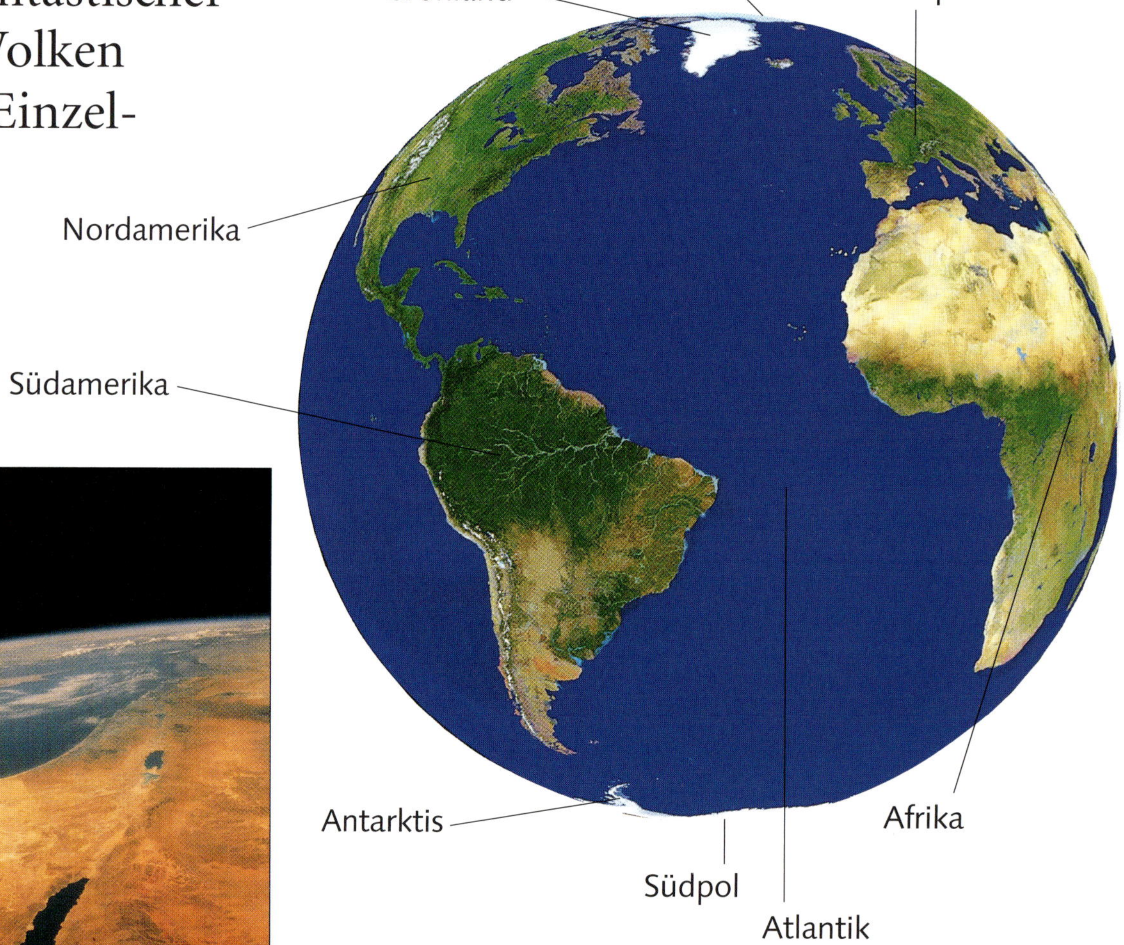

Großer Maßstab
Auf diesem Foto sind Teile von Ägypten, Israel, Jordanien und Saudi-Arabien zu erkennen. Oben ist das Mittelmeer zu sehen, unten der nördliche Teil des Roten Meeres.

Warum ist die Erde blau?
Aus dem Weltall sieht die Erde blau aus, weil sie zu über zwei Dritteln mit riesigen Ozeanen und kleineren Meeren bedeckt ist. Von manchen Stellen im All aus würde man fast nur Wasser mit einer winzigen Landmasse sehen.

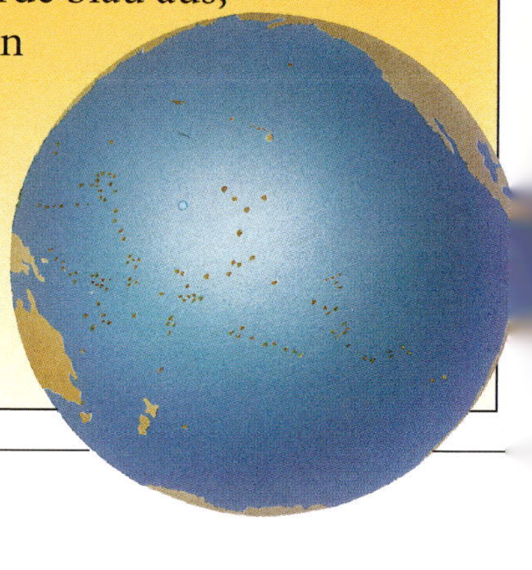

Blickpunkt

Die Mannschaft des Spaceshuttles Columbia 6 hat beim Umkreisen der Erde aus dem All den Himalaja gesehen.

Panorama

Dies ist das Gebiet von Japan, in dem die Stadt Tokio liegt.

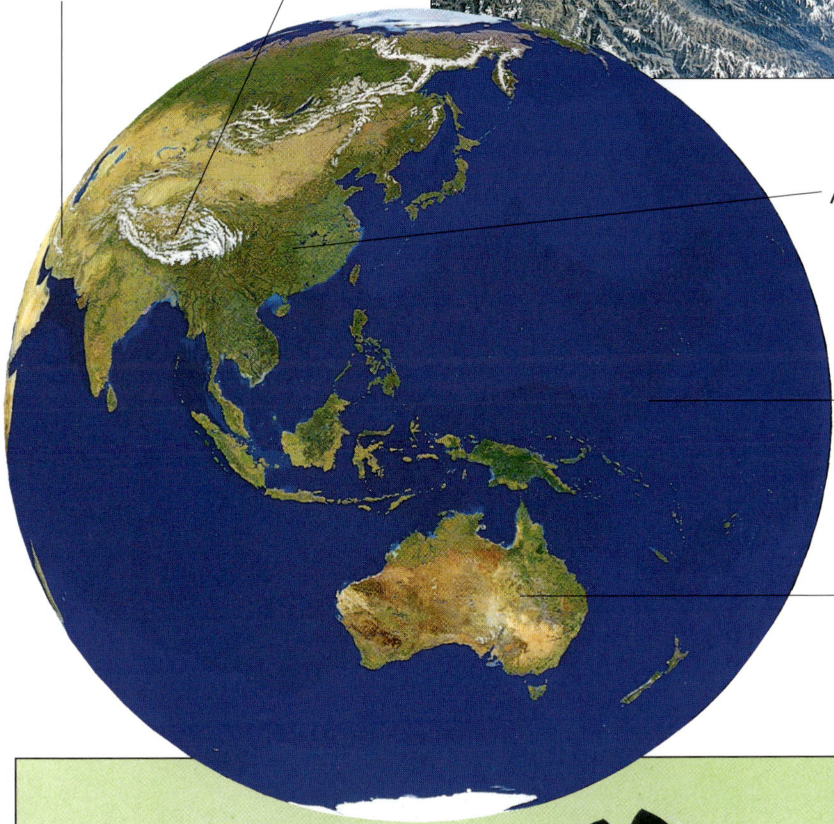

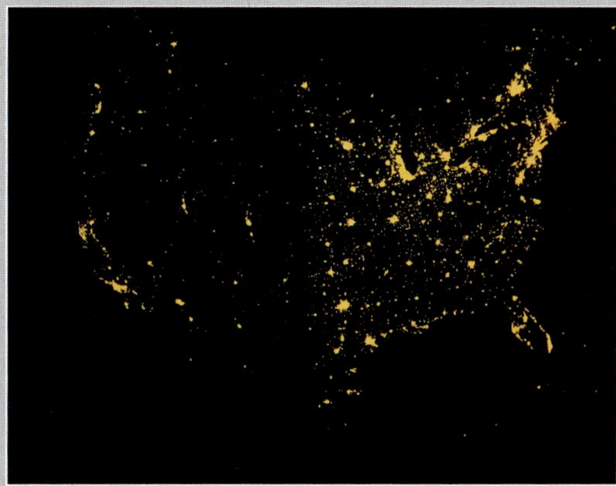

Lichtbündel

Nachts zeigen die Lichter der Städte, wo viele Menschen leben. Die dunklen Bereiche sind meistens unbewohnte Wüsten, Gebirgsgegenden und Ozeane.

Wie Karten entstehen

Die Erde ist rund wie eine Kugel. Auf einer Karte kann sie aber nur flach dargestellt werden.

Um die Erde flach zu machen, zerlegt man sie in viele Segmente wie eine Orange.

Die Segmente werden flach ausgelegt und die Lücken gefüllt. Die Erdkarte bildet nun ein Rechteck.

Die Erdkruste

Die Erde hat eine sehr zarte Haut. Im Verhältnis zur gesamten Erde ist sie dünner als die Schale eines Apfels. Die Haut oder Kruste der Erde besteht aus Gestein, das sich im Laufe von Jahrmillionen in Schichten gebildet hat. Diese Schichten sehen aus wie zerknüllte Decken auf einem Bett, denn sie haben viele Falten.

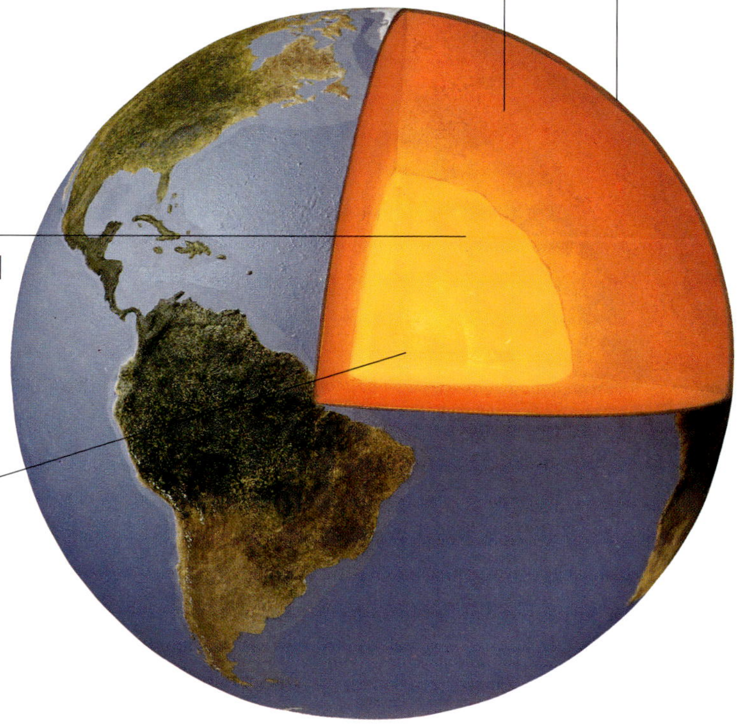

Wie Gebirge entstehen

Gebirge entstehen, wenn die Erdkruste in großen Falten hochgedrückt wird oder in Blöcken nach oben oder unten ausweichen muss. Die einzelnen Formen haben unterschiedliche Namen.

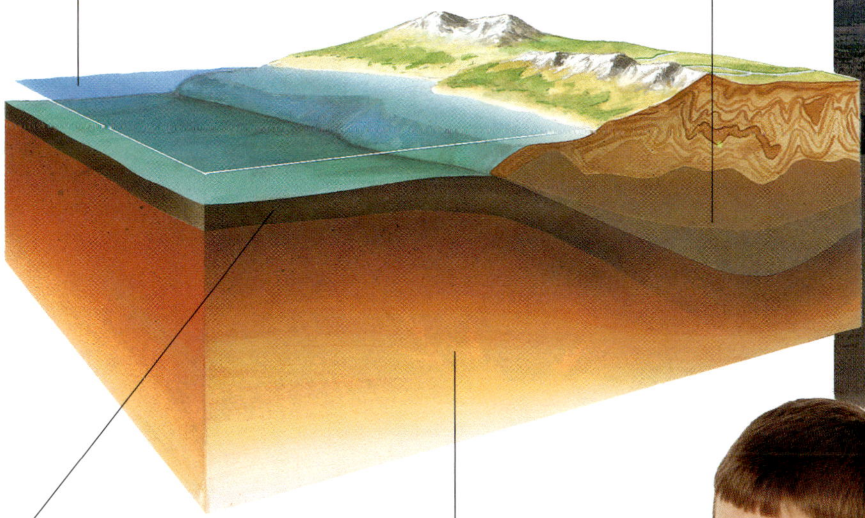

Abgesunken
Dies ist eine Grabensenke. Sie entstand, als eine Landscholle zwischen zwei langen Brüchen, Verwerfungen genannt, in die Erdkruste absank.

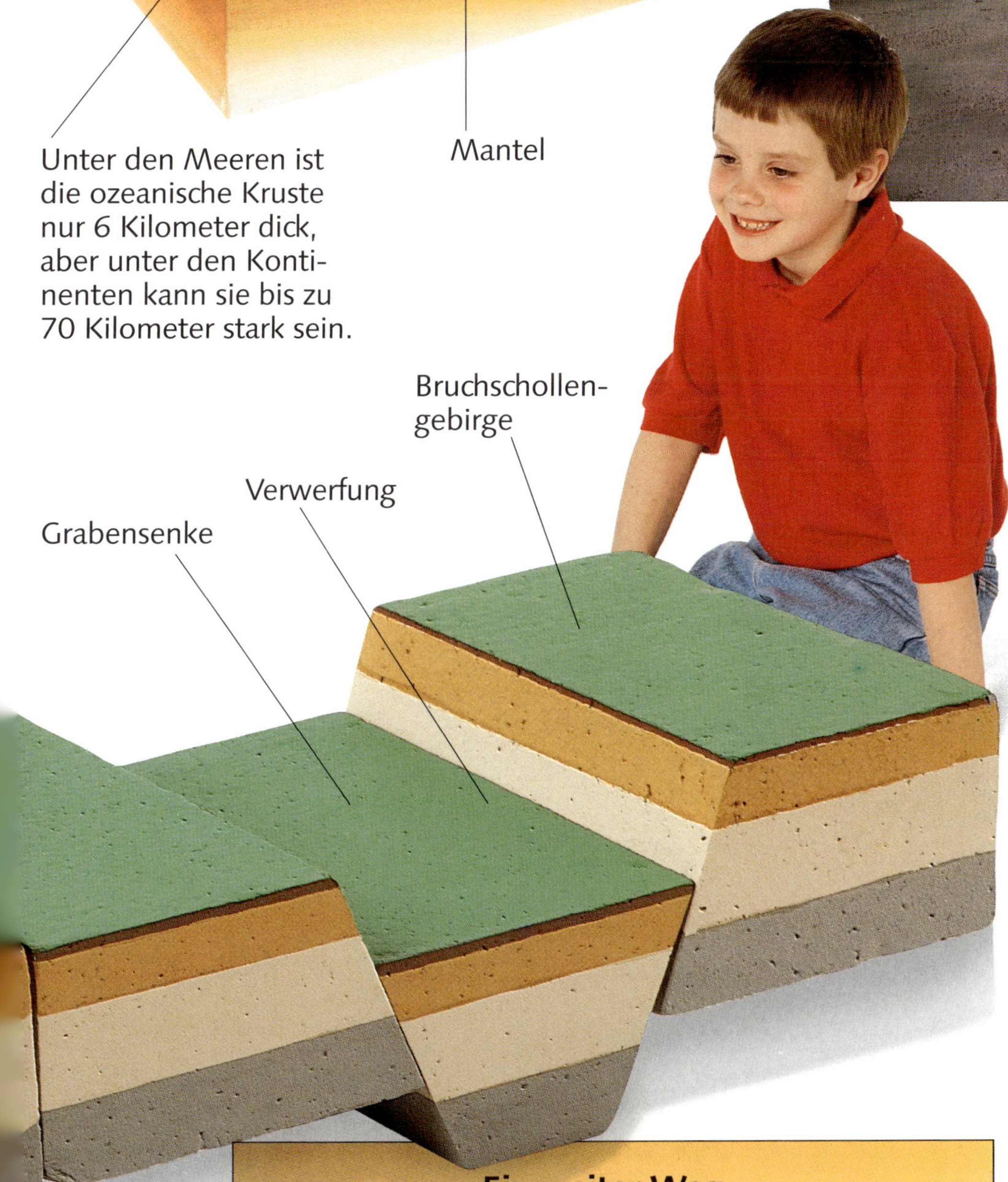

Aufgefaltet
Hier ist das Land durch Bewegungen in der Erdkruste zu riesigen Falten zusammengeschoben worden. Man kann sehen, dass die Kruste aus zahlreichen Gesteinsschichten besteht.

Ein weiter Weg
Das tiefste Loch, das bisher in die Erdkruste gebohrt wurde, ist nur 12 Kilometer tief. Um bis zum Erdmittelpunkt zu gelangen, müsste man 500-mal tiefer bohren.

Bewegliche Platten

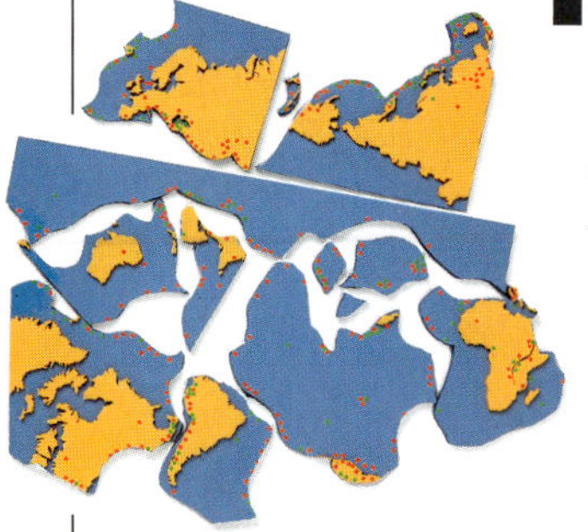

Die Erdkruste besteht aus vielen Teilen, die wie ein riesiges Puzzle zusammenpassen. Diese so genannten Platten treiben auf weichem, teilweise geschmolzenem Gestein, das sich darunter bewegt. Wenn sie gegeneinander stoßen, wirkt sich das dramatisch aus: Erdbeben sprengen die Kruste, Vulkane bilden sich, neues Land entsteht und große Gebirgszüge falten sich auf.

Auffalten
Zuweilen stoßen zwei Platten zusammen und falten das Land zu Gebirgszügen auf.

Absinken
Gleitet eine Platte unter eine andere, wird sie in den Mantel hineingedrückt und schmilzt.

Spalten
Driften zwei Platten auseinander, steigt Lava durch die Lücke auf. Die Lava härtet aus und bildet neues Land.

Verschieben
Rutschen zwei Platten aneinander entlang, dann kommt es zu einem Erdbeben.

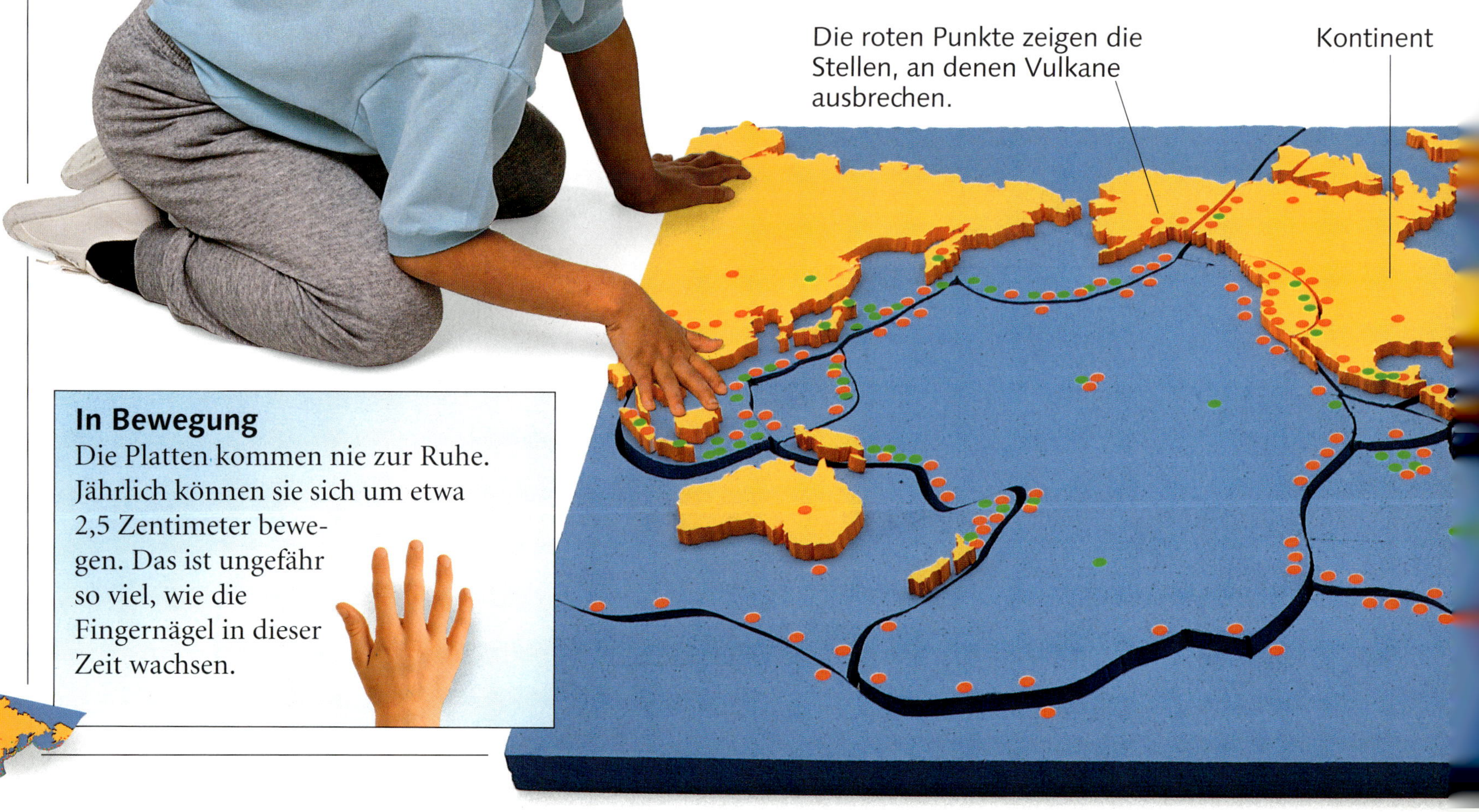

In Bewegung
Die Platten kommen nie zur Ruhe. Jährlich können sie sich um etwa 2,5 Zentimeter bewegen. Das ist ungefähr so viel, wie die Fingernägel in dieser Zeit wachsen.

Vergangenheit, Gegenwart und Zukunft

So lange die Erde besteht, verändert sie sich. Hier werden die Bewegungen der Kontinente in den letzten 300 Millionen Jahren dargestellt — und wie sie vielleicht in 50 Millionen Jahren aussehen.

Unruhige Erde

Diese Häuser und Straßen auf Island befinden sich an einer Stelle, an der zwei Platten aufeinander treffen und das Land gespalten haben.

Die grünen Punkte zeigen die Stellen, an denen es zu Erdbeben kommt.

Hier treffen zwei Platten aufeinander.

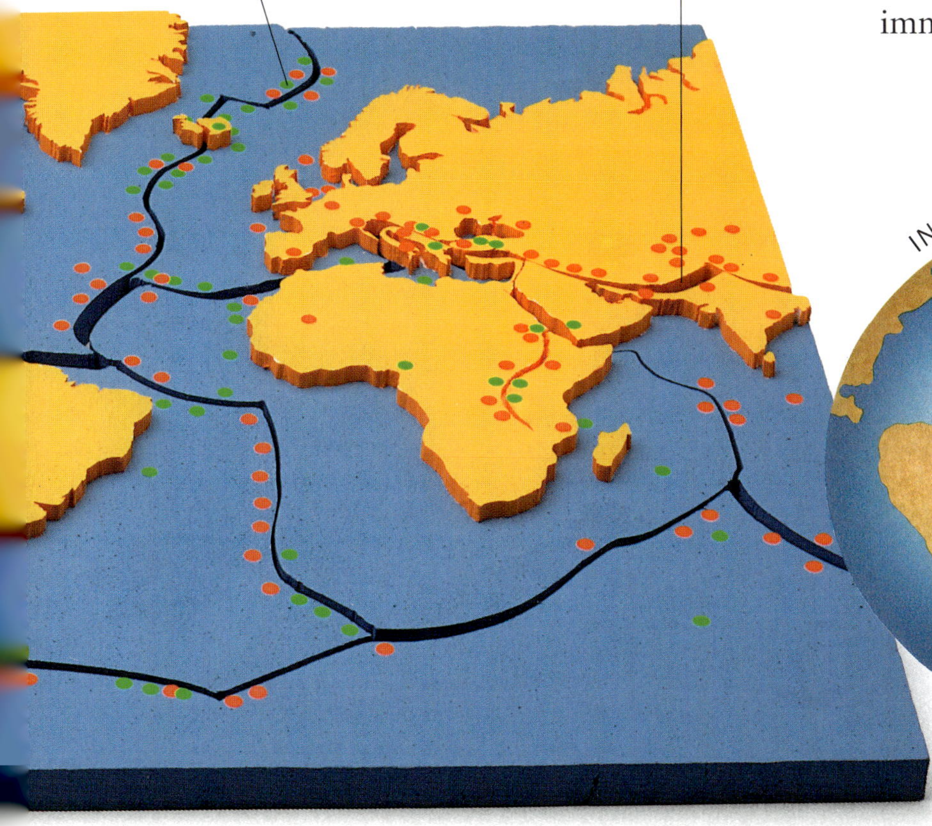

Ortsveränderung

Das Land kommt zusammen und bildet einen Riesenkontinent.

Zusammenwachsen

Pangäa, der Superkontinent, ist entstanden.

Getrennte Welten

Das Land treibt wieder auseinander. Pangäa teilt sich in Laurasia und Gondwana.

Vertrauter Anblick

Heute sieht die Welt so aus – aber die Kontinente bewegen sich immer weiter.

Vorschau

So etwa kann die Welt in 50 Millionen Jahren aussehen. Man sieht deutlich, wie sich das Land verändert hat. Afrika ist mit Europa zusammengewachsen!

Vulkane

Wenn man eine Getränkedose schüttelt und sie dann öffnet, spritzt der Inhalt zischend heraus. Etwas Ähnliches passiert auch bei einem Vulkan. Mit ungeheurer Wucht bricht geschmolzenes Gestein durch schwache Stellen in der Erdkruste und wird hoch geschleudert.

Natur-Feuerwerk
Dieser Vulkan bietet einen atemberaubenden Anblick. Die aus dem Krater explodierende rot glühende Lava und die Asche sehen aus wie ein gigantischer Wasserfall aus Feuer.

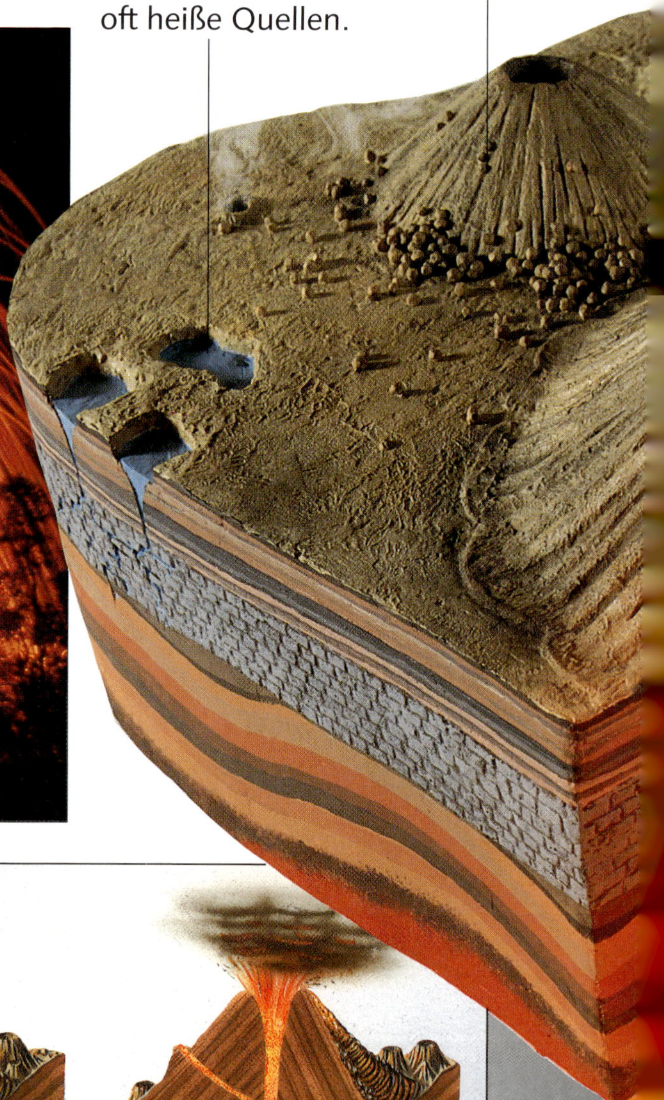

Die verschiedenen Vulkanformen

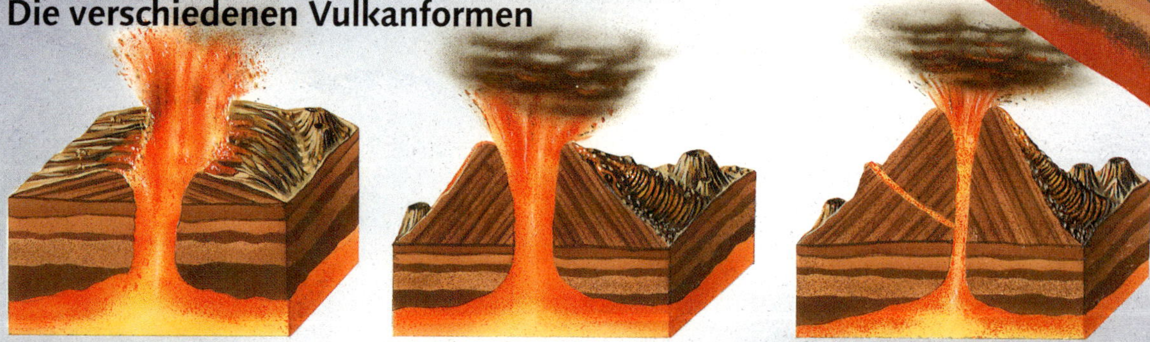

Ausgebreitet
Manche Vulkane sind flach. Ihre Lava breitet sich in einer dünnen Schicht aus.

Kurz und plump
Andere Vulkane sind gedrungen. Sie bestehen aus zu Staub zerfallener Lava.

Aufragend
Einige Vulkane haben spitze Kegel. Ihre Lava ist zäh und fließt deshalb nicht weit.

Flüsse aus Feuer

Das rot glühende geschmolzene Gestein, das an den Flanken dieses Vulkans herunterfließt, sieht schön aus, ist aber todbringend. Es ist so heiß, dass es Stahl schmelzen kann.

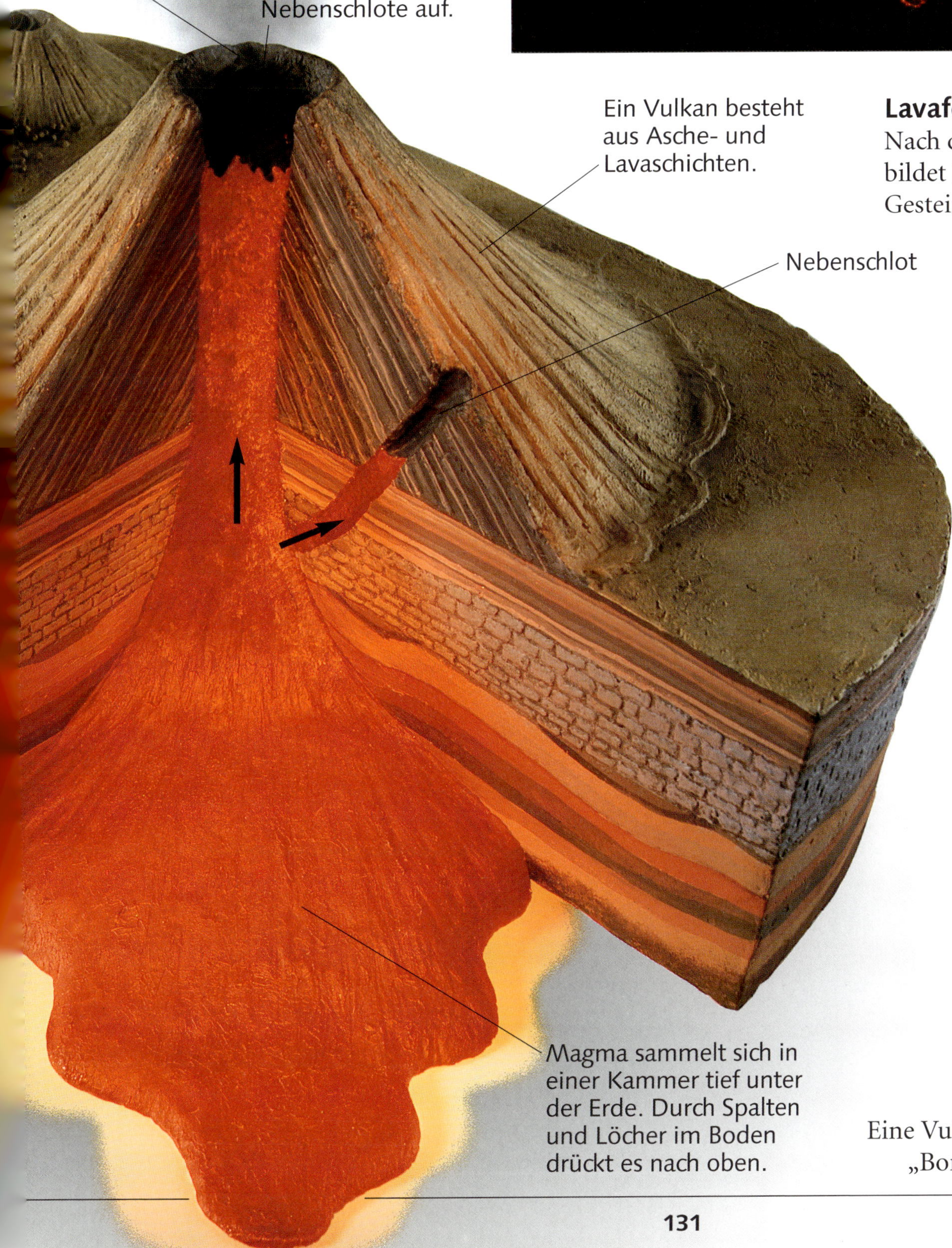

Lavaformen

Nach dem Abkühlen und Aushärten bildet Lava verschieden geformte Gesteine. Hier drei Typen:

Brockenlava

Stricklava

Eine Vulkan-„Bombe“

Erdbeben

Alle 30 Sekunden findet irgendwo auf der Erde ein Erdbeben statt. Die meisten dieser Bewegungen sind so gering, dass nur der Seismograf, ein Gerät zum Aufzeichnen von Erdbeben, diese Bewegungen spürt. Andere dagegen verursachen schreckliche Katastrophen: Große Risse entstehen im Boden, Straßen wölben sich auf, Gebäude stürzen ein, ganze Städte können zerstört werden.

Unsicherer Grund
Das ist die San-Andreas-Verwerfung in Kalifornien. Hier gibt es regelmäßig Erdbeben.

Tödliche Wellen
Erdbeben unter dem Meer können riesige, zerstörerische Wellen verursachen, die so genannten Tsunamis.

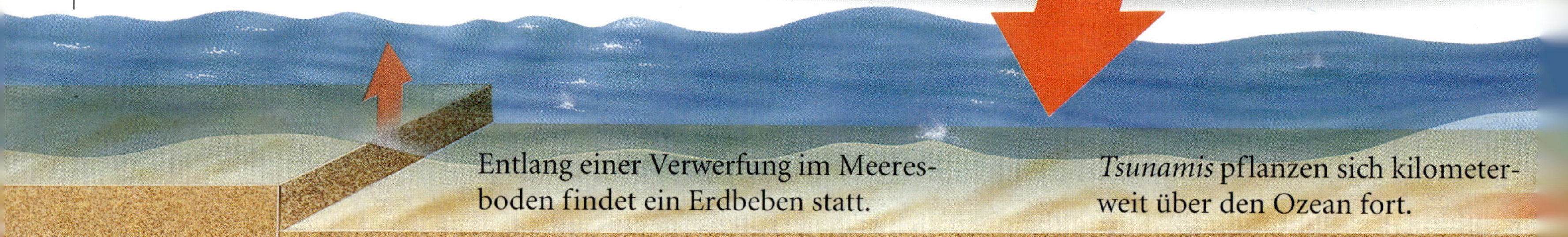

Wie es zu Erdbeben kommt

Die Erdkruste besteht aus beweglichen Platten. Wenn diese aneinander entlang oder übereinander gleiten, gibt es einen Ruck im Gestein, der Schockwellen aussendet.

Erschütterung

Die in 12 Grad eingeteilte so genannte Mercalli-Skala zeigt an, wie sehr die Erde bei einem Erdbeben erschüttert wird. Stärke 1 ist nicht zu spüren, aber bei Stärke 12 sind die Schockwellen zu sehen und es kommt zu sehr großen Zerstörungen.

Wie man sich bei einem Erdbeben verhält

Im Haus legt man sich unter ein Bett oder einen schweren Tisch oder stellt sich in einen Türrahmen. Wenn die Erschütterungen aufgehört haben, sollte man sofort hinausgehen und einen freien Platz aufsuchen.

Erdbeben-Begriffe

Die Stelle in der Erde, an der ein Erdbeben ausgelöst wird, heißt Herd. Am stärksten ist das Erdbeben gewöhnlich im Epizentrum. Es befindet sich direkt über dem Herd an der Erdoberfläche. Die Wissenschaft von den Erdbeben und den von ihnen ausgehenden Schockwellen nennt man Seismologie.

Zerstörerische Kräfte

Eine Tsunami-Welle türmt sich zu großer Höhe auf, bevor sie sich am Ufer bricht. Sie hat so viel Kraft, dass sie Häfen und Städte vernichten und Schiffe an Land schleudern kann.

Gesteine

Bewegungen in der Erdkruste verändern allmählich die Oberfläche der Erde. Gebirge werden aufgeworfen und abgetragen, deren Bruchstücke bewegt und in andere Gesteine umgewandelt. Diese können in den Mantel hinuntergelangen und in der dort herrschenden Hitze schmelzen. Bei einem Vulkanausbruch werden sie als Lava an die Oberfläche geworfen. Diese wird hart, verwittert und der Kreislauf beginnt von neuem.

Kalkstein

Trümmergestein

Roter Sandstein

Sedimentgesteine

Sie bestehen aus Gesteinsstücken, Pflanzen- und Tierüberresten. In feine Stücke zerbrochen, werden sie von Flüssen ins Meer getragen, wo sie Schichten bilden und zu festen Gesteinen zusammengepresst werden. Die Bunte Wüste im US-Staat Arizona besteht aus Sedimentgesteinen.

Steintypen

Gesteine gehören drei Grundtypen an. Eruptiv- oder Erstarrungsgesteine bestehen aus Magma oder Lava. Sedimentgesteine bilden sich aus Schichten zerbrochener Gesteine. Metamorphe Gesteine können anfangs beiden Typen angehören. Sie werden auch Umwandlungsgesteine genannt.

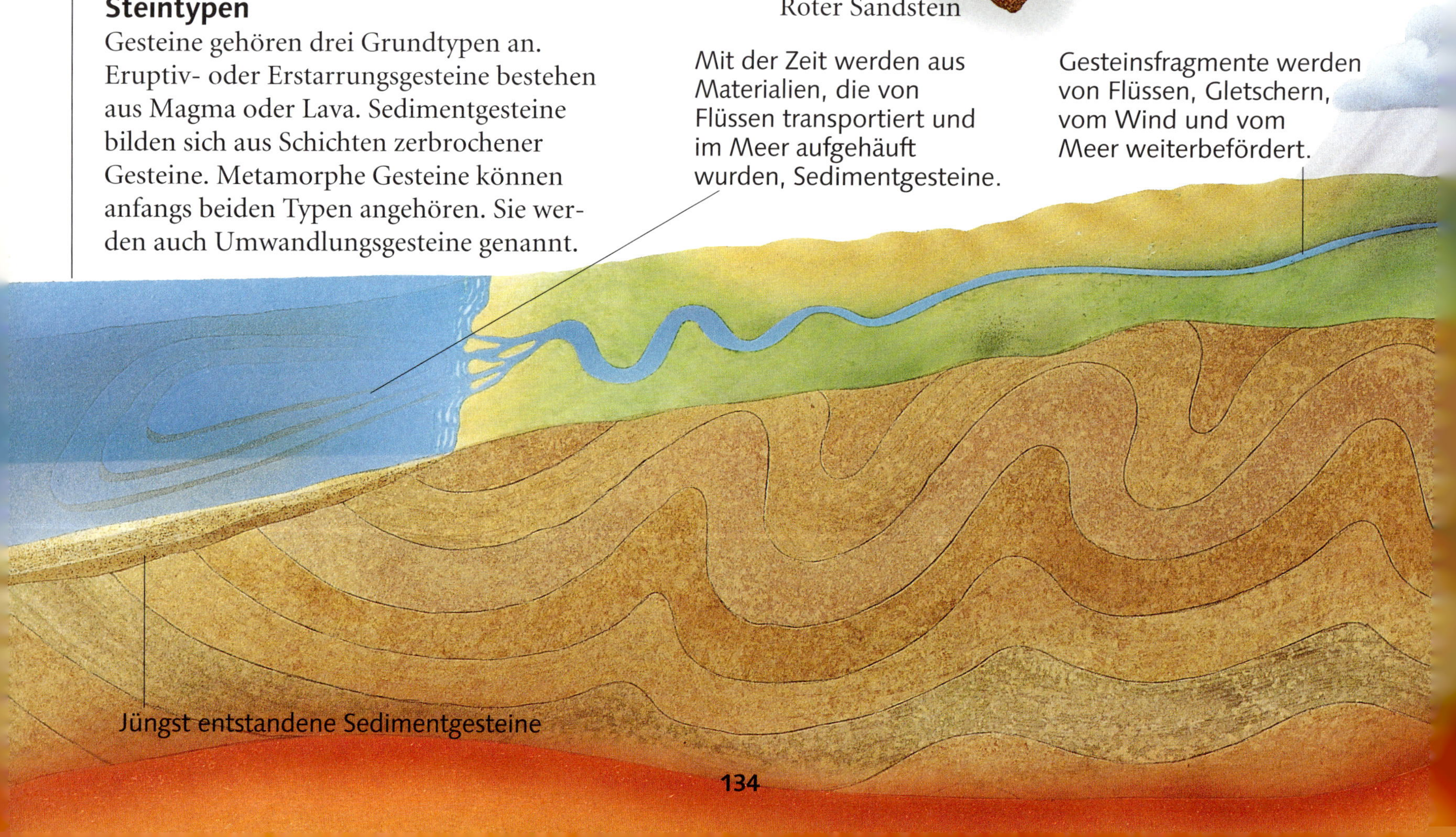

Eruptivgesteine

Sie entstehen aus Magma, das in der Erdkruste, oder aus Lava, die nach einem Vulkanausbruch an der Oberfläche auskühlt und verhärtet. Der Zuckerhut in Brasilien war einst ein Eruptivgestein unter der Erdkruste.

Marmor

Metamorphe Gesteine

sind Eruptiv- oder Sedimentgesteine, die unterirdisch durch Hitze, großen Druck oder beides verändert wurden. Dieser Marmor war einmal Kalkstein, der sich durch sehr starke Hitze verändert hat.

Schiefer

Obsidian

Granit

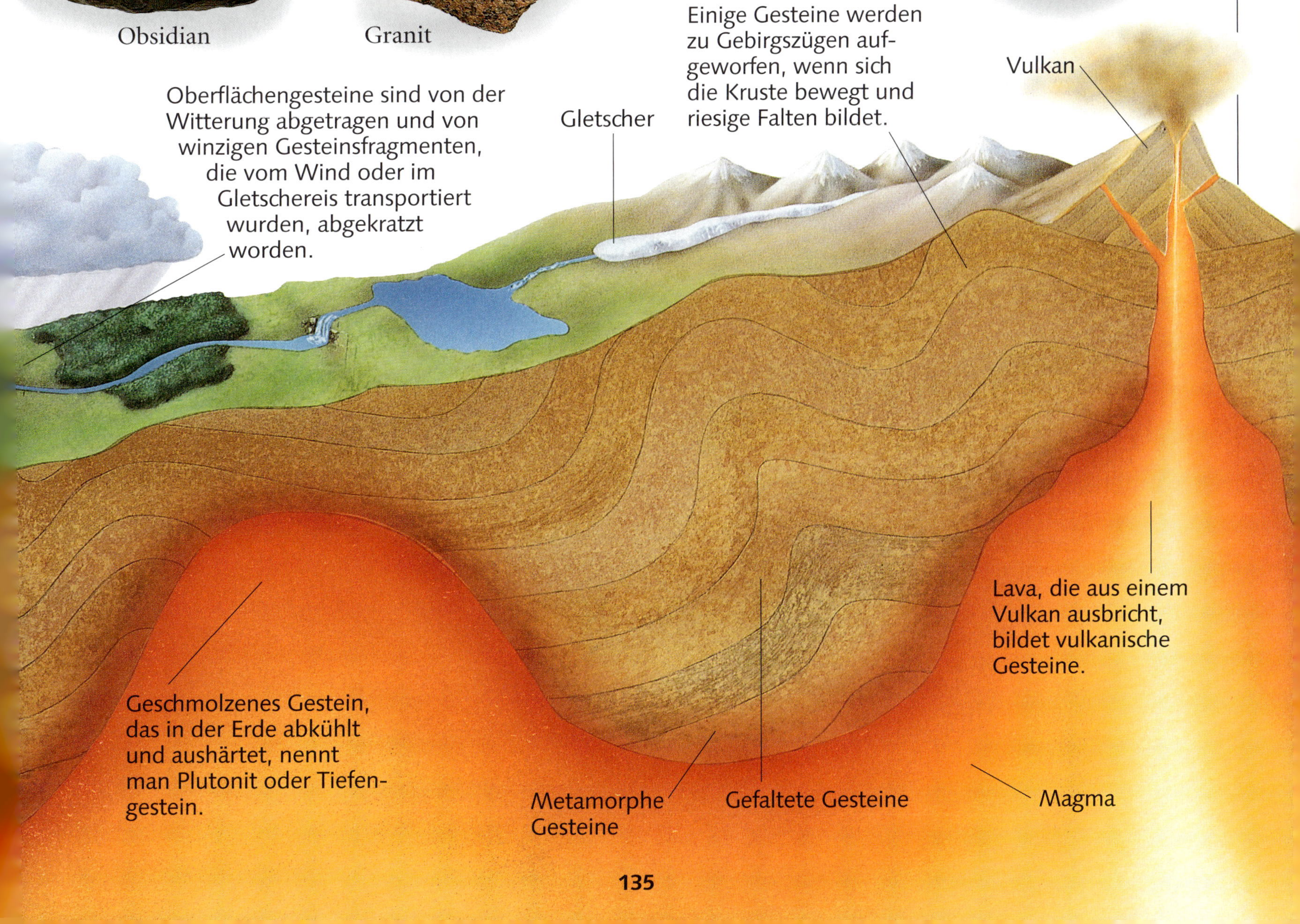

Mineralien

Wir verwenden Mineralien für Vieles im täglichen Leben, ohne uns darüber Gedanken zu machen. Wir würzen zum Beispiel unser Essen mit Salz oder benutzen einen Bleistift, lesen die Zeit von einer Quarzuhr ab – immer haben wir es dabei mit Mineralien zu tun.

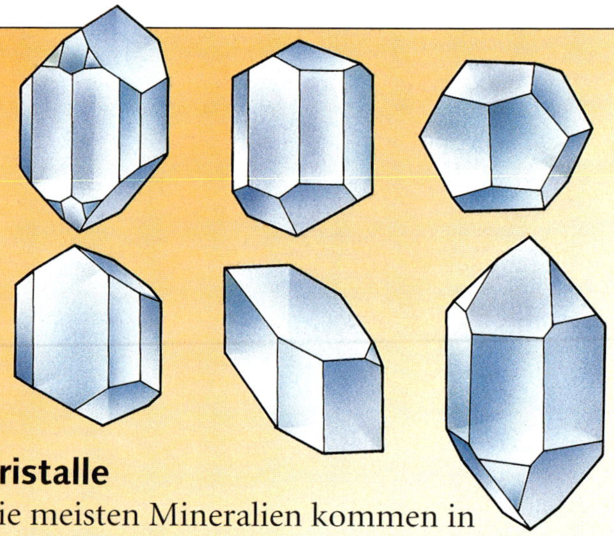

Kristalle
Die meisten Mineralien kommen in Kristallform vor. Es gibt Kristalle in verschiedenen Formen und Größen. Einige sind hier zu sehen.

Erze
Mineralien, die Metalle enthalten, nennt man Erze. Hämatit ist ein wichtiges Eisenerz, aus dem Stahl hergestellt wird.

Gesteinselemente
Mineralien sind die Bausteine der Gesteine. Einige Gesteine bestehen nur aus einem Mineral, andere enthalten viele davon. Granit zum Beispiel besteht aus Quarz, Feldspat und Glimmer.

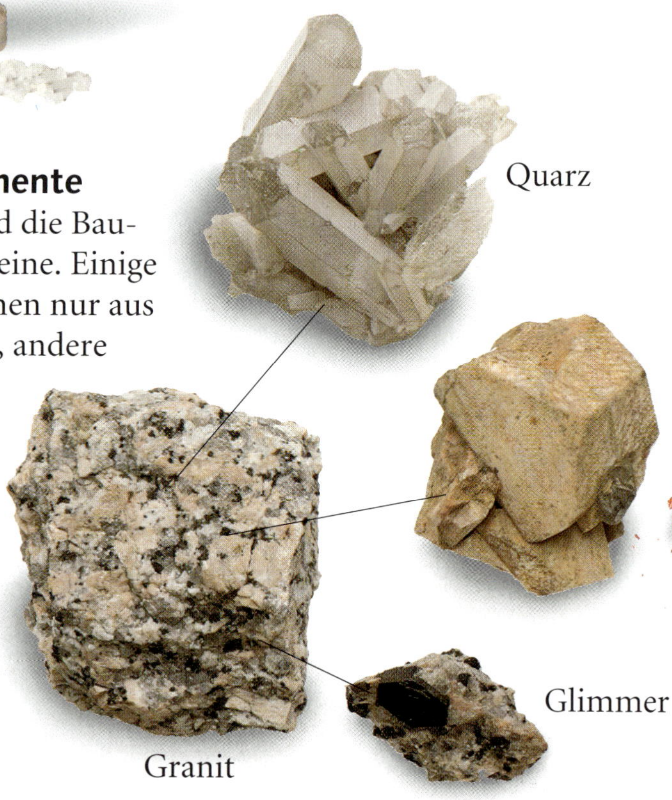

Flüssiges Gestein
Quecksilber, das wir aus dem Thermometer kennen, ist ein Metall, das sich in Gestein befindet. Es schmilzt sehr leicht und wird flüssig.

Hart, härter, am härtesten
Es gibt weiche und harte Mineralien. Eine Härteskala umfasst zehn Stufen. Sie heißt Mohs'sche Härteskala, nach dem Mineralogen F. Mohs, der sie 1812 einführte. Sie beginnt mit Talk, dem weichsten Mineral, und endet beim härtesten, dem Diamanten.

Goldadern in Quarz

Selten und kostbar

Gold und Silber sind so genannte Edelmetalle, die man in Gesteinen findet. Sie sind wertvoll. Aus ihnen werden Schmuckstücke und Münzen hergestellt.

Der Schliff

Rohdiamanten sehen aus wie kleine Kiesel aus trübem Glas. Ihr funkelnder Glanz zeigt sich erst, wenn sie geschliffen und poliert werden.

Silber

Gute Besserung

Der Gipsverband, mit dem Knochenbrüche geschient werden, besteht aus dem Mineral Gips.

Edelsteine

Edelsteine sind seltene und kostbare Mineralien, die hauptsächlich für Schmuck verwendet werden. Diamanten, Smaragde, Rubine, Saphire und Opale sind bekannte, wertvolle Edelsteine, aber es gibt auch viele andere, die weniger bekannt sind.

⑦

Quarz

⑧

Topas

⑨

Korund

⑩

Diamant

Fossilien

Wenn man erforschen möchte, wie das Leben vor Millionen von Jahren auf der Erde ausgesehen hat, findet man die besten Spuren in Fossilien. Das sind Überreste von Tieren und Pflanzen, die in Stein, Torf, Eis oder Teer erhalten geblieben sind, zum Beispiel ein Dinosaurierskelett oder ein winziges Pollenkorn.

Spurenlesen

Der *Allosaurus* jagte andere Dinosaurier. Aus den verschiedenen Fußabdrücken könnte man schließen, dass der Allosaurus den Apatosaurus verfolgt hat.

Wie ein Fossil entsteht

Ein totes Tier wird im Wasser oder an Land von Sand oder Schlamm bedeckt.

Der Sand oder Schlamm härtet zu einem Gestein aus, und die Knochen des Tieres bleiben im Gestein als Fossil erhalten.

Das Gestein wird aufgefaltet. Wind und Regen tragen die oberen Schichten ab.

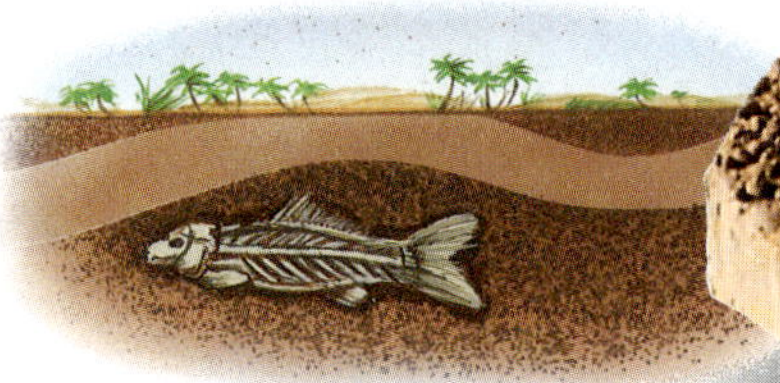

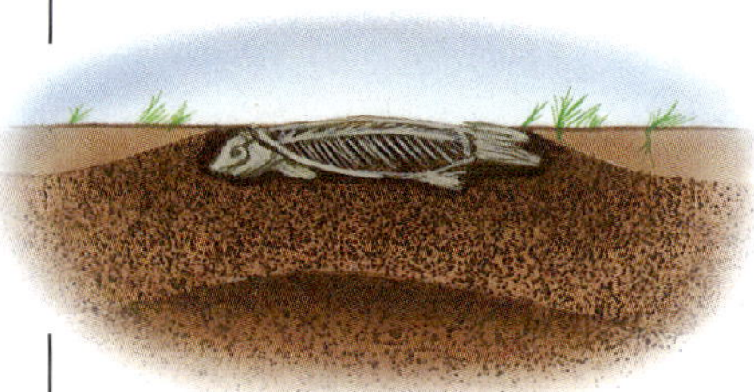

Wenn die oberen Schichten des Gesteins verwittern, wird das Fossil freigelegt.

Zeuge der Vergangenheit

Als der Vesuv ausbrach und Pompeji begrub, blieb vom Körper dieses Hundes ein Hohlraum in der Asche, die um ihn aushärtete. Als man Gips hineingoss, erhielt man seine Körperform.

Apatosaurus

Diese einen Meter großen Fußabdrücke stammen von einem *Apatosaurus*.

Erstaunliche Funde

Hier sind die unterschiedlichsten Versteinerungen zu sehen.

Libelle

Pappelblatt

Fisch

Für immer eingeschlossen

Diese Spinne wurde in klebrigem Harz gefangen, das einst den Stamm einer Kiefer hinuntertropfte und dann zu Bernstein aushärtete.

Haut und Knochen

Am versteinerten Fuß dieses riesenhaften Vogels, einem Moa, sitzt noch Haut. Im Vergleich mit einer Kinderhand sieht man, wie groß dieser Fuß ist.

Tiefgefroren

Dieses Mammut wurde vor mindestens 12 000 Jahren in Eis eingefroren. Vielleicht war es in einen Sumpf geraten, und als der gefror, blieb der Mammutkörper im Eis erhalten.

Energie aus der Vergangenheit

Kohle und Öl sind fossile Brennstoffe. Sie sind aus Pflanzen oder Tieren entstanden, die vor Jahrmillionen lebten.

Höhlen

Höhlen befinden sich unter der Erdoberfläche. Zunächst waren sie nichts weiter als nur Risse oder Löcher im Gestein, die sich im Laufe der Jahrtausende durch stetig tropfendes Regenwasser vergrößerten. Die größten Höhlen gibt es in Kalkstein. Die größte der Welt befindet sich in Sarawak auf der Insel Borneo. Sie ist so riesig, dass dort 800 Tennisplätze hineinpassen würden.

Nach unten
Wasser, das von der Decke einer Höhle tropft, hinterlässt dort das Mineral Kalzit. Ganz allmählich wächst dadurch ein Zapfen nach unten, ein so genannter Stalaktit.

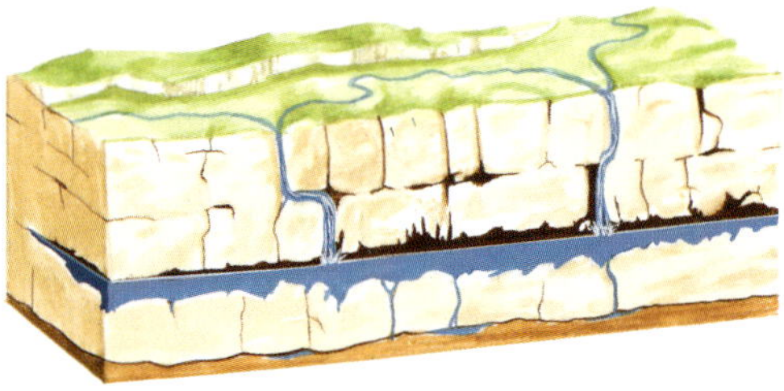

Tropf …
Das im Boden versickernde Regenwasser ist leicht sauer und beginnt den Kalkstein aufzulösen.

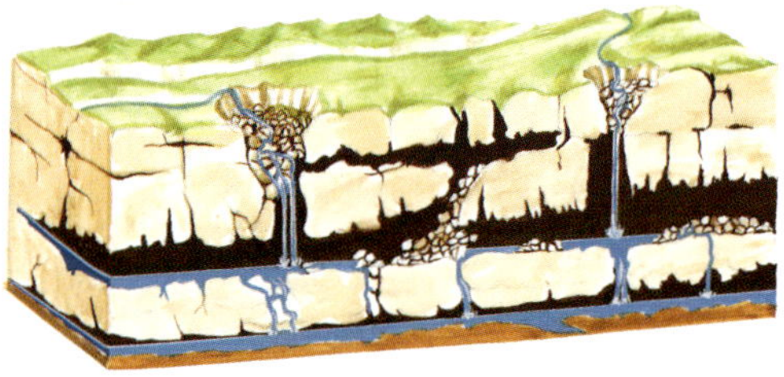

Tropf …
Das Regenwasser frisst sich durch das Gestein. Es weitet die Risse zu Gruben, Gängen und Höhlen aus.

Tropf!
Im Lauf von Jahrtausenden können sich die Gänge und Höhlen zu einem riesigen unterirdischen System verbinden.

Der Bach verschwindet unter der Erde in einem Strudelloch.

Dieses Strudelloch, eine Art Tunnel, führt direkt durchs Gestein nach unten. Es wurde durch einen Bach gebildet, der das Gestein abgetragen hat.

Kalkstein ist ein sehr häufig vorkommendes Gestein. Es besteht aus den Skeletten und Schalen winziger Meereslebewesen, die vor Jahrmillionen gestorben sind.

Lavatunnel

Höhlen gibt es nicht nur im Kalkstein. Diese besteht aus Lava und befindet sich in einem Vulkan auf Hawaii.

Einsturz

Zuweilen wird aus einer Höhle eine Schlucht, wenn die Decke einstürzt und die unterirdisch verborgenen Höhlen und Stollen ans Tageslicht kommen.

Nach oben

Wo Wasser auf den Höhlenboden tropft, wachsen Kalzitsäulen nach oben, das sind so genannte Stalagmiten.

Gletscher

Ein Gletscher ist wie ein großer Fluss aus Eis. Wenn viel Schnee fällt, wird er im Lauf der Zeit von seinem eigenen Gewicht zusammengedrückt und zu Eis. Ein Gletscher „fließt“ sehr langsam bergab. Da er aber sehr schwer ist, kann er Gestein wie ein Bulldozer schieben. Er kann die zackigen Ränder von Felsen abschmirgeln und riesige Brocken über enorme Strecken transportieren.

Aus der Nähe betrachtet
Der Pilot dieses Flugzeugs kann genau zuschauen, wie eine Eiswand von einem Gletscher abbricht und dann ins Wasser stürzt.

Eiskraft
Wenn Wasser in einer Flasche gefriert, braucht es mehr Platz und sprengt die Flasche. Auch das Wasser, aus dem Gletschereis besteht, braucht mehr Platz, wenn es gefriert. Es schiebt das Gestein beiseite.

Landschaftsformen
An der U-Form dieses Tals erkennt man, dass es einst mit dem Eis eines Gletschers gefüllt war.

Balanceakt
Diesen riesigen Brocken hat ein Gletscher bewegt und auf weichem Kalkstein zurückgelassen. Der größte Teil des Kalksteins verwitterte und nur ein kleiner Klotz blieb zurück.

Flüsse

Flüsse können durch die Kraft des strömenden Wassers Landschaften verändern. Wenn sie durch Gebirge und über Ebenen fließen, nehmen Flüsse dabei riesige Mengen Gestein, Sand und Schlamm mit. Sie bilden Flussbänke oder lagern sich an Flussmündungen im Meer ab und bilden so neues Land.

Absturz
Wenn ein Fluss über den Rand einer steilen Klippe oder über eine harte Felskante stürzt, entsteht ein Wasserfall. Dieser hier ist in Brasilien.

Tiefes Flussbett

In den USA hat das Wasser des Colorado-River die größte Schlucht der Welt ausgehobelt. Sie heißt Grand Canyon, ist 1800 Meter tief, 347 Kilometer lang und bis zu 30 Meter breit.

Flussmündung

Dieses Sumpfland gehört zum Yukon-Delta in Alaska.

Der Fluss windet sich über flaches Land in breiten Biegungen oder Mäandern.

Wenn der Fluss das Meer erreicht, teilt er sich in mehrere Arme auf und bildet ein Delta.

Um die Kurve

Wenn ein Fluss flaches Land erreicht, wird er langsamer und fließt in Schleifen. Er hinterlässt Ablagerungen: Sand, Kies und Schlamm. Dadurch verändern sich Form und Lauf des Flusses.

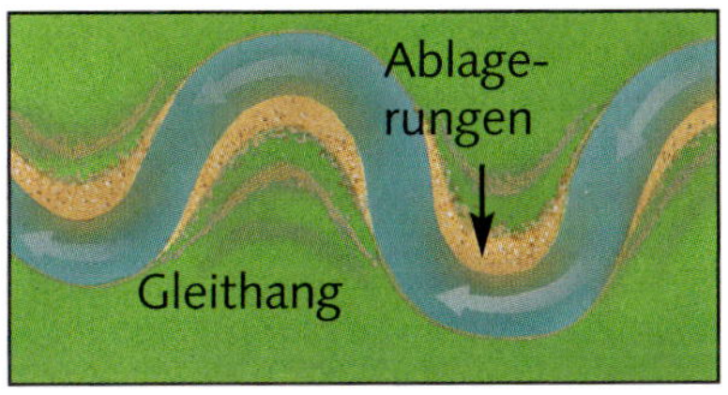

Der Fluss hinterlässt an Innenkurven Ablagerungen und trägt an Außenseiten Land ab.

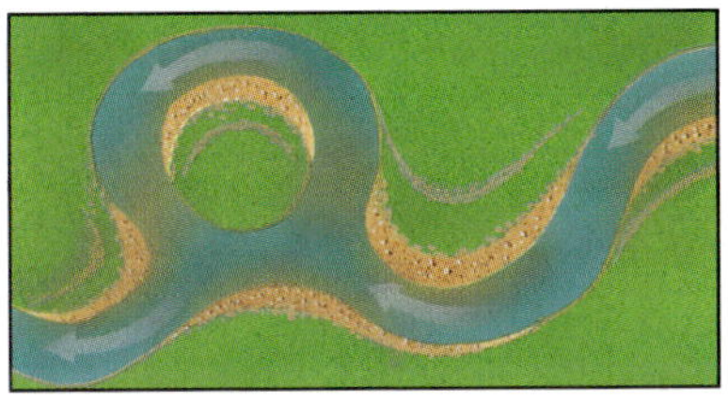

Die Ablagerungen verändern die Form der Biegung. Langsam verengt sich der Gleithang, bis ihn der Fluss durchschneidet.

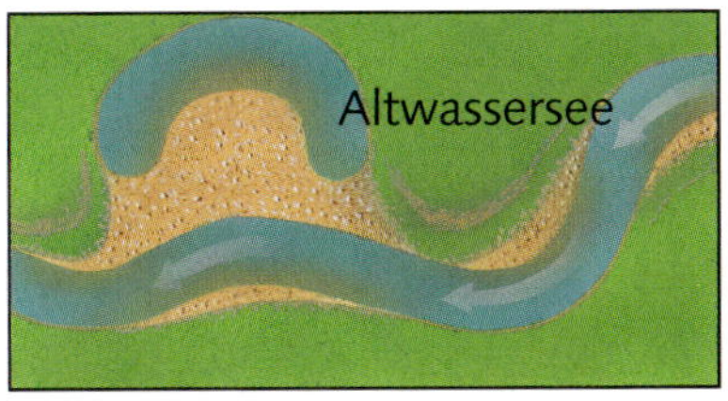

Es bleibt eine tote Flussschleife zurück, die Altwassersee genannt wird.

Bemerkenswerte Flüsse

Der längste Fluss der Welt ist der Nil in Afrika. Er ist 6671 Kilometer lang. Das größte Delta der Welt bedeckt etwa 44 000 Quadratkilometer. Es wird vom Ganges und vom Brahmaputra in Bangladesch und Indien gebildet.

Wüsten

Ein Drittel der Landmasse der Erde besteht aus Wüsten, die ganz unterschiedlich aussehen. Wüsten können ein Meer aus bewegtem Sand sein, ein flaches, steiniges Gebiet oder eine bergige Gegend aus zertrümmertem Gestein. Gemeinsam ist allen Wüsten, dass sie sehr trocken sind, denn jährlich regnet es weniger als 25 Zentimeter. Manchmal kommt diese Regenmenge bei einem einzigen, heftigen Gewitter vom Himmel.

Meer aus Sand
Die Wüste ist eine lebensfeindliche Gegend, aber ihr Anblick ist faszinierend. Diese Dünen liegen in Saudi-Arabien.

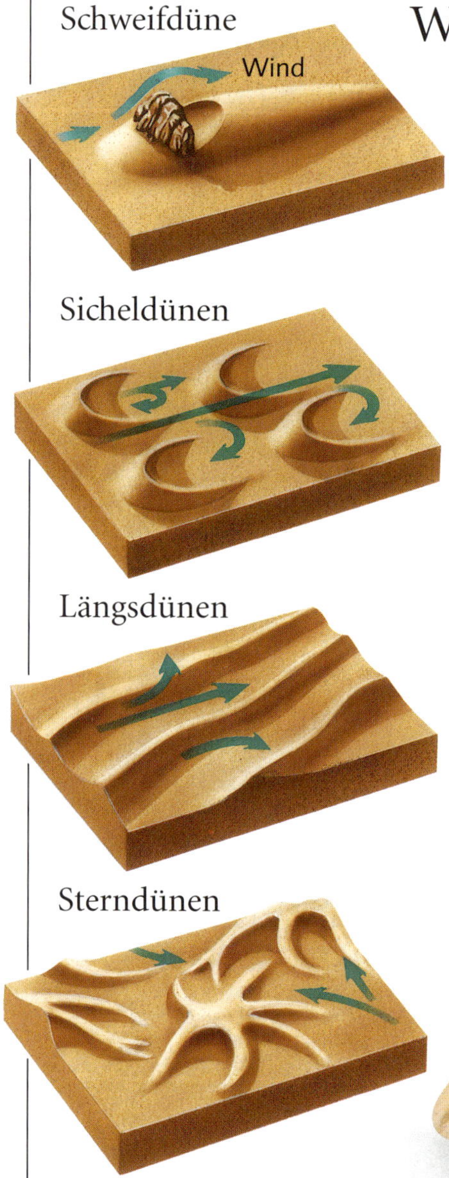

Sanddünen
Wind weht den Sand zu Hügeln auf, die man Dünen nennt. Sie haben unterschiedliche Formen und Bezeichnungen.

Wanderdüne

Stell dir vor, dieser Föhn sei der Wind. Er bläst den Sand den sanften Hang der Düne hinauf. Von dort oben rieselt er auf der anderen Seite den steilen Hang hinunter. Wenn immer mehr Sand auf diese Art vom Wind bewegt wird, beginnt die Düne zu wandern.

Wasserkraft

Durch die ungeheure Kraft des Wassers ist diese tiefe Schlucht bei einer tunesischen Oase entstanden.

Landschaftsgestaltung

Wenn der Wind beständig Sand gegen die Felsen weht, bilden sich solche interessanten Formen.

Heiß und kalt

Dies ist eine der „Teufelsmurmeln“ im nördlichen Australien. Durch die starken Unterschiede zwischen Hitze und Kälte in der Wüste wurden die äußeren Gesteinsschichten „abgeschält“.

Die Atmosphäre

Unser Planet ist von einer Gashülle umgeben, die man Atmosphäre nennt. Im Verhältnis zur gesamten Erde ist sie so dünn wie die Schale einer Orange. Ohne diese Hülle gäbe es kein Leben auf der Erde. Die Atmosphäre schützt uns vor schädlichen Strahlen der Sonne und vor der Eiseskälte des Alls. Sie enthält die Luft, die wir atmen, und hier bildet sich der Regen, der uns Wasser bringt.

Die meisten Meteore verbrennen, wenn sie in die Atmosphäre eintreten. So wird die Erde vor diesen gefährlichen Geschossen geschützt.

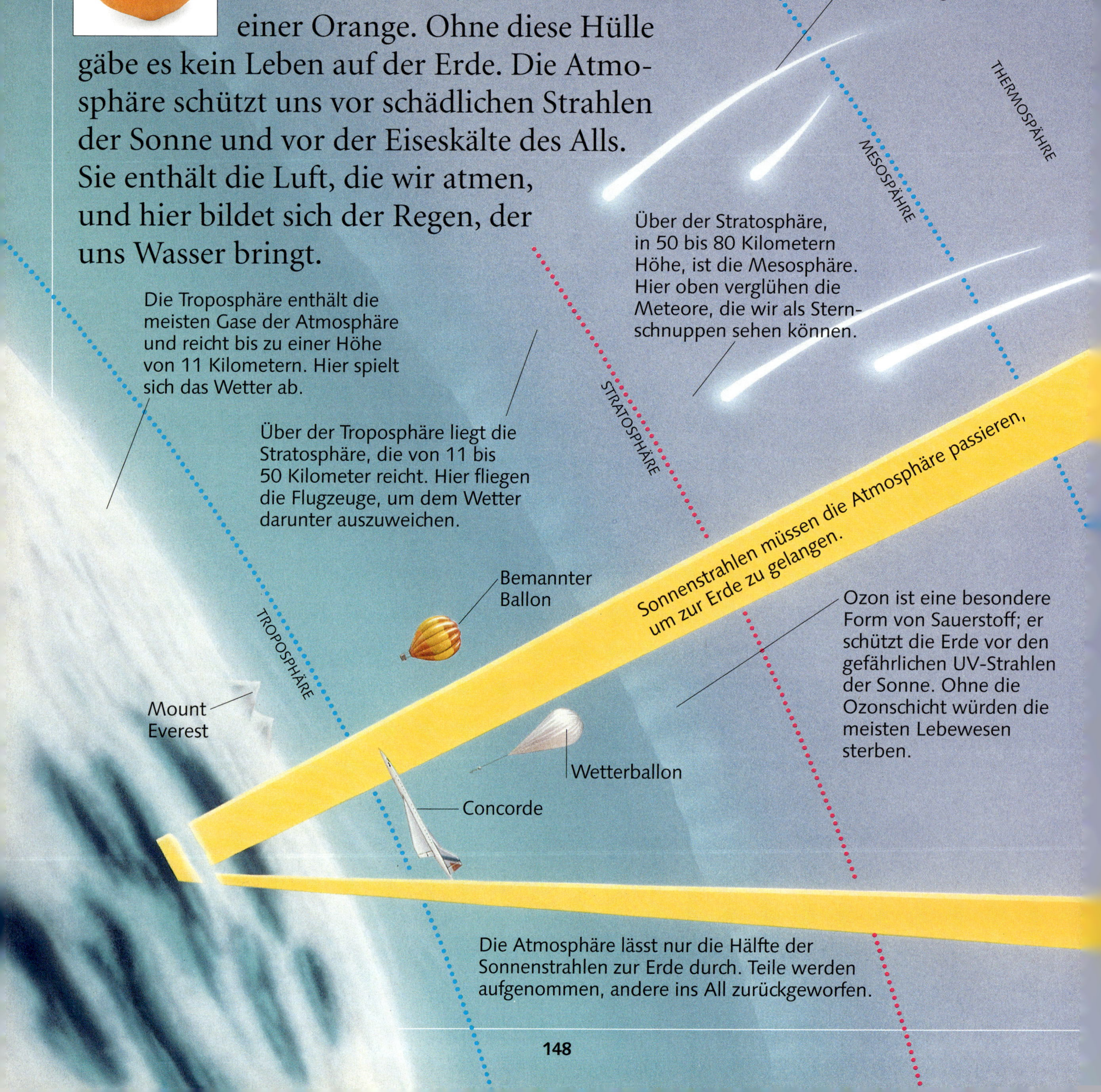

Über der Stratosphäre, in 50 bis 80 Kilometern Höhe, ist die Mesosphäre. Hier oben verglühen die Meteore, die wir als Sternschnuppen sehen können.

Die Troposphäre enthält die meisten Gase der Atmosphäre und reicht bis zu einer Höhe von 11 Kilometern. Hier spielt sich das Wetter ab.

Über der Troposphäre liegt die Stratosphäre, die von 11 bis 50 Kilometer reicht. Hier fliegen die Flugzeuge, um dem Wetter darunter auszuweichen.

Ozon ist eine besondere Form von Sauerstoff; er schützt die Erde vor den gefährlichen UV-Strahlen der Sonne. Ohne die Ozonschicht würden die meisten Lebewesen sterben.

Die Atmosphäre lässt nur die Hälfte der Sonnenstrahlen zur Erde durch. Teile werden aufgenommen, andere ins All zurückgeworfen.

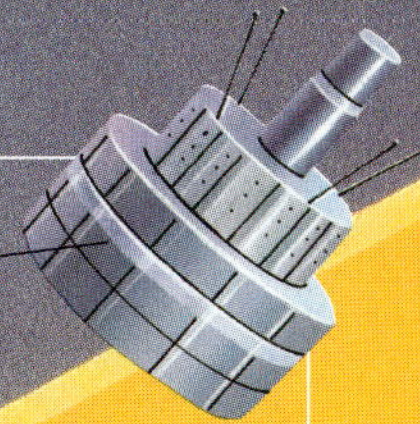

Satellit auf einer Umlaufbahn

Dies ist ein Spaceshuttle. Mit solchen Raumfähren können Experimente im Weltall durchgeführt werden.

Woraus Luft besteht

Dieses Bündel Luftballons zeigt die Mengen der verschiedenen Gase in der Atmosphäre. Die blauen Ballons stehen für Stickstoff, die roten für Sauerstoff und der weiße für die anderen Gase.

Dünne Luft

Je höher man hinaufsteigt, desto weniger Sauerstoff enthält die Luft. Deshalb tragen Bergsteiger ab einer bestimmten Höhe Sauerstoffmasken.

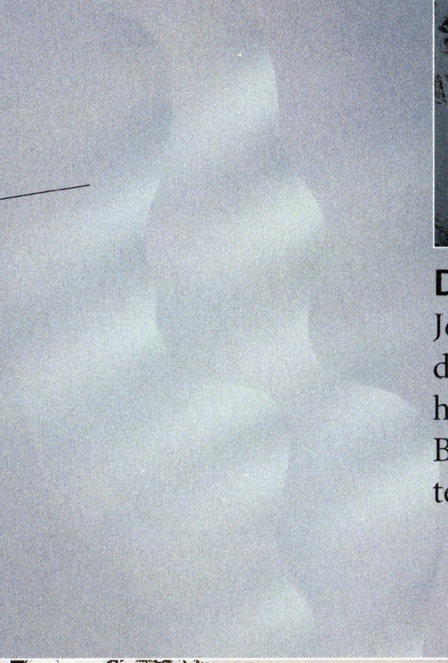

Polarlicht, auch Nordlicht genannt, sind flackernde, farbige Lichtbänder hoch oben in der Atmosphäre. Diese grünen, purpurroten und goldenen Lichterscheinungen sieht man am besten in Nordeuropa.

Die Thermosphäre ist eine Schicht aus sehr dünner Luft über der Mesosphäre. Sie befindet sich in 80 bis 480 Kilometern Höhe.

Atemluft

Die Luft, die wir atmen, können wir nicht sehen, aber sie ist lebenswichtig für uns. Ohne sie würden wir sterben. Luft besteht aus einem Gemisch von Gasen, das auch Sauerstoff enthält, der von Pflanzen und Bäumen abgegeben wird. Das Bild zeigt den tropischen Regenwald von Costa Rica.

Das Klima

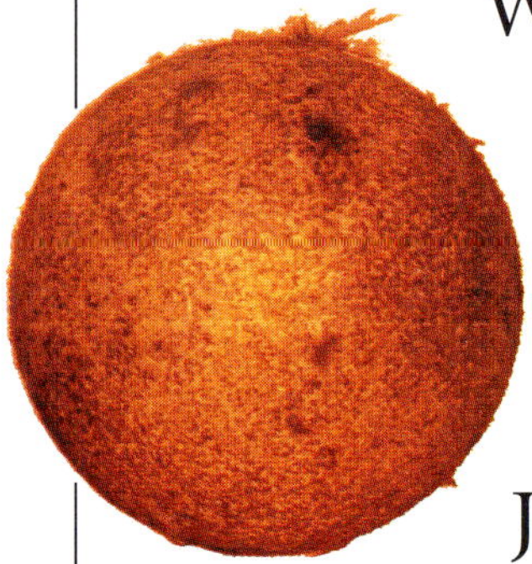

Wie ist das Wetter heute? Ist es kalt, heiß, neblig, windig, schneit es oder ist es gemischt? Bleibt das Wetter das ganze Jahr über fast gleich oder ändert es sich mit den Jahreszeiten? Das hängt davon ab, in welcher Gegend man lebt.

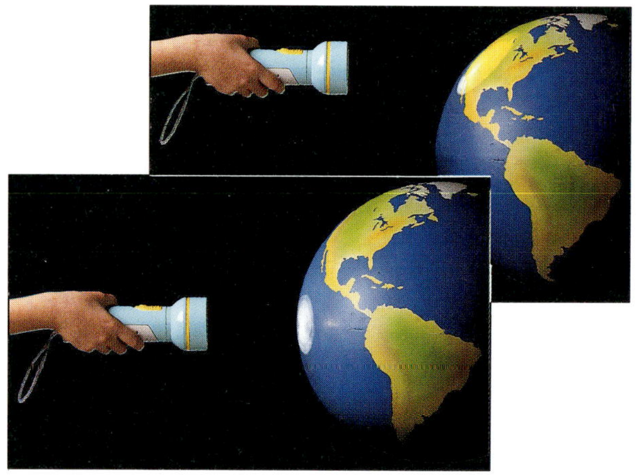

Heiß und kalt
Die Taschenlampe soll die Sonne sein. Wenn sie direkt auf die Mitte der Erde scheint, wird es dort heiß. Scheint sie ober- oder unterhalb, verteilt sich die Wärme, es wird dort also nicht so heiß.

Wie warm ist es?
An den Orten, die am Äquator liegen, ist es immer heiß. Wenn man sich vom Äquator nach Norden oder Süden entfernt, wird es immer kälter, bis man am Nord- oder am Südpol angelangt ist. Die farbigen Flächen zeigen an, welche Temperaturen in den verschiedenen Teilen der Welt herrschen.

- Immer heiß
- Heiß im Sommer, warm im Winter
- Heiß im Sommer, mild im Winter
- Warm im Sommer, kalt im Winter
- Kalt im Sommer, kalt im Winter
- Immer kalt

Der heißeste Ort
Im Death Valley in den USA wurden 1913 56,7 °C im Schatten gemessen.

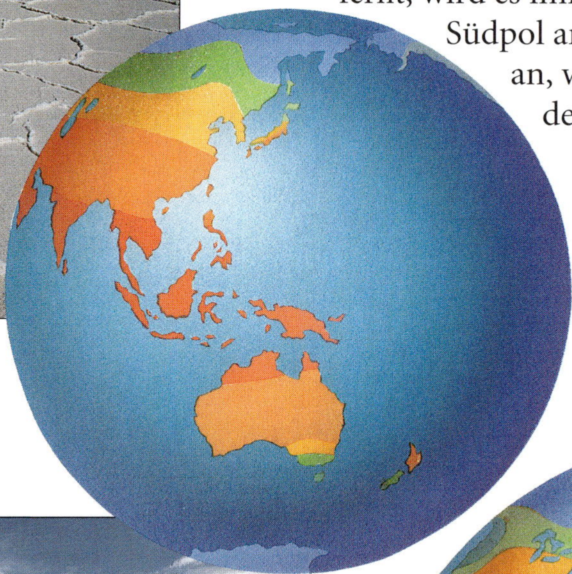

Der kälteste Ort
Am kältesten ist es in der Antarktis. Dort gibt es das ganze Jahr über Schnee und Eis.

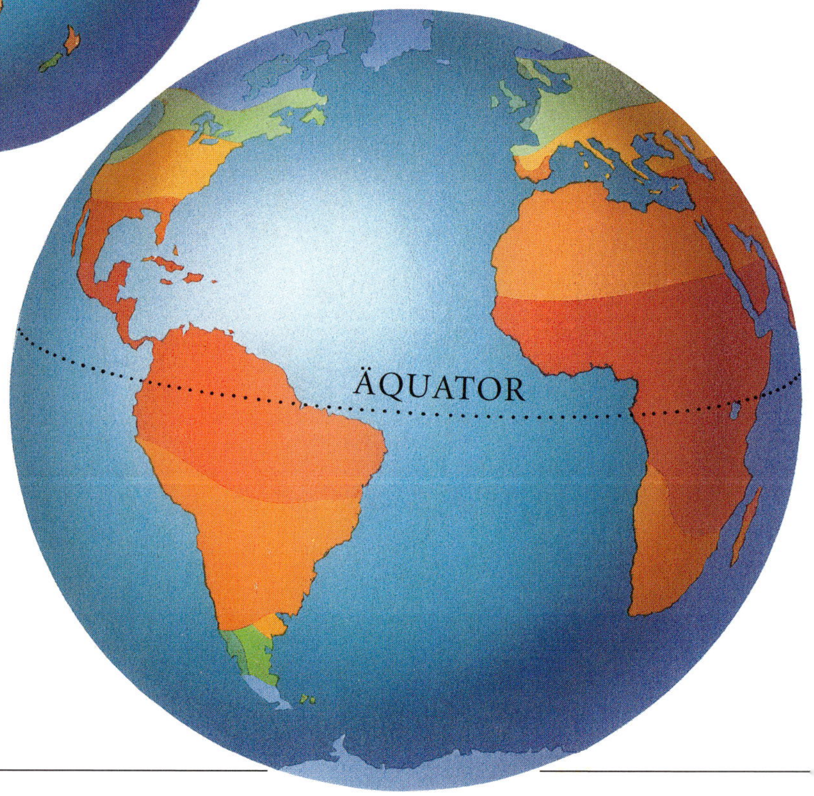

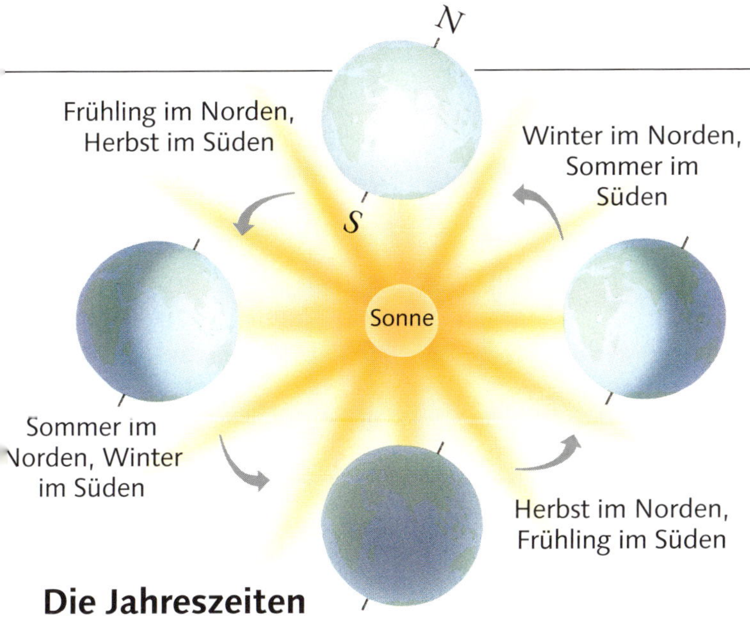

Die Jahreszeiten

Weil die Erdachse schräg ist, ändern sich die Jahreszeiten. Wenn die Erde um die Sonne wandert, ist im sonnennäheren Bereich Sommer, im entfernteren Winter.

Sehr trocken

Die Atacama-Wüste in Chile gilt als die trockenste Wüste der Welt. Hier fällt im Durchschnitt jährlich nur ein Millimeter Regen.

Wie feucht ist es?

Am feuchtesten ist es um den Äquator, wo es fast jeden Tag regnet. Im Allgemeinen fällt weniger Regen, je näher man dem Nord- oder Südpol kommt. Wenn man die Farben auf der Karte mit der Tabelle vergleicht, sieht man die feuchten und trockenen Gebiete.

- Heftiger Regen jeden Monat
- Leichter Regen jeden Monat
- Heftiger Regen je nach Jahreszeit
- Leichter Regen je nach Jahreszeit
- Kaum Regen
- Viel Schnee

Sehr feucht

Tutunedo in Kolumbien ist der feuchteste Ort der Welt. Hier fallen jährlich etwa 11 Meter Regen.

Droht eine Katastrophe?

Viele Experten glauben, dass das Klima wärmer wird. Wenn es sich nur etwas erwärmt und das Eis an den Polen zu schmelzen beginnt, werden tiefer liegende Gebiete überflutet.

Wolken

Wolken entstehen, wenn erwärmte Luft vom Boden aufsteigt und dabei Wasserdampf mit sich führt aus der Verdunstung von Wasser aus Meeren, Seen und Flüssen. Beim Aufsteigen kühlt sich die Luft ab und aus dem Wasserdampf entstehen feinste Wassertröpfchen und bilden Wolken. Wenn die Wassertropfen größer werden, fallen sie als Regen zu Boden.

Auf …
Damit Wolken entstehen können, muss die Luft warm und feucht sein.

auf …
Wenn die feuchte Luft von der Sonne erwärmt wird, steigt sie nach oben wie Seifenblasen.

und davon!
Hoch oben am Himmel ist es kalt. Die warme Luft kühlt sich ab. Sie wird zu einer Wolke aus winzigen Wassertropfen.

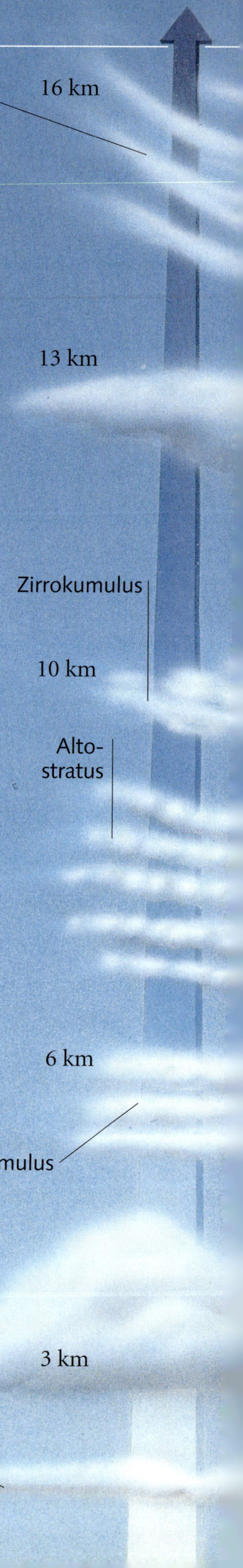

Kumulonimbus

Feucht …
Wenn Warmluft über Meere, Seen und Flüsse fließt, nimmt sie Wasser auf.

feuchter …
Die Warmluft nimmt aber auch Wasser aus Pflanzen und Bäumen an Land auf.

am feuchtesten!
Wenn die warme, feuchte Luft aufsteigt, etwa über Bergen, trifft sie auf Kaltluft. Es entsteht eine Wolke aus kleinen Wassertropfen, die sich dann zu Regentropfen verbinden.

Kumuluswolken bilden aufgequollene weiße Haufen. Sie befinden sich zwischen Zirrus- und Stratuswolken. Meistens bringen sie warmes, trockenes Wetter.

Stratuswolken sehen aus, als beständen sie aus Schichten. Sie hängen tief am Himmel und bringen feuchtes, manchmal stürmisches Wetter.

Vogel oder Flugzeug?
Dieses seltsame Gebilde sieht aus wie ein Raumschiff. Es ist aber eine Linsenwolke.

Blitz und Donner

Ein Blitzstrahl ist ein gigantischer Funken aus statischer Elektrizität. Es ist die gleiche Art von Elektrizität, die sich knisternd entlädt, wenn man mit dem Kamm durchs Haar fährt. Sie entsteht, wenn zwei Dinge aneinander reiben. Beim Blitz reiben in einer Wolke Eiskristalle und Wassertropfen aneinander. Dann kommt es in der Wolke zu Flächenblitzen, zwischen Wolken und Boden zu verästelten Linienblitzen. Dabei werden starke Schockwellen ausgesandt, die als Donner zu hören sind.

Statische Elektrizität
Wenn beim Ausziehen eines Pullovers Kopf und Pullover aneinander reiben, kann statische Elektrizität entstehen.

Wie der Blitz einschlägt
Ein Blitzstrahl besteht aus einer Reihe von Funken, die so schnell aufeinander folgen, dass sie wie ein einziger Strahl aussehen. Diese Funken bewegen sich innerhalb der Wolke oder zwischen Wolke und Boden hin und her.

Seltsame Erscheinung
Kugelblitze sehen aus wie Feuerbälle und können weiß, rot, gelb oder blau sein. Sie dringen durch Kamine in Gebäude ein und fahren unter der Tür wieder hinaus.

Blitzschlag
Linienblitze suchen sich den schnellsten und kürzesten Weg zum Boden. Daher sind Bäume, hohe Gebäude und Gebirge blitzschlaggefährdet.

Energiebündel
Mit der Energie eines Blitzstrahls könnte eine Kleinstadt ein Jahr lang versorgt werden.

Wind

Wind ist bewegte Luft. Man kann ihn zwar nicht sehen, ihn aber spüren und sehen, was er bewirkt. Wind kann als sanfte Brise auftreten oder als Hurrikan – auch Wirbelsturm genannt. Dann richtet er große Zerstörungen an.

Wirbelbildung

Wasser dreht sich beim Abfließen mit einem starken Wirbel und einem Loch in der Mitte. Das Gleiche geschieht bei einem Hurrikan, nur zieht er dabei nach oben.

Was in einem Hurrikan passiert

Woher weht der Wind?

Wetterhähne drehen sich so, dass ihr Kopf in die Richtung zeigt, aus der der Wind weht.

Warum der Wind weht

Winde entstehen durch aufsteigende oder absinkende Luft. Wird Luft von der Sonne erwärmt, steigt sie auf. Um die Warmluft zu ersetzen, wird kalte Luft angezogen. Wenn Luft kalt ist, ist sie schwer und sinkt ab. Sobald sie die Erdoberfläche erreicht, entweicht sie in Kurven nach außen.

Wie schnell ist der Wind?

Die Beaufort-Skala zeigt an, wie schnell und stark der Wind weht. Gemessen wird seine Wirkung auf Bäume und Häuser. Die Windstärke ist in Grade von 0 bis 12 eingeteilt.

Grad: 1–3, leichte Brise
Geschwindigkeit: 4–24 km/h

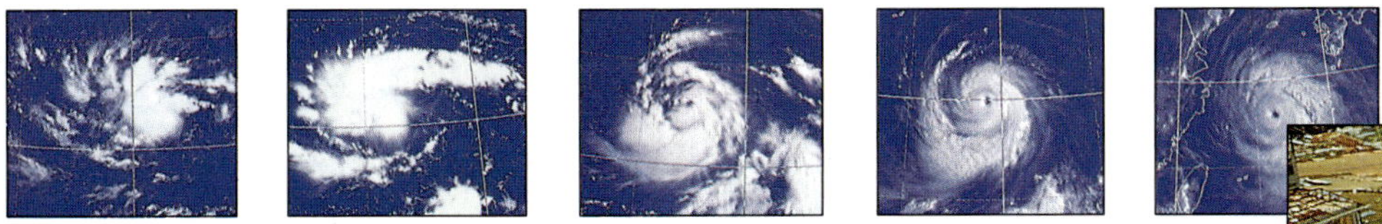

Sturmwarnung
Diese Satellitenfotos aus dem All zeigen, wie ein Wirbelsturm entsteht: Stürme finden sich über dem Meer zu einem großen, mächtigen Wirbel zusammen.

Niedergewalzt
Zerstörte Gebäude markieren den Weg eines Wirbelsturms, der über Darwin in Australien wütete.

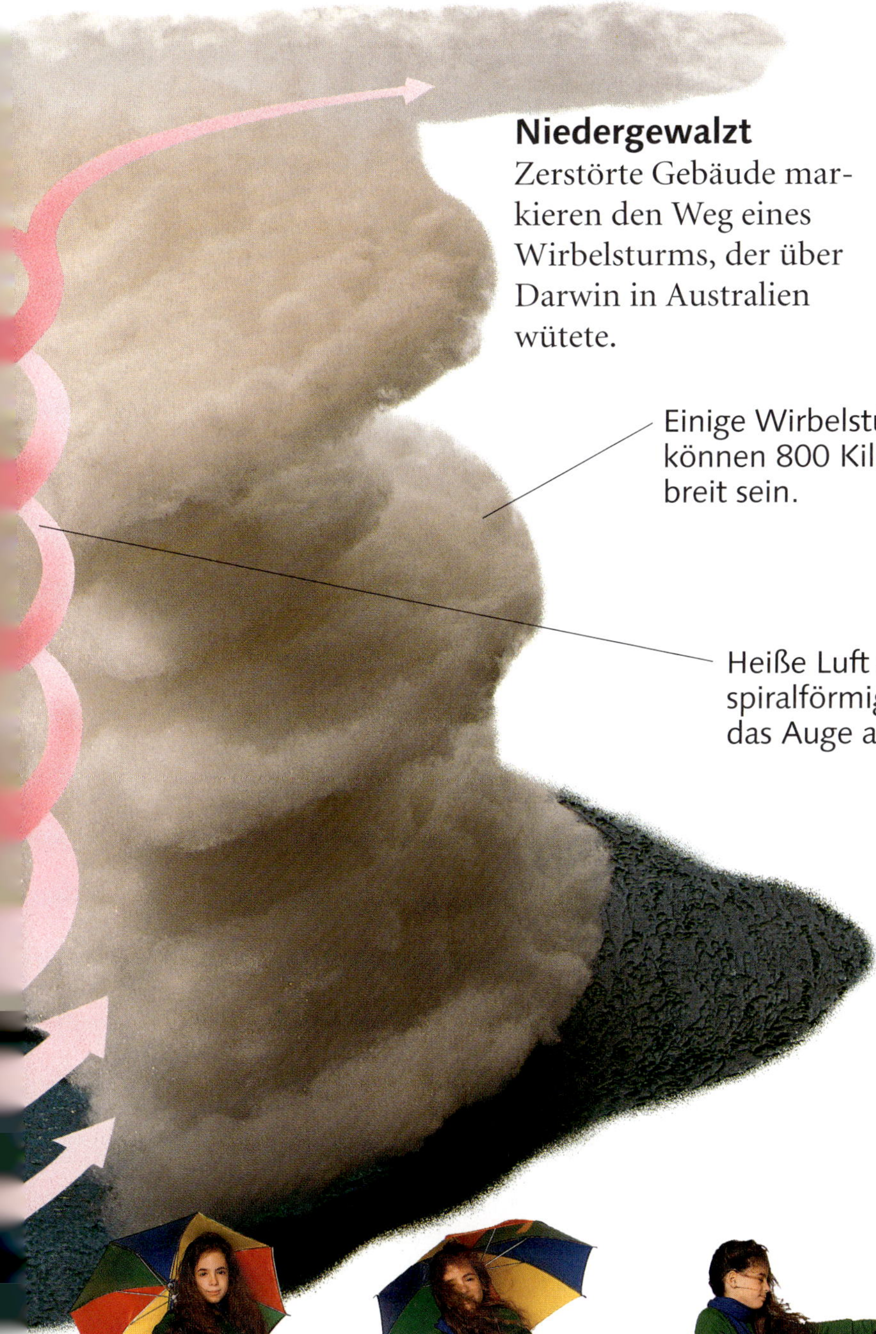

Zerstörerische Kräfte
Tornados oder Tromben sind wirbelnde Windtrichter, die Bäume, Autos und Gebäude wie ein riesiger Staubsauger in die Luft saugen und sie dann wieder zu Boden schmettern.

Grad: 4–5, frische Brise
Geschwindigkeit:
25–46 km/h

Grad: 6–7, starker Wind
Geschwindigkeit:
47–74 km/h

Grad: 8–9, Sturm
Geschwindigkeit:
75–110 km/h

Grad: 10–11, starker Sturm
Geschwindigkeit:
111–150 km/h

Grad: 12, Orkan
Geschwindigkeit:
über 150 km/h

Worterklärungen

Äquator Eine gedachte Linie um die Erdkugel.

Ästuar Eine bestimmte Art von Flussmündung.

Atmosphäre Eine Gashülle, die einen Planeten oder Mond umgibt.

Cuesta Eine Stufe aus hartem Gestein in der Wüste.

Delta Fächerförmig aufgeteilter Flusslauf an der Mündung, verursacht durch angeschwemmte Sedimente.

Düne Eine Sandanhäufung, die vom Wind zu einem Hügel aufgeweht wurde.

Erdbeben Plötzliche Bewegungen in der Erdkruste, die zu heftigen Erschütterungen führen.

Fossil oder Versteinerung Tier- oder Pflanzenreste, die in Gestein erhalten sind.

Galaxie Eine riesige „Sterneninsel" im Weltraum.

Gletscher Eine mächtige Eismasse, die sich sehr langsam bergab bewegt.

Globus Eine Nachbildung der Erde.

Herd Die Stelle in der Erde, von der ein Erdbeben ausgeht.

Hurrikan Ein Sturm, der sich über tropischen Meeren bildet.

Jahreszeiten Zeitabschnitte des Jahres mit einem bestimmten Klima.

Klima Das durchschnittliche Wetter in einem Gebiet.

Kontinent Eines der sieben großen Landgebiete auf der Erde.

Korallenriff Eine Ansammlung von Korallenskeletten und Kalkablagerungen im Meer.

Küstenlinie Die Stelle, an der Land und Meer aufeinander treffen.

Lava Rot glühendes, geschmolzenes Gestein, das beim Ausbruch eines Vulkans an die Erdoberfläche gelangt.

Magma Geschmolzenes Gestein tief in der Erde.

Mantel Die Schicht unter der Erdkruste.

Mercalli-Skala Eine 12-stufige Skala, die die Erschütterungsgrade der Erde bei einem Erdbeben anzeigt.

Mesa Großes, tafelartiges Gebiet in einer Wüste.

Mond Ein Himmelskörper, der sich um einen Planeten bewegt.

Planet Ein großer, runder Himmelskörper, der einen Stern umrundet.

Pyramide Hartes Wüstengestein, das zu einer Felszinne verwittert ist.

Restberg Ein kleiner, oben flacher Hügel in Wüsten.

Satellit Ein Mond oder ein anderes Objekt im Weltall, das einen Planeten oder Stern umrundet.

Schlucht Ein von einem Fluss erzeugtes tiefes und enges Tal.

Sediment Sand, Schlamm und Kies, die von Wind, Wasser oder Eis abgelagert worden sind.

Strömung Bewegung in eine bestimmte Richtung im Wasser von Meeren oder Flüssen.

Tornado Ein wirbelnder Windtrichter.

U-förmiges Tal Das von einem bergab wandernden Gletscher ausgeschabte Tal.

V-förmiges Tal Das von einem bergab fließenden Fluss ausgewaschene Tal.

Verwitterung Die allmähliche Zersetzung von Gesteinen durch Wind, Regen und Eis.

Vulkan Die Stelle, an der heißes, flüssiges Gestein und Gase durch die Erdkruste austreten.

Wolkenbruch Ein plötzlicher heftiger Regenguss.

Wüste Ein Gebiet, in dem jährlich weniger als 25 Zentimeter Regen fallen.

Pflanzen

Inhalt

Wo Pflanzen wachsen

Pflanzen gibt es auf der ganzen Welt, von der eisigen Arktis über Wüsten bis zu den feuchtheißen Tropen – überall dort, wo genug Licht, Luft und Wasser vorhanden ist. Ohne Pflanzen wäre unsere Welt wüst und öde. Pflanzen liefern uns Nahrung und viele andere nützliche Dinge wie Holz oder Baumwolle. Vor allem aber liefern sie uns und allen anderen Lebewesen den lebensnotwendigen Sauerstoff zum Atmen.

Olivenbäume wachsen im warmen Mittelmeerklima Südeuropas. Aus ihren Früchten wird Olivenöl gewonnen.

Grüner Mantel Üppige immergrüne tropische Regenwälder wachsen überall dort, wo es das ganze Jahr über heiß und feucht ist.

Kokospalmen wachsen nur dort, wo es das ganze Jahr über heiß und sonnig ist.

Erläuterungen

- Arktische Tundra
- Nadelwald (Taiga)
- Immergrüner tropischer Regenwald
- Immergrünes Buschland
- Steppe und Savanne
- Wüste und Halbwüste
- Sommergrüner Laubwald
- Regengrüner tropischer Wald
- Gebirge
- Eiswüste

Rotfichten
bilden große Nadelwälder in den Alpen und in Nordosteuropa, die im Winter tief verschneit sind.

Alpenbärentrauben
breiten sich wie ein dichter Teppich über dem Boden aus und entgehen so den eisigen arktischen Winden. Im Herbst färbt sich ihr Laub leuchtend purpurrot.

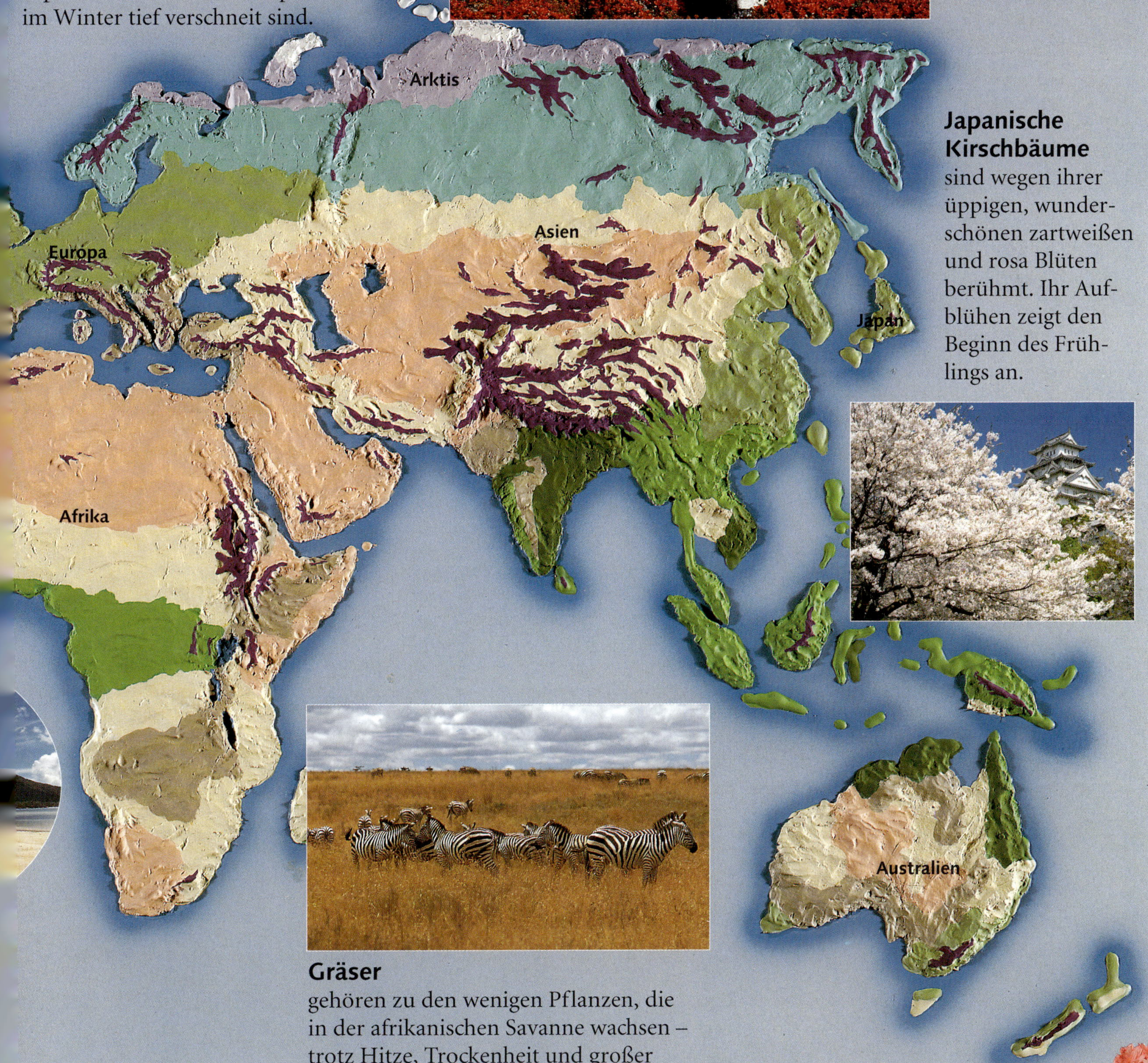

Japanische Kirschbäume
sind wegen ihrer üppigen, wunderschönen zartweißen und rosa Blüten berühmt. Ihr Aufblühen zeigt den Beginn des Frühlings an.

Gräser
gehören zu den wenigen Pflanzen, die in der afrikanischen Savanne wachsen – trotz Hitze, Trockenheit und großer Herden Gras fressender Tiere.

Was ist eine Pflanze?

Die Blätter nutzen das Sonnenlicht zur Herstellung von Nahrung (siehe Seite 167).

Ein Apfelbaum und ein Kaktus haben mehr gemeinsam, als es auf den ersten Blick scheint. Beide sind Pflanzen, und wie alle Pflanzen stellen sie die Nahrung, die sie zum Leben brauchen, selbst her. Dazu haben sie Blätter, Stämme und Wurzeln.

Mithilfe ihrer Blüten bilden sie Früchte mit Samen, aus denen viele neue Apfelbäume oder Kakteen heranwachsen können.

Untermieter
Manche Pflanzen brauchen keine Erde: Sie wachsen auf Bäumen, so wie dieser Geweihfarn, der sich mit flachen Wedeln an einen Ast klammert.

Kletterkünstler
Manche Pflanzen benutzen andere Pflanzen als Gerüst. Diese Passionsblume rankt sich um Baumstämme und Zweige und kann so hoch emporwachsen.

Äpfel mit Samen

Bäume haben einen Stamm mit einer verzweigten Krone.

Mithilfe der Blüten werden Samen für neue Pflanzen gebildet.

Biegsamer Stängel

Apfelbäume pflanzt man nicht wegen ihrer schönen Blüten an, sondern wegen der leckeren Äpfel. Doch ohne Blüten gäbe es auch keine Äpfel.

Farne sind die nächsten Verwandten der Blütenpflanzen. Genau wie diese haben sie Wurzeln, Stämme und Blätter, Wedel genannt, aber keine Blüten.

Pampasgras mit seinen schmalen Blättern und den federartigen Blütenständen ist eine beliebte Zierpflanze.

Fass mich nicht an!
Dieser Kaktus besitzt einen verzweigten Stamm. Doch wo sind seine Blätter? Sie sind zu spitzen Dornen umgewandelt, die ihn vor hungrigen Tieren schützen.

Unübersehbar sind die Blüten dieser Orchideenart. Wie viele andere Blütenpflanzen sind auch die Orchideen darauf angewiesen, dass Insekten ihre Blüten besuchen und sie dabei bestäuben. Leuchtende Farben und süße Düfte sind Signale, die viele Insekten anlocken.

Blütenlose Pflanzen

Die ersten Pflanzen, die vor über 300 Millionen Jahren das Land besiedelten, hatten keine Blüten. Sie vermehrten sich auch nicht durch Samen, sondern durch winzige Sporen. Auch heute gibt es noch Pflanzen, die keine Blüten bilden: Farne, Moose, Algen und Flechten.

Blätter

Blätter sind die Nahrungsproduzenten einer Pflanze. Aber Blätter haben noch andere Aufgaben: Sie sorgen durch Verdunstung von Wasser für Kühlung und schützen die Knospen, aus denen im Frühjahr neue Triebe wachsen, vor Kälte und Austrocknung. An manchen Blättern kann man erkennen, in welchem Klima eine Pflanze wächst.

Wetterfest
Kiefern haben tausende von schmalen, harten, mit einer wasserundurchlässigen Wachsschicht überzogenen Nadelblättern. Diese Nadeln widerstehen austrocknendem Wind, Hitze und Kälte.

Wasserspeicher
Agaven wachsen in Gebieten, in denen es oft monatelang nicht regnet. Ihre dicken Blätter können sehr viel Wasser speichern.

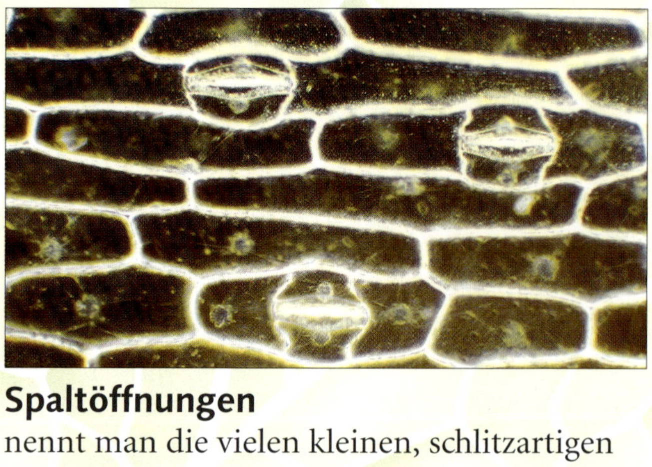

Spaltöffnungen
nennt man die vielen kleinen, schlitzartigen Blattporen. Die Pflanze kann sie öffnen und schließen. Durch offene Spaltöffnungen kann Luft in das Blatt hinein und Wasserdampf heraus. Geschlossen lassen sie weder Wasser noch Luft hindurch.

Vielfältige Blattformen

Japanischer Ahorn

Himalajabirke

Feige

Akazie

Strauch-Rosskastanie

Eingewachst

Im tropischen Regenwald ist es heiß und feucht. Die Blätter des Fensterblatts sind mit einer Wachsschicht überzogen, von der das Wasser abperlt.

Das Fensterblatt wächst im Schatten von Bäumen, von denen ständig Wasser tropft.

Stachelkleid

Pflanzen können vor hungrigen Tieren nicht weglaufen und schützen sich daher durch Stacheln: Die Stechpalme wird nicht gefressen!

Harte, wachsbeschichtete Blätter sind ein guter Schutz gegen Wind und Wetter.

Schattenliebhaber

Der Frauenhaarfarn gedeiht an schattigen, feuchten Plätzen, wo seine zarten Blätter vor der sengenden Sonne geschützt sind.

Wassernotstandsmelder

Blätter können zwar nicht sprechen, dennoch teilen sie uns manches mit. Die Blätter dieses Alpenveilchens hängen schlaff herab. Die Erde im Topf ist trocken und die Mitteilung heißt natürlich: Gebt mir Wasser!

Schwitzen Pflanzen?

Blätter geben ständig Wasserdampf an die Luft ab. Diesen Vorgang, Verdunstung genannt, kann man sichtbar machen, indem man einer Pflanze einen durchsichtigen Plastikbeutel luftdicht überstülpt. Nach einer Weile bilden sich dann Wassertropfen an der Innenwand des Beutels. Mithilfe der Spaltöffnungen (s. linke Seite) kann die Pflanze die Verdunstung regulieren.

Wovon Pflanzen leben

Ein hungriges Tier kann auf Futtersuche umherstreifen – eine Pflanze kann das natürlich nicht. Sie muss es auch nicht, denn sie ist in der Lage, in ihren Blättern ihre Nahrung selbst zu erzeugen. Der Vorgang, bei dem dies geschieht, heißt Fotosynthese, und alles was die Pflanze dazu braucht, ist Sonnenlicht, Wasser aus dem Boden und Kohlendioxid, das in der Luft vorhanden ist.

Lichthungrig
Diese Palmen wachsen im Schatten höherer Bäume. Mit ihren fächerartig ausgebreiteten Blättern nehmen sie so viel Licht wie nur möglich auf.

Die Blätter aller Pflanzen enthalten einen besonderen Farbstoff, das Chlorophyll, das ihnen ihre grüne Farbe verleiht.

Mit ihren Wurzeln nehmen die Pflanzen Wasser aus dem Boden auf, das dann durch den Stamm zu den Blättern geleitet wird.

Bunte Blätter
Alle Blätter enthalten das grüne Chlorophyll. Bei manchen Blättern wird das Grün aber durch andere, kräftigere Farben überdeckt.

Die Blätter nehmen das Sonnenlicht auf.

Ein Teil der zuckerhaltigen Nahrung wird in den Blättern gespeichert.

Kohlendioxid dringt durch die Spaltöffnungen in die Blätter ein.

Bei der Fotosynthese entsteht auch Sauerstoff, der in die Luft abgegeben wird. Für Pflanzen eine Art Abfall – aber für Menschen und Tiere ein lebensnotwendiger Stoff!

Ein Teil der hergestellten Nahrung wird als süßer Saft von den Blättern in Stamm und Wurzeln geleitet. Er dient der Pflanze zum Wachsen und als Vorrat in schlechten Zeiten, etwa im Winter.

Ruhezeit

Nachts schließen die Pflanzen ihre Spaltöffnungen und sparen dadurch Wasser, denn im Dunkeln können sie keine Nahrung herstellen.

Fotosynthese

Sonnenlicht wird vom Chlorophyll eingefangen und liefert dabei den Pflanzen die notwendige Energie, um Wasser und Kohlendioxid in nahrhaften Zucker und Sauerstoff umzuwandeln.

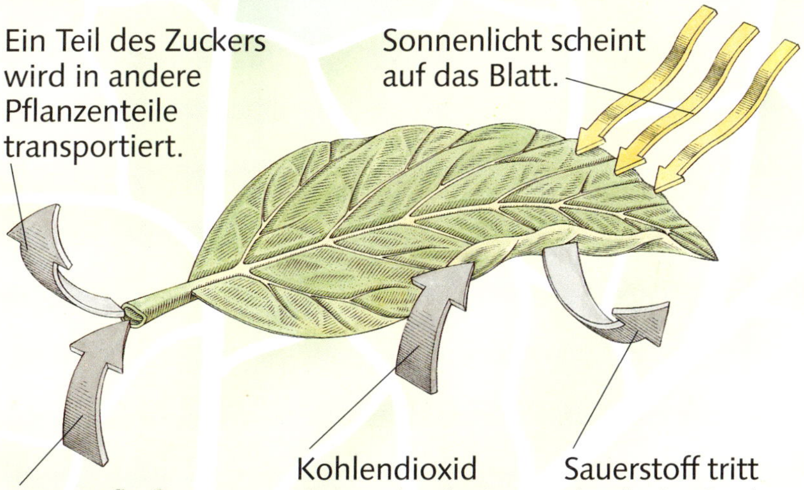

Ein Teil des Zuckers wird in andere Pflanzenteile transportiert.

Sonnenlicht scheint auf das Blatt.

Wasser fließt durch den Stiel ins Blatt.

Kohlendioxid dringt durch die Spaltöffnungen ein.

Sauerstoff tritt durch die Spaltöffnungen aus.

Baum im sommerlichen Blätterkleid

Kahler Baum im Winter

Überwintern

Für alle Pflanzen ist der Winter eine Ruhezeit, in der viele Bäume und Sträucher ihre Blätter abwerfen. Im Winter sind die Tage kurz und oft gefriert das Wasser im Boden und in der Pflanze. Daher können Pflanzen in dieser Jahreszeit nur wenig Nahrung bilden und kaum wachsen.

Fleisch fressende Pflanzen

Kaum zu glauben – die Pflanzen auf diesen Seiten sind Fleischfresser! Ihre Blätter sind zu raffinierten Fallen geworden. Einmal angelockt von deren Aussehen oder Duft, gibt es für die ahnungslosen Opfer, meist Insekten, kein Entrinnen mehr. Sie enden als nahrhafte Mahlzeit für die Pflanze.

Jähes Ende
Angelockt vom süßen Nektar einer Kannenpflanze, rutschen Insekten vom spiegelglatten Rand der Kanne in den Verdauungssaft. Dort werden sie langsam zu einer nahrhaften Brühe zersetzt.

Kannenpflanzen leben vor allem als Kletterpflanzen in den Bergregenwäldern Südostasiens.

Die Venusfliegenfalle ist eine der seltsamsten Pflanzen der Welt. Sie schnappt zu, wenn ein Insekt auf ihr landet!

Nahrungsergänzung
Fleisch fressende Pflanzen wachsen wie diese Darlingtonie meist in Sümpfen, aber auch in feuchtem Sand oder hoch oben in Bäumen. Weil dort lebenswichtige Nährsalze knapp sind, dienen Tiere als wertvolle Quelle genau dieser Stoffe.

Auf den Leim gegangen

Auch die glänzenden Blätter des Fettkrauts sind eine tödliche Klebefalle. Darauf landende Insekten haben keine Chance. Alles Zappeln nützt nichts, die Blattränder rollen sich ein und das Fettkraut beginnt sein Mahl.

Lebensgefährlich!

Die Blätter des Sonnentaus scheinen von süßem Nektar zu glänzen, doch Insekten, die darauf hereinfallen, begehen einen tödlichen Fehler. Sie verfangen sich in klebrigen Haaren, aus denen sie sich nicht mehr befreien können, und werden dann verdaut.

Stämme und Stängel

Auch wenn der Stamm oder der Stängel einer Pflanze meist nicht ganz gerade wächst, erfüllt er doch ähnliche Aufgaben wie unser Rückgrat. Er dient als Stütze des Körpers und als Achse, an dem alle anderen Teile ansetzen. Der Stamm oder Stängel einer Pflanze, aus dem ihre Wurzeln, Blätter und Blüten sprießen, heißt deshalb auch Sprossachse.

Gewusst wo!
Diese Blattlaus bohrt einen Pflanzenstängel ganz genau dort an, wo sie auf nahrhaften Pflanzensaft in Hülle und Fülle trifft.

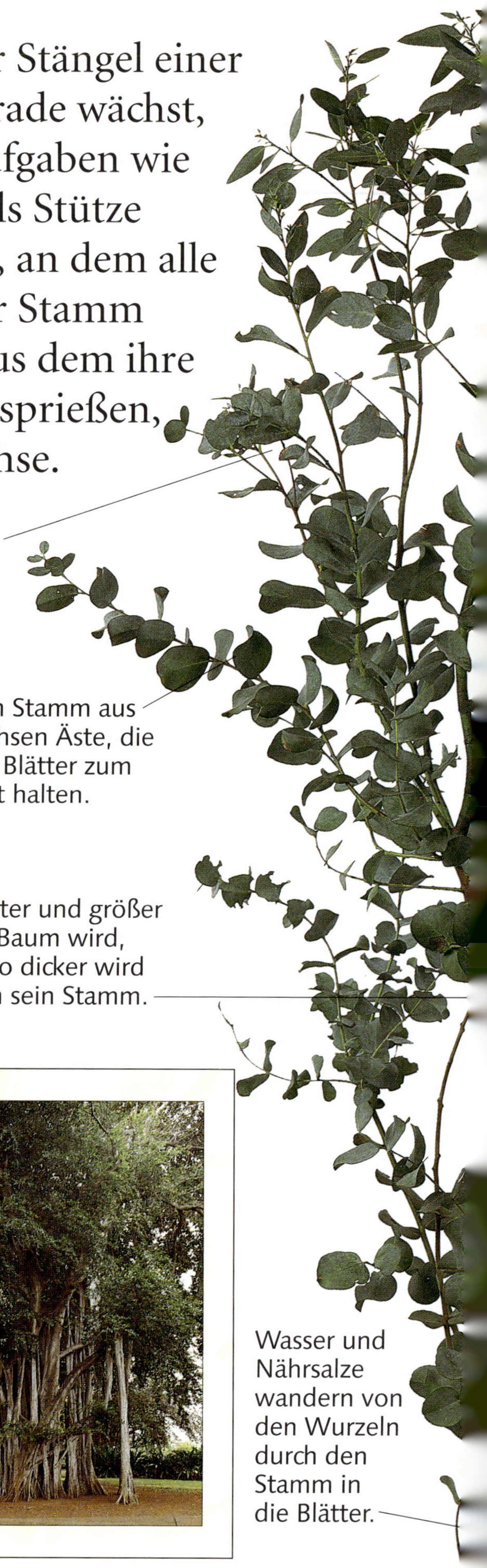

Dieser junge Eukalyptusbaum ist etwa zwei Jahre alt.

Vom Stamm aus wachsen Äste, die ihre Blätter zum Licht halten.

Je älter und größer der Baum wird, umso dicker wird auch sein Stamm.

Wasser und Nährsalze wandern von den Wurzeln durch den Stamm in die Blätter.

Sonnenanbeterinnen
Die Stängel der Sonnenblumen drehen sich so, dass ihre Blüten immer zur Sonne gerichtet sind. Auf diese Weise bekommen die Blüten besonders viel Sonnenwärme und desto besser reifen die Samen.

Kletterpflanzen
Viele Pflanzen sparen sich die Mühe, selbst einen festen Stängel zu bilden. Stattdessen halten sie sich mit Ranken an anderen Pflanzen fest und wachsen so rasch dem Sonnenlicht entgegen.

Ein ganzer Wald aus einem Baum!
Von den Ästen des Banyanfeigenbaums baumeln Luftwurzeln bis zum Boden. Fassen sie dort Fuß, bilden sie neue Stämme, die wiederum Luftwurzeln bilden. Ein einzelner Baum in Kalkutta besteht aus 1000 solcher Stämme.

So geht's auch!

Kürbispflanzen ranken am Boden entlang. So müssen sie die Last ihrer mehrere Kilogramm schweren Früchte nicht mit ihren dünnen Stängeln tragen.

Baumgras

Bambuspflanzen sind Gräser mit dicken, harten Stielen, Rohre genannt. In manchen Gebieten der Welt bilden sie fast 10 Meter hohe, undurchdringliche Dickichte.

Das Innere eines Bambusrohrs ist hohl.

Die Äste sind noch dünn und biegsam.

In den Blättern wird Nahrung in Form von Zucker hergestellt und bis in die Wurzeln transportiert.

Finger weg!

Eine Distel zu berühren oder gar davon abzubeißen kann sehr wehtun. Ein Tier, das es trotzdem probiert, wird es kein zweites Mal wagen.

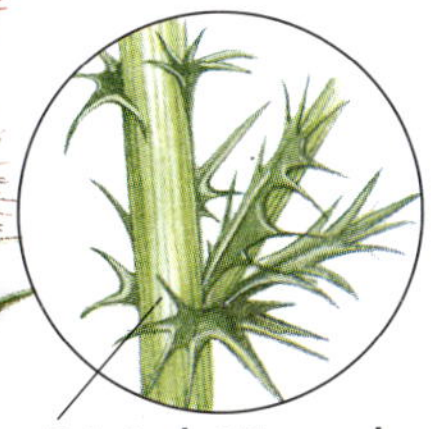

Distelstängel in Nahaufnahme

Wassertürme

Afrikanische Affenbrotbäume oder Baobabs haben ein besonderes Überlebenssystem. In der Regenzeit speichern ihre Stämme so viel Wasser, dass sie sichtbar anschwellen. Mit diesem Wasservorrat überstehen sie die Trockenzeiten.

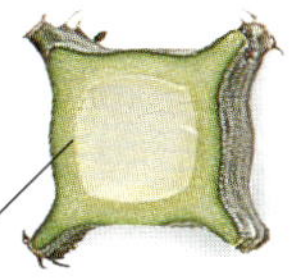

Stammquerschnitt

Wüstenpflanzen

wie diese Kakteen speichern in ihren dicken Stämmen Wasser. Dornen oder Gift verleiden durstigen Tieren diese „Quelle“.

Wurzeln

Wurzeln sind für die Pflanze genauso wichtig wie Blätter und Stängel. Ständig auf der Suche nach Wasser und Nährsalzen, wachsen sie immer weiter und tiefer und verankern dabei die Pflanze fest im Boden. Ein großer Baum braucht viele kräftige Wurzeln, damit er nicht umfällt.

Zwischen den Bodenkrümeln befindet sich immer etwas Luft. Ohne Luft würden die Wurzeln faulen und absterben.

Wurzeln zwängen sich selbst in feinste Spalten.

Regenwürmer belüften durch ihre Wühlarbeit den Boden.

Lange Seitenwurzeln geben wie ein immer größer werdender Teller der wachsenden Baumkrone stets festen Stand.

Atemknie

Sumpfzypressen wachsen im Sumpf, wo der Sauerstoff knapp ist. Seltsame Knubbel, Atemknie genannt, wachsen aus ihren Wurzeln nach oben. Vielleicht gelangt durch sie wirklich frische Luft in die Wurzeln.

Nicht zu bremsen

Hier haben Wurzeln die Kanalisation angezapft, in der sie Wasser finden. Nun wachsen sie kräftig und heben sogar den Gehwegbelag an.

Wurzelloses Wunder

Baumbärten gleich hängt das Louisiana-Moos von den Ästen. Es kommt ohne Wurzeln aus, denn seine fadenartigen Blätter entnehmen mit feinen Saugschuppen alles Wasser dem Tau und dem häufigen Regen in seiner Heimat, den subtropischen Wäldern.

Gebirgspflanzen

wie diese Enzianart wachsen oft an Steilwänden, wo sie vor austrocknenden und eisigen Winden Schutz finden. Mit ihren Würzelchen klammern sie sich selbst in feinsten Felsspalten fest.

Die meisten Wurzeln wachsen in den oberen 30 Zentimetern des Bodens. Hier finden sie alle die Nährsalze, die eine Pflanze zum Leben braucht.

An den Wurzelspitzen wachsen feinste Wurzelhaare, die Wasser und Nährsalze aus dem Boden aufnehmen.

Ersatzboden

Pflanzen brauchen zwar Wasser und Nährsalze, um zu gedeihen, doch müssen diese nicht unbedingt aus dem Boden stammen. Heute werden viele Pflanzen, vor allem Gemüse, auf künstlichem Untergrund gezogen, wobei die Wurzeln in Wasser mit Nährsalzen stehen.

Blüten

Hibiskus

Wenn man Blüten betrachtet, fällt die große Vielfalt von Farben, Formen und Größen auf. Manche Pflanzen haben nur eine Blüte, andere so viele, dass man sie unmöglich zählen kann. Doch so verschieden sie auch aussehen, sie haben wesentliche Teile gemeinsam. Das liegt daran, dass alle demselben Zweck dienen: nämlich Samen zu bilden, aus denen neue Pflanzen heranwachsen können.

Start ins Leben
Der Vorgang, bei dem neue Pflanzensamen entstehen, heißt Fortpflanzung. Die männlichen und weiblichen Teile in der Mitte dieser Lilienblüte sind ihre Fortpflanzungsorgane.

Jeder männliche Staubbeutel bildet eine Unmenge von Pollen.

Auf der weiblichen Narbe lassen die Insekten Pollen zurück.

Lilie

Falsche Blüte
Was beim Weihnachtsstern wie große, rote Blüten aussieht, sind nur besondere Blätter, Hochblätter genannt. Die Blüten selbst sind winzig klein und sitzen auf den grünen Stängelenden in der Mitte.

Großes Finale
Nicht alle Pflanzen blühen jedes Jahr, doch wohl keine lässt sich so viel Zeit wie die südamerikanische Puya raimondii, von den Indios „ahuarancu" genannt. Erst nach 150 Jahren erhebt sich aus der Rosette stacheliger Blätter ein meterhoher Blütenstand. Dann bildet die Pflanze Samen und stirbt ab.

Prachtvolle Magnolien

Vielleicht haben die letzten Dinosaurier Magnolien ähnlich dieser hier verzehrt. Magnolienbäume gehören zu den ältesten Blütenpflanzenarten der Erde. Es gibt sie schon seit über 100 Millionen Jahren.

Die Blütenblätter sind leuchtend gefärbt und tragen eine auffällige Zeichnung, die Insekten anlockt.

Ist das eine Blüte?

Blüten tropischer Orchideen erinnern oft mehr an ein seltsames Tier als an eine Blüte.

Die spinnenähnlichen Blüten dieser Orchidee werden bis zu 60 cm lang.

Blütenvielfalt

Alle diese Blüten haben zwar denselben Grundbauplan, doch sind sie an jeder Pflanze ganz verschieden angeordnet.

Glockenförmige, hängende Blüten

Schachblume

Jeder „Strahl" ist eine einzelne Blüte.

Zierlauch

Hunderte kleiner Blüten wachsen an einer Kerze.

Königskerze

Unzählige kleine Einzelblüten wirken wie eine große Blüte.

Gerbera

Blütenblätter einer einzelnen Mohnblüte

Klatschmohn

Jedes dieser kleinen, gelben Köpfchen enthält zahlreiche Einzelblüten.

Schafgarbe

Blüten und ihre Bestäuber

Ohne fremde Hilfe können die meisten Pflanzen keinen Samen ansetzen. Pollen (Blütenstaub) muss vom männlichen Staubbeutel einer Blüte zur weiblichen Narbe einer anderen befördert werden, damit dort Eizellen befruchtet werden können. Weil eine Pflanze dies nicht selbst tun kann, bilden ihre Blüten einen süßen Nektar, der Tiere anzieht. Beim Nektarfressen bleiben Pollen am Körper des Tieres haften. Besucht es dann eine andere Blüte, lässt es dort Pollen zurück und nimmt gleich wieder neuen auf, den es dann weiterträgt.

Honigschlecker
Jedes Mal, wenn der australische Honigbeutler Nektar schleckt, bleibt Pollen an seinem Fell haften.

Diese Biene nimmt ein ausgiebiges Pollenbad.

Fleißige Bienen
fliegen unermüdlich von Blüte zu Blüte und sammeln Nektar. Dabei werden sie jedes Mal mit Pollen bepudert.

Keine Fliege – eine Blüte!

Raffiniert
Die Blüte der Fliegenragwurz sieht aus wie ein Fliegenweibchen. Männliche Fliegen tragen Pollen dieser seltsamen Orchidee mit sich, nachdem sie zur „Paarung“ landeten.

Pollen aus den Staubbeuteln bleibt am Körper des Schmetterlings kleben.

Nektarsucher
Leuchtend gefärbte Blüten ziehen Nektar suchende Schmetterlinge an.

Pollenregen
Männliche Blütenkätzchen wie die der Hasel baumeln im Wind. Sie enthalten eine Unmenge Pollen, von denen der Wind immer einige auf die Narben weiblicher Blüten trägt.

Nektarröhre

Taucht der Kolibri auf der Suche nach Nektar seinen langen, dünnen Schnabel tief in die Blüte, bleibt an seinem Körper etwas Pollen hängen.

Im Verborgenen

Kaum ein Insekt findet die Blüten der Feigen. Sie wachsen nämlich im Inneren der Feige! Dennoch werden sie befruchtet: von Feigenwespen, die in der Feige selber wohnen. Bilden die Feigen Pollen, ziehen einige Wespen in andere Feigen um und nehmen dabei Pollen mit.

Tropische Schönheit

Die Strelitzie oder Paradiesvogelblume aus Afrika wird vor allem von Vögeln, aber auch von Fledermäusen bestäubt.

Aus Blüten werden Früchte

Nach der Befruchtung können die Blüten Früchte bilden, in denen Samen heranreifen. Wie bei den Blüten findet man auch bei den Früchten eine erstaunliche Formen- und Größenvielfalt. Kastanienbäume tragen Kastanien, der Löwenzahn hat Früchte mit kleinen Fallschirmen und auf Pflaumenbäumen reifen Pflaumen heran. Manche Samen sind so leicht, dass sie vom Wind verweht werden, andere wieder so gut gepanzert, dass sie von Tieren unbeschadet gefressen und wieder ausgeschieden werden können.

Von der Rosenblüte zur Hagebutte
Der feine, Nektar versprechende Duft der Rose zieht Bienen an.

1. Unter den Blütenblättern erkennt man den Blütenbecher. Er bildet bei der Rose den Hauptteil der Frucht.

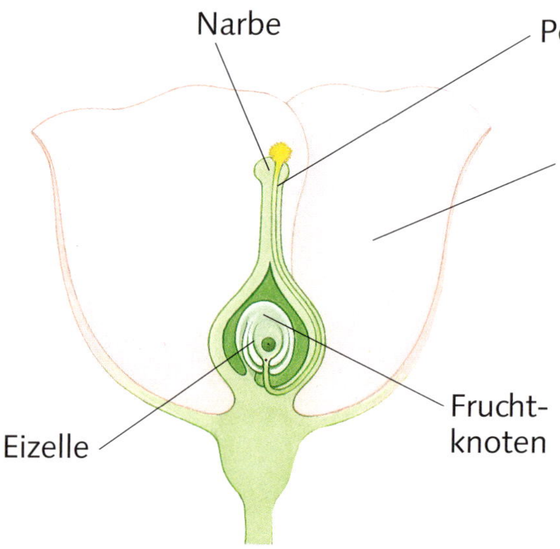

Befruchtung
Ist die Narbe mit Pollen bestäubt, kann die Befruchtung vor sich gehen. Jedes winzige Pollenkorn bildet einen Pollenschlauch, der von der Narbe durch den Griffel bis hinunter zum Fruchtknoten wächst. Hier verschmilzt eine der männlichen Zellen eines Pollenschlauchs mit der Eizelle und ein Samen entsteht.

Auf und davon
Fallen die Samen gleich neben der Mutterpflanze auf den Boden, so haben es die jungen Pflanzen schwer, in deren Schatten hochzukommen. Doch raffinierte Vorrichtungen sorgen dafür, dass die Samen vom Wind oder von Tieren davongetragen werden und anderswo Platz zum Wachsen finden. Manche Pflanzen haben sogar Früchte, die regelrecht explodieren, wenn sie reif sind, und dabei die Samen in die Luft schleudern.

Mohnsamen werden vom Wind verbreitet.

Die Hülsen der Wicke platzen auf, wenn sie trocken sind.

2. Die Blüte ist befruchtet, die Blütenblätter fallen ab. Sie werden nicht mehr benötigt, weil keine Insekten mehr angelockt werden müssen.

3. Der Blütenbecher schwillt an und beginnt sich zu röten. Im Inneren wachsen die Samen heran.

4. Aus dem Blütenbecher ist eine Frucht entstanden, die Hagebutte. Sie birgt die reifen Samen.

Kiefernzapfen halten ihre Samen lange unter Verschluss: Drei Jahre dauert es, bis die Samen herangereift sind. Dann öffnet sich der Zapfen an einem warmen, schönen Tag und der Wind trägt die Samen davon.

5. Das leuchtende Rot der Hagebutte lockt hungrige Vögel an.

6. Frisst ein Vogel die Hagebutte, werden die kleinen Samen mit dem Kot wieder ausgeschieden.

Die stacheligen Kletten verhaken sich im Fell von Tieren.

Erdbeeren werden von Vögeln und Mäusen verspeist.

Früchte

Danke für die Mahlzeit!

Der prächtig glänzende Quetzal verzehrt in den Regenwäldern seiner Heimat Südamerika viele wilde Avocados. Dafür verbreitet er mit seinem Kot die Avocadosamen, und neue Bäume können an vielen Stellen im Wald heranwachsen.

Aus Samen werden Pflanzen

Nun ruht der Samen in der Erde, bis die Zeit für ihn gekommen ist und er zum Leben erwacht. Sobald sich der Boden erwärmt und feucht genug ist, nimmt der Samen Feuchtigkeit auf. Er quillt und sprengt die Samenschale. Dann beginnt die Keimung und der Keimling streckt seine Wurzeln, Stängel und Blätter aus und strebt dem Licht entgegen.

Mauerblümchen
Manche Samen geraten an ungewöhnliche Plätze – und gedeihen dort!

Die Blätter entfalten sich fächerartig.

Erdnüsse

Erdnusspflanze

Kaffeestrauch

Kaffeebohnen

Diese Samen und Früchte kennst du sicher. Doch wie sehen die Pflanzen aus?

Stieleiche

Eicheln

Zitronenbaum

Zitronenkerne

Die Wurzeln wachsen durch die Schale der Kokosnuss nach unten.

Eierschalen

Kressesamen

Feuchte Watte

„Eiersalat"

Kressesamen keimen besonders schnell. Lege in Eierschalenhälften feuchte Watte und streue ein paar Samen darauf. Schau jeden Tag nach und halte die Watte stets feucht. Nach etwa zehn Tagen kann der selbst gezogene, gesunde Salat gegessen werden.

Strandgut

Kokosnüsse schwimmen manchmal lange im Meer, bis sie endlich an die Küste gespült werden. Im heißen Sand beginnen sie zu keimen und zu wachsen.

Manche mögen's heiß

Manche Samen müssen regelrecht durchs Feuer gehen, damit sie keimen. Im ausgedorrten Busch Australiens wüten zuweilen heftige Feuer. Doch durch sie werden die Samen dieser Akazie erst zum Leben erweckt.

Die Blattstiele umhüllen den ganzen Stamm.

Kokosnüsse enthalten Kokosmilch, von der sich der Keimling eine Zeit lang ernähren kann.

Im Inneren der Bohne kann man schon die Keimwurzel erkennen.

Ein erstes Lebenszeichen: Die Keimwurzel durchstößt die Samenschale.

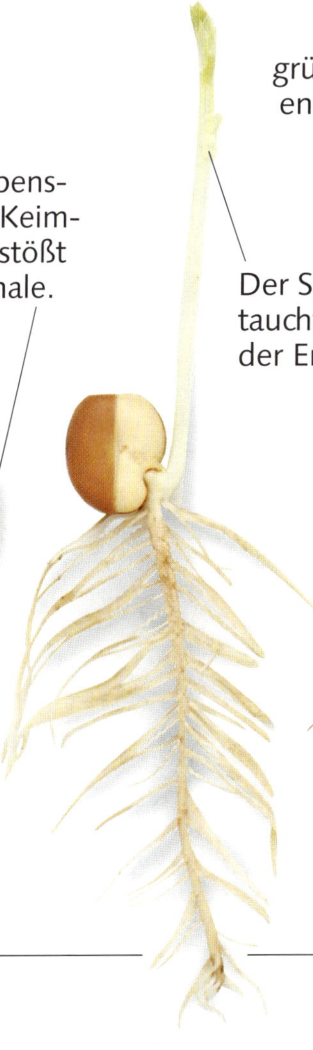

Der Stängel taucht aus der Erde auf.

Die ersten grünen Blätter entfalten sich.

Keimung

Erwärmt sich der Boden im Frühjahr, keimt diese Ackerbohne und beginnt zu wachsen.

Vermehrung ohne Samen

Huckepackpflanze

Nicht alle Blütenpflanzen sind darauf angewiesen, sich mithilfe von Samen zu vermehren. Manche können aus ihren Wurzeln, Stängeln oder Blättern jederzeit neue Pflanzen bilden. Eine praktische Methode, denn so kann sich eine Pflanze schnell ausbreiten, ohne auf die Hilfe von Tieren angewiesen zu sein. Bekannteste Beispiele hierfür sind die Erdbeeren und die Kartoffeln.

Sprösslinge
Während diese Urnenpflanze blüht, wachsen an der Basis bereits Sprösslinge heran. Allmählich verdorrt die Mutterpflanze, doch die jungen Pflanzen bleiben mit ihr verbunden. Ist die Mutterpflanze dann ganz abgestorben, sind die Sprösslinge bereit, ihren Platz einzunehmen.

Wunderknolle
Die Süßkartoffel, auch Batate genannt, bildet eine verdickte Wurzel, eine Wurzelknolle. Würden wir diese nahrhafte Knolle nicht ausgraben, würden daraus Triebe mit Blättern wachsen, die wiederum neue Knollen bilden.

Ingwerwurzeln
sind verzweigte, unterirdische Sprosse, Rhizome genannt, die waagerecht wachsen. Ihre Spitzen bilden immer neue, senkrechte Triebe mit Blättern.

Dicht an dicht

Die Hauswurz wächst in Gruppen, die stacheligen Kissen nicht unähnlich sehen. Eine Pflanze bildet um sich herum kleine Tochterpflanzen. Diese bilden wieder neue Pflänzchen und so weiter …

Kopfüber

Papyrus wächst in sumpfigen Gebieten in Wassernähe. Seine Stängel neigen sich nach unten, bis deren Blattschopf den sumpfigen Boden berührt. Dann wurzeln sie, der alte Stängel stirbt ab und neue Pflanzen wachsen empor.

Osterglocken

vermehren sich unterirdisch, indem ihre Zwiebeln neue Zwiebeln bilden. Wenn diese groß genug geworden sind und blühen, findet man dort, wo erst nur eine Osterglocke stand, plötzlich mehrere.

Blatt um Blatt

Dieses Dickblattgewächs wächst in Trockengebieten. Seine Blätter speichern Wasser. Fallen die Blätter ab, schlagen sie Wurzeln. Mit ihrem Wasservorrat können sie so lange überleben, bis die Wurzeln herangewachsen sind.

Brutblatt

An den Blatträndern der Brutblattpflanze entstehen kleine Knospen. Fallen diese zu Boden, wachsen sie zu neuen Pflanzen heran.

Lange Arme

Erdbeerpflanzen breiten sich aus, indem sie Seitentriebe bilden, die so genannten Ausläufer. Immer dort wo ein Ausläufer den Boden berührt, entstehen Wurzeln und eine neue Pflanze wächst heran.

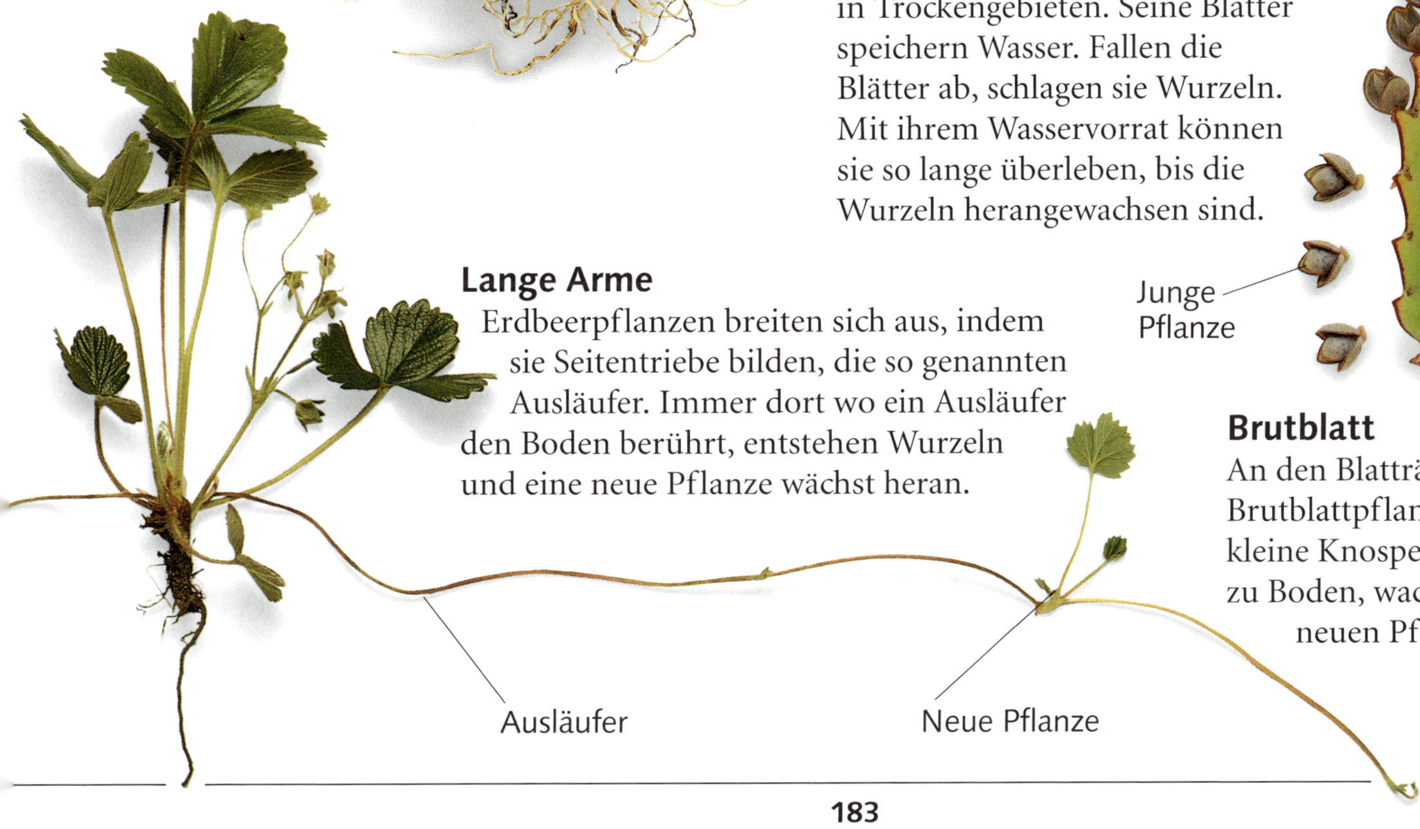

Lebensläufe

Im Winter wirkt das Land karg. Man sieht zwar Bäume und Büsche, aber die vielen kleinen Pflanzen scheinen verschwunden. All die Pflanzen, die keine holzigen Stämme haben, können der Winterkälte nicht widerstehen. Auch wenn sie im Winter nicht zu sehen sind, sie sind dennoch da. Sie ruhen unter der Erde und kommen im Frühjahr wieder zum Vorschein. Andere sind abgestorben, haben aber Samen gebildet, die im Frühling keimen.

Unterirdische Vorratskammer

Die Amaryllis, auch Ritterstern genannt, speichert in ihrer Zwiebel Nahrung, von der sie im Winter, aber auch in Trockenzeiten lebt. Sie wird viele Jahre alt, gehört also zu den so genannten mehrjährigen Pflanzen.

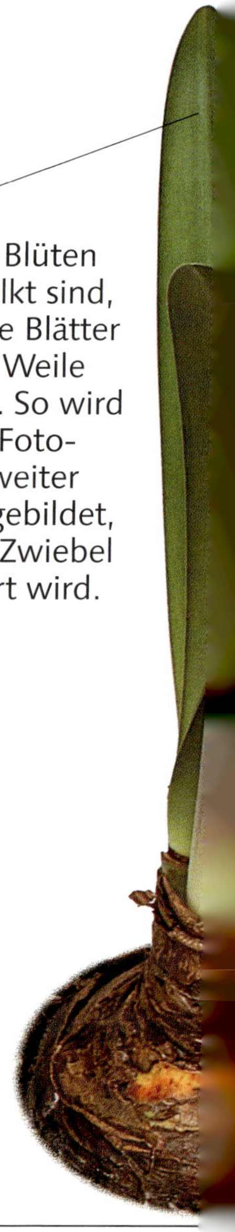

Warten auf die Sonne

All diese Pflanzen brauchen Sonne und Wärme. Sie blühen im Frühjahr oder Sommer.

Zweijährig

Der Fingerhut ist eine zweijährige Pflanze. Im ersten Jahr bildet er viele Blätter, aber noch keine Blüten. Erst im zweiten Jahr erblüht der Fingerhut dann und bildet Samen.

Pfingstrose (mehrjährig)

Im Frühling wächst die neue Pflanze heran und bildet Blütenknospen.

Im Sommer blüht die Pflanze und setzt Samen an.

Im Herbst wird der reife Samen ausgestreut und die Pflanze stirbt ab.

Das Leben geht weiter

Für viele Pflanzen endet ihr Leben mit dem Beginn des Winters. Es sind dies die einjährigen Pflanzen. So wie diese Kapuzinerkresse bilden sie aber viele Samen, die den Winter über in der Erde ruhen. Im Frühling keimen sie dann und beginnen zu wachsen.

Tulpe (mehrjährige Zwiebel)

Agapanthuslilie (mehrjährig)

Schließlich sterben die Blätter ab und die Ruhezeit beginnt, in der die Amaryllis von der Nahrung lebt, die in der Zwiebel gespeichert ist.

Wirklich verschwunden?

Nicht alle mehrjährigen Pflanzen haben Zwiebeln. Dieser Rittersporn zum Beispiel speichert Nahrung für den Winter in seinen Wurzeln. Erwärmt die Sonne im Frühjahr den Boden, ist dies für die Pflanze das Signal, neue Triebe zu bilden und aus dem Untergrund wieder aufzutauchen und seine prachtvollen Blüten zu entfalten.

Stiefmütterchen (zweijährig)

Gartenwicke (einjährig)

Pflanzen als Nahrung

Pflanzen bilden die Grundlage unserer Ernährung – ohne sie müssten wir verhungern. Wir essen die unterschiedlichsten Pflanzen. Manche erkennt man sofort, andere aber werden erst weiterverarbeitet, bevor sie auf den Tisch kommen. Man sieht also nicht auf den ersten Blick, welche Pflanze da auf dem Teller liegt.

Tuttifrutti
Alle diese Früchte stammen aus warmen Ländern; sie reifen nur in der heißen Sonne.

Teeplantage

Teezeit
Tee wird aus den Blättern des Teestrauchs gewonnen, der vor allem in Indien, China und Sri Lanka angebaut wird. Für schwarzen Tee werden die Blätter getrocknet, zerkleinert, fermentiert und wieder getrocknet.

Leckere Pflanzen
Kaum zu glauben, aber in diesem leckeren Schokoladenkuchen sind wenigstens vier Pflanzen verarbeitet: Vom Kakaobaum stammt die Schokolade, von Zuckerrüben der Zucker, aus Weizen das Mehl und aus Sonnenblumen die Margarine.

Wurzeln, Blätter, Blüten, Früchte

Weißt du, welchen Teil du von einer Pflanze, die gerade auf deinem Teller liegt, isst?

Wunderbohne

Manche Nahrungspflanzen werden besonders geschätzt, so etwa diese Flügelbohne aus Neuguinea. Alles an ihr wird gegessen: Blätter, Blüten und Früchte, aber auch die Wurzelknollen kann man braten, rösten, kochen und backen. Die reifen Samen liefern Mehl und Öl, ja selbst eine Art Kaffee kann man daraus kochen. Kein Wunder, dass diese Pflanze „Supermarkt am Stiel" genannt wird!

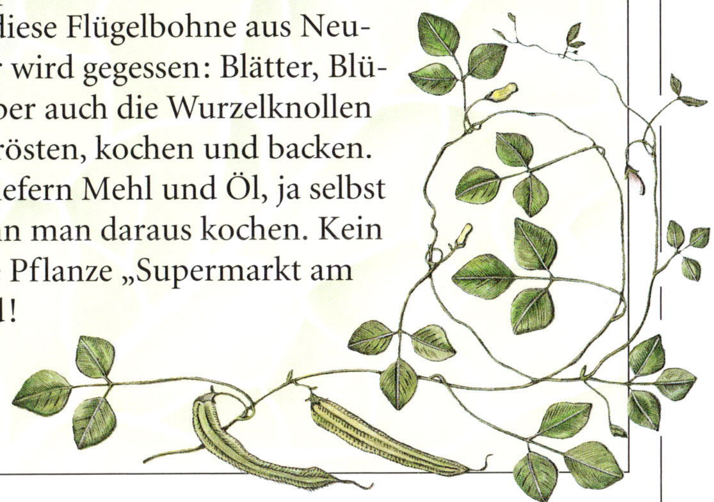

Aromatisch

Wir verwenden Kräuter und Gewürze aus aller Welt, um damit unsere Speisen zu würzen.

Lorbeerblätter, aus Südeuropa

Senfsamen, aus Europa

Zimt (Baumrinde), aus Sri Lanka

Gewürznelken (Blütenknospen), aus Sansibar

Ingwer (unterirdische Sprosse), aus der Karibik

Ausnahme

Die meisten Speiseöle werden aus Samen hergestellt, nur das Olivenöl wird aus der Frucht des Oliven- oder Ölbaums gewonnen.

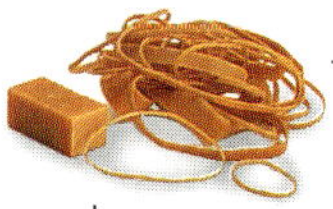

Nützliche Pflanzen

Tag für Tag, vom morgendlichen Zähneputzen bis abends, wenn wir im Bett noch lesen, benutzen wir Dinge, die aus Pflanzen hergestellt wurden. Pflanzen liefern Brenn- und Baumaterial, Kleidung, Medizin, Papier und vieles andere mehr. Die Pflanzenwelt dieser Erde ist so reich, dass immer wieder neue Pflanzen entdeckt werden, die auf immer neue Art und Weise von Nutzen sind.

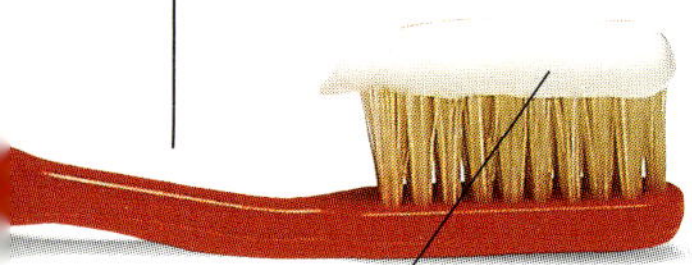

Der Zahnpasta wird Zellulose aus Pflanzen zugesetzt, damit sie sich leicht aus der Tube auf die Zahnbürste drücken lässt.

Manche Pflanzendünger werden aus Algen hergestellt.

Dieser Hut ist aus Palmenblättern.

Viele Haarwaschmittel werden aus Kokosöl hergestellt.

Pflanzenöl dient auch zur Herstellung von Seife.

Luffaschwämme sind getrocknete Früchte einer Kürbisart.

Gummi stammt von Kautschukbäumen. Ihre Rinde wird angeritzt, damit der Gummisaft herausfließt.

Palmwachs wird für Möbelpolituren benutzt.

Aus den haarigen Samen der Baumwolle wird Stoff hergestellt.

Nähfaden aus Baumwolle

Diese Fußmatte besteht aus Fasern der Kokospalme.

Watte aus Baumwolle

Pflanzenkraft
Wenn Zuckerrohr vergärt, entsteht Alkohol. In manchen Ländern wird er an Stelle von Benzin verwendet. In Brasilien fährt jedes vierte Auto schon mit Alkohol und damit umweltfreundlich.

Jute
Die faserigen Stängel der Jute werden zu Säcken, Seilen, Teppichen und Schuhsohlen verarbeitet.

Schwarze Akazie
Aus dem Mark dieser Pflanze werden Knöpfe, Kämme, Zahnbürsten und Papier hergestellt.

Zu Kohle sind die uralten Überreste von Bäumen geworden, die vor mehr als 100 Millionen Jahren auf der Erde wuchsen. Abgeschlossen von der Luft und unter dem Druck von Erdschichten, die sie später bedeckten, verwandelte sich das Holz in so genannte Steinkohle.

Diese Korkuntersetzer werden aus der Rinde der Korkeiche hergestellt.

Schale und Rollo aus Bambus

Papier

Rattankorb

Aus Schilfrohr geflochtene Matte

Bäume liefern uns Holz, Kork und Gummi. Aus Holzbrei werden viele Dinge hergestellt, zum Beispiel Papier.

Chinintabletten

Film aus Zellulosebestandteilen

Ölfarben enthalten meist Pflanzenöle.

Sandalen mit Jutesohlen

Bleistifte aus Holz

Mullbinde aus Baumwolle

Tau aus Flachs

Zahnbürstengriffe werden oft aus Holzbrei hergestellt.

Rattan

Die Stängel der asiatischen Rattanpalme werden bis zu 100 Meter lang. Sie werden geschnitten und zu Möbeln und Körben verarbeitet.

Chinarinde

Aus der Rinde des Chinarindenbaums wird Chinin gewonnen, ein Medikament zur Behandlung der Malaria.

Jojobawachs

Die Samen der Jojobapflanze verwendet man für Körperpflegemittel, als Maschinenöl und für Druckerschwärze.

Bäume

Chilenische Araukarie

Unter allen Pflanzen erreichen Bäume das höchste Alter. Sie bilden hohe, feste Stämme aus Holz, die andere Pflanzen überragen, sodass ihre Kronen viel Licht bekommen. Viele Bäume werfen zum Winter, wenn es kalt wird, alle Blätter ab. Andere sind immergrüne Bäume, die das ganze Jahr über ihre Blätter behalten.

Kernholz ist der älteste Teil des Baums. Zwar lebt es nicht mehr, aber es ist besonders hart.

Die Rinde ist lebenswichtig, schützt sie doch alle lebendigen, wachsenden Teile des Baums.

Im äußeren Teil des Holzes, dem Splint, werden Wasser und Nährstoffe von den Wurzeln zu den Blättern transportiert.

Feuriges Finale
Bevor die Blätter im Herbst abfallen, wird bei vielen Laubbäumen das grüne Chlorophyll abgebaut. Andere, auch neu gebildete Farbstoffe treten nun hervor. Sie lassen die Blätter in herrlichen Rot- und Goldtönen leuchten.

Sandbirke

Baumrinde
Wenn der Baum wächst, wird sein Stamm dicker. Die Rinde springt auf, dabei entstehen verschiedene Muster.

Zimtahorn

Tibetkirsche

Vom Wind gebeugt
Über Jahre hat der Wind die Zweige dieses Baums zerzaust und geformt. Dass er nicht umgeweht wurde, verdankt er seinem Stamm und den kräftigen Wurzeln.

Laub abwerfende Bäume

Zerreiche

Amerikanische Eberesche

Trauerweide

Jahresringe

Jedes Jahr wachsen Baumstamm und Äste ein Stück. Wenn man diese Baumscheibe betrachtet, erkennt man eine Anzahl von Ringen. Jeder dieser Ringe zeigt das Wachstum des Baums in einem Jahr an. Zählt man alle Jahresringe, erfährt man, wie alt der Baum geworden ist.

Ein breiter Ring zeigt ein gutes Jahr an, in dem der Baum besonders schnell gewachsen ist.

Ein schlechtes Jahr für den Baum! Schmale Jahresringe zeigen, wie langsam ein Baum manchmal wächst.

Schindelrindige Hickorynuss

Korkeiche

Schlangenhautahorn

Immergrüne Bäume

Himalajazeder

Eukalyptusbaum

Fichte

Weltrekord

Hier steht das höchste Lebewesen der Erde, ein Mammutbaum in Kalifornien. Er ist 11 Meter dick, über 80 Meter hoch und so berühmt, dass er sogar einen Namen bekam: General Sherman.

Blattskelette

Waldpflanzen

Ein Wald besteht nicht nur aus Bäumen. Eine große Gemeinschaft von vielen anderen Pflanzen und Tieren lebt in seinem Schutz. All diese Lebewesen, vom größten Baum bis hinunter zum kleinsten Regenwurm, spielen im Leben des Waldes eine wichtige Rolle. Pflanzen versorgen Tiere mit Nahrung und Tiere helfen den Pflanzen, etwa indem sie deren Samen und Früchte verbreiten.

Der Wald im Jahreslauf
Buchen sind typische Bäume unserer Wälder. Die Bilder hier zeigen, wie sich das Aussehen eines Buchenwaldes mit den Jahreszeiten verändert.

Sich entwickelnder Farnwedel

Frühlingsboten
Zeitig im Frühjahr blühen die Schlüsselblumen eng an den Boden geschmiegt.

Frühling
Sonnenlicht durchflutet die zartgrünen jungen Blätter der Buchen. Waldpflanzen wie die Buschwindröschen blühen im Frühjahr, wenn noch genug Licht auf den Boden fällt.

Zeit zum Aufwachen
Die Farnwedel scheinen sich wie nach einem langen Winterschlaf zu strecken. Aus festen, grünen Knospen am Boden wachsen sie in die Höhe, indem sie sich allmählich entrollen.

Sommer
Die Buchen sind nun dicht belaubt und beschatten den Boden. Farne brauchen nur wenig Licht und wachsen auch noch im tiefen Schatten der Bäume.

Gedeckter Tisch

Die Früchte der Buchen sind die nussartigen Bucheckern. Viele dienen Vögeln und Eichhörnchen als Nahrung, aus einigen entstehen neue Buchen.

Winter

Nun sind die Buchen kahl und Schnee bedeckt den Boden. Die kleinen Pflanzen sind abgestorben oder ruhen unter der Erde. Die Bäume haben ihr Wachstum eingestellt, doch schon bald wird sich wieder Leben regen.

Einsame Kiefern

Im immergrünen Kiefernwald gibt es nicht viel Abwechslung. Eine dicke Schicht Kiefernnadeln bedeckt den Boden, deshalb können hier nur wenige Pflanzen wachsen. Weniger Pflanzen bedeutet aber auch weniger Tiere, die hier leben, weil sie nicht genügend Nahrung finden.

Herbst

Im Herbst werden die Tage kürzer und die Nächte kühler. Das ist das Signal für viele Pflanzen, sich auf die kommende kalte Jahreszeit vorzubereiten und ihre Blätter abzuwerfen. Bevor die Buchenblätter fallen, verfärben sie sich gelb und braun.

Fruchtbar

Unter Bäumen ist die Erde besonders humusreich. Abgefallene Blätter verrotten und die Nährsalze gelangen wieder in den Boden.

Wenn Holz verrottet, saugt es Wasser auf.

Neues Leben

Im Wald fällt kein Abfall an, alles wird wieder verwendet. Dieser vermodernde Baumstamm dient Moosen und Farnen als Lebensgrundlage.

Wasserpflanzen

Pflanzen, die im Wasser leben, brauchen keinen festen Stamm. Stattdessen haben sie lange, biegsame Stängel, die den Wasserbewegungen nachgeben. Ihre Blätter befinden sich knapp unter der Wasseroberfläche oder schwimmen darauf, denn sie brauchen Licht zur Fotosynthese. Mit ihren Wurzeln, Stängeln und Blättern nehmen sie Nährsalze aus dem Wasser auf.

Flächendeckend
Wasserlinsen vermehren sich enorm rasch durch Teilung. Sie sind eine wichtige Futterquelle für Wasserinsekten, Schnecken und Enten.

Algenfarne
gehören zu den wenigen wasserlebenden Farnen. Luftblasen in den Blättchen geben ihnen Auftrieb.

Schilf, andere Gräser und Rohrkolben wachsen im feuchten Boden am Ufer der Gewässer.

Schwimmende Untertassen

Die Viktoriaseerose des Amazonas ist die größte Wasserpflanze der Welt. Ihre Blätter mit einem Durchmesser von bis zu 1,5 Metern sind so fest, dass ein Kind darauf sitzen kann.

Freischwimmerin

Diese Wasserhyazinthe treibt mit Wind und Wellen frei auf der Wasseroberfläche umher. Ihre kurzen, filzigen Wurzeln nehmen Wasser und Nährsalze direkt aus dem Wasser auf.

Eng miteinander verflochtene Wurzeln halten die schlammige Erde fest und verhindern, dass sie im Teich versinkt.

Gastspiel

Im Sommer taucht die Krebsschere, auch Wasseraloë genannt, an der Wasseroberfläche auf und blüht. Danach versinkt sie wieder im Wasser. Bis zum nächsten Jahr …

Sauerstoffversorgung

Manche Pflanzen sind ganz untergetaucht. Sie sind für das Leben im Wasser sehr wichtig, geben sie doch bei der Fotosynthese lebensnotwendigen Sauerstoff an das Wasser ab.

Wüstenpflanzen

Opuntie

Wüsten sind Landschaften der Extreme mit glühend heißen Tagen und kalten Nächten. In manchen Wüsten fällt jahrelang kein Regen, dann aber plötzlich so viel auf einmal, dass sogar schon Menschen in Wüsten ertrunken sind. Pflanzen, die hier leben, haben besondere Anpassungen. Lange, weit verzweigte Wurzeln saugen bei Regen jeden nur möglichen Tropfen auf. Viele Pflanzen können in ihren Stämmen, Blättern oder Wurzeln Wasser speichern.

Hoch über dem Boden hat ein Greifvogel auf einem dornigen Turm einen sicheren Platz für sein Nest gefunden.

Der Stamm des Saguaro-Säulenkaktus ist gerillt. Er kann große Wassermengen speichern und dehnt sich dabei wie eine Ziehharmonika.

Pflanzen geben vor allem durch ihre Blätter Wasser ab. Bei Kakteen sind die Blätter zu Dornen geworden und der Stamm trägt eine dicke, wachsbeschichtete Außenhaut, durch die kaum Wasser verdunstet.

Wüstenfrüchte

In afrikanischen Wüsten sind wilde Wassermelonen für Menschen und Tiere eine wichtige Wasserquelle.

Wolkenkratzer

Der höchste Kaktus der Welt ist der Saguaro-Säulenkaktus aus den Wüsten des Südwestens von Nordamerika. Er braucht für seine 15 Meter mehr als 200 Jahre und er kann so viel wiegen wie zwei Elefanten zusammen! Mehr als drei Viertel der Pflanze bestehen aus Wasser.

Wüstengarten

Wüstenpflanzen wachsen leicht im Haus. Sie brauchen viel Licht und wenig Wasser.

Oasen

Überall, wo ein Brunnen oder eine unterirdische Quelle ist, blüht Leben in der Wüste. Solche schattigen, grünen Inseln mitten in der glühend heißen Wüste nennt man Oasen.

Gut verborgen

Die kleinen Fensterpflanzen wachsen versteckt im heißen Sand. Nur die Blattenden lugen aus dem Boden.

Die leuchtenden Blüten sind viel größer als die ganze übrige Pflanze.

An den Blattspitzen sitzen besondere Fenster, durch die viel Licht in das Blatt eindringen kann.

Lebende Steine

Tiere fressen keine Steine. Doch wenn sie merken würden, dass diese Kiesel in Wirklichkeit Pflanzen sind, Lebende Steine genannt, würden sie bestimmt eine Ausnahme machen.

Wettlauf mit der Zeit

Ein plötzlicher Wolkenbruch, und schon erblüht die Wüste in den herrlichsten Farben. Viele Pflanzen ruhten als Samen im Boden und keimen nun. Binnen weniger Wochen wachsen und blühen sie, bilden Samen und sterben wieder.

Kuriose Kakteen

Manche Kakteen sehen seltsam aus – und heißen auch seltsam.

Greisenhaupt

Länglicher Warzenkaktus

Bischofsmütze

Kammförmige Wuchsform eines Säulenkaktus

Pflanzen im Regenwald

Stockwerke
Im Regenwald wachsen Pflanzen in mehreren Stockwerken. Über allen ragen die größten, bis 60 Meter hohen Bäume empor.

Im tropischen Regenwald dampft es vor Feuchtigkeit. Überall tropft das Wasser von den Blättern. Riesenbäume wachsen in den Himmel, die Äste sind von seltsamen, wunderschönen Pflanzen bedeckt und um ihre Stämme winden sich Kletterpflanzen. Es ist heiß und feucht und grün.

Baumbewohner
Auf Bäumen wachsende Orchideen haben grüne Luftwurzeln, mit denen sie Wasser direkt aus der Luft oder dem Regen aufsaugen.

Eigene Badewanne
In Urnenpflanzen sammelt sich das Wasser – und manchmal auch anderes. Hoch oben in den Zweigen, wo die Pflanze wächst, nimmt dieses Fröschlein ein Bad.

Voller Leben
Die Bäume im Regenwald sind oft geradezu mit Pflanzen überladen, die auf ihren Stämmen und Zweigen wachsen. Diese auf Bäumen wachsenden Pflanzen nennt man Epiphyten oder Aufsitzer.

Diese Bäume wachsen nahe beieinander und bilden ein dichtes Blätterdach.

Stürzt ein Baumriese zu Boden, dringt von oben Licht ein. Kleinere Pflanzen und Keimlinge beginnen einen Wettlauf zum Licht.

Sengende Sonne und feuchte Wolken – beidem sind die Baumwipfel ausgesetzt.

In einem einzigen Jahr kann ein Baum mehr als 5 Meter wachsen.

Auf dem Weg ans Licht schlängeln sich armdicke Lianen an den Baumstämmen empor.

Farbiges Dschungeldach
Diese Bäume hier sind die Riesen des Regenwaldes. Für Schmetterlinge und Vögel sind ihre leuchtend gefärbten Blüten ein Zeichen, dass es hier süßen Nektar und Pollen gibt.

Pflanzenparadies
Zehntausende verschiedener Pflanzenarten wachsen im Regenwald, darunter viele Heilpflanzen. Manche wachsen nur in wenigen Wäldern und sonst nirgendwo auf der Welt.

Für immer vernichtet
Nichts auf der Erde ist so vielfältig wie der Regenwald. Doch seine Existenz steht auf dem Spiel, denn jedes Jahr werden Riesengebiete gerodet oder abgebrannt. Ist der Regenwald aber einmal vernichtet, ist er für immer verloren.

Worterklärungen

Befruchtung Vereinigung von Pollen und Eizelle. Aus der befruchteten Eizelle entsteht ein Pflanzensamen.

Bestäubung Übertragung von Pollen aus den männlichen Staubbeuteln auf die weibliche Narbe einer Blüte. Ohne Bestäubung kann keine Befruchtung stattfinden.

Blütenpflanzen Pflanzen, die Blüten haben und nach der Blüte Samen bilden, mit denen sie sich vermehren. Mit über 25 000 verschiedenen Arten stellen sie die größte Gruppe im Pflanzenreich. Die riesigen Mammutbäume gehören ebenso dazu wie die kleinsten Gräser. Ihre nächsten Verwandten sind die Farne.

Chlorophyll Grüner Farbstoff, vor allem in Blättern, aber auch in Stängeln, der zur Fotosynthese benötigt wird.

Einjährige Pflanzen leben nur ein Jahr. In dieser Zeit keimen sie, wachsen, blühen, setzen Samen an und sterben. Die Sonnenblume zum Beispiel ist eine einjährige Pflanze.

Epiphyten Auch Aufsitzer genannt. Pflanzen, die nicht in der Erde, sondern auf Bäumen wachsen. Sie sind keine Schmarotzer, die den Bäumen Schaden zufügen.

Fleisch fressende Pflanzen Pflanzen, die ihren Speisezettel dadurch ergänzen, dass sie Insekten und andere kleine Tiere fangen und verdauen.

Frucht Gehäuse, in dem Samen heranreifen. Eine Frucht kann hart sein wie etwa eine Nuss oder weich wie eine Beere.

Fruchtknoten Teil der Blüte, in der die weiblichen Eizellen entstehen und mit den männlichen Zellen der Pollenkörner verschmelzen.

Immergrüne Bäume und Sträucher, die ihre Blätter im Winter behalten.

Keimung Das Wachsen einer neuen Pflanze.

Knolle Verdickter, unterirdischer Spross oder Wurzel, in dem Nahrung gespeichert wird.

Kohlendioxid Farbloses Gas in der Luft, das Pflanzen zur Fotosynthese brauchen. Tiere atmen Kohlendioxid aus.

Laub abwerfend Bäume und Sträucher, die zum Winter alle Blätter abwerfen und im Frühjahr neue bilden. Fast alle Bäume und Sträucher bei uns gehören dazu.

Mehrjährige Pflanzen werden mehrere Jahre alt, etwa Bäume und Sträucher, aber auch viele Kräuter und Gräser.

Nadelbäume Bezeichnung für eine Gruppe von Bäumen mit nadelförmigen Blättern und Zapfen statt Früchten. Dazu gehören Tannen, Kiefern, Fichten und Lärchen.

Nährsalze Stoffe, die die Pflanze zum Wachsen braucht. Nährsalze werden dem Boden mithilfe der Wurzeln entnommen.

Narbe Oberes Ende des Fruchtknotens, auf den bei der Bestäubung die Pollenkörner gelangen.

Nektar Süße Flüssigkeit, vor allem in den Blüten, um Insekten, Vögel und Fledermäuse anzulocken.

Fotosynthese Vorgang, bei dem die Pflanze mithilfe von Licht aus Kohlendioxid und Wasser Zucker als Nahrung sowie Sauerstoff herstellt. Ohne Fotosynthese gäbe es auf der Erde für Menschen und Tiere weder etwas zu essen noch Sauerstoff zum Atmen.

Pollen Männliche Geschlechtszellen, die in den Staubbeuteln der Blüte gebildet und bei der Bestäubung als feiner Blütenstaub auf die weibliche Narbe übertragen werden.

Ranken Feine, spiralig aufgerollte Blätter oder Stängel von Kletterpflanzen, mit denen diese sich um andere Pflanzen wickeln und so zum Licht emporklettern.

Saft Flüssigkeit im Stängel oder Stamm einer Pflanze. Er enthält neben Wasser vor allem Zucker, den die Pflanze in ihren Blättern hergestellt hat.

Samen Das „Bündel neues Leben" im Inneren einer Frucht oder eines Zapfens, aus dem bei der Keimung eine neue Pflanze heranwächst. Er entsteht aus der befruchteten Eizelle.

Sauerstoff Ein farbloses Gas, das die Pflanzen bei der Fotosynthese bilden und in die Luft abgeben. Menschen und Tiere brauchen es zum Atmen.

Spaltöffnungen Winzige Öffnungen der Blattoberfläche, durch die Luft in das Blatt hinein- und Wasser herausgelangen kann.

Staubbeutel Teil der Blüte, der die männlichen Pollen bildet.

Verdunstung Vorgang, bei dem flüssiges Wasser allmählich zu Wasserdampf wird, etwa wenn eine Pfütze in der Sonne trocknet oder Wasser aus dem Blatt einer Pflanze in die Luft abgegeben wird.

Vermehrung Vorgang, bei dem eine Pflanze viele neue Pflanzen hervorbringt.

Zapfen Blüten von Nadelbäumen, in denen später die Samen heranreifen.

Zweijährige Pflanzen wie etwa der Fingerhut bilden im ersten Jahr Wurzeln, Stängel und Blätter. Im zweiten Jahr blühen sie dann, bilden Samen und sterben.

Zwiebel Unterirdische „Vorratskammer" aus dicken, fleischigen Blättern, in der eine Pflanze Nahrung speichert, von der sie in schlechten Zeiten lebt. Küchenzwiebeln und Tulpen sind typische Zwiebelpflanzen.

Weltall

Inhalt

Aufbruch ins Universum

Was am Himmel vorgeht, hat die Menschen schon immer interessiert. In klaren Nächten kann man den Mond und tausende von Sternen sehen. Die Leute, die Sterne und Planeten beobachten, nennt man Astronomen. Das Universum besteht aus dem Weltraum, in dem sich Galaxien, das sind Ansammlungen von Sonnensystemen, befinden.

Blick durchs Fernrohr
Der italienische Gelehrte Galileo Galilei (1564–1642) benutzte als Erster ein Fernrohr, um den Mond und die Planeten zu studieren. Und er hat bewiesen, dass sich die Erde um die Sonne dreht.

Hinauf in den Weltraum
Die Chinesen erfanden vor mehr als 800 Jahren die ersten Raketen. Sie wurden mit Schießpulver angetrieben. Erst im 20. Jahrhundert gelang es, Raketen zu bauen, die sogar Menschen in den Weltraum transportieren können.

In den Tiefen des Weltraums

Selbst mit einer sehr schnellen Rakete würden wir Millionen von Jahren brauchen, um die entferntesten Himmelskörper zu erreichen, die die Astronomen mit Fernrohren sehen können.

Sterngefunkel

Wenn man zum Nachthimmel hinaufschaut, erscheinen die Sterne wie blinkende Lichtpunkte. Manchmal kann man auch fünf der Planeten sehen: Merkur, Venus, Mars, Jupiter, Saturn. Sie sehen aus wie kleine, gleichmäßig leuchtende Lichtscheiben.

Draco, der Drache

Wenn man die Sterne dieser Gruppe miteinander verbindet, dann erkennt man die Gestalt eines Drachen. Deshalb heißt das Sternbild Draco, der Drache.

Diese Karte zeigt einige der Sterne, die man auf der nördlichen Erdhälfte sehen kann. Am südlichen Himmel zeigen sich andere.

Sternbilder

Schon vor langer Zeit erkannten die Astronomen, dass einige hell leuchtende Sterne am Himmel Gruppen bilden. Sie nannten diese Konstellationen Sternbilder und gaben ihnen die Namen von Menschen, Göttern und Tieren.

Sternbilder

Die Gruppen von Sternen, die wir am Himmel sehen, werden Sternbilder genannt. Sie haben lateinische Namen, zum Beispiel Ursa maior, in Deutsch Großer Bär. Wenn man das erste Mal am Nachthimmel nach einem bestimmten Sternbild Ausschau hält, fällt es vielleicht schwer, es unter den vielen Sternen dort oben zu erkennen. Wenn man aber lange genug nach oben späht, kann man die hellsten Sternbilder deutlich erkennen.

Springender Löwe
Wenn man sich diese Grup von Sternen als Bild vorste kann man verstehen, waru das Sternbild Löwe genann wird.

Nördliche Hemisphäre

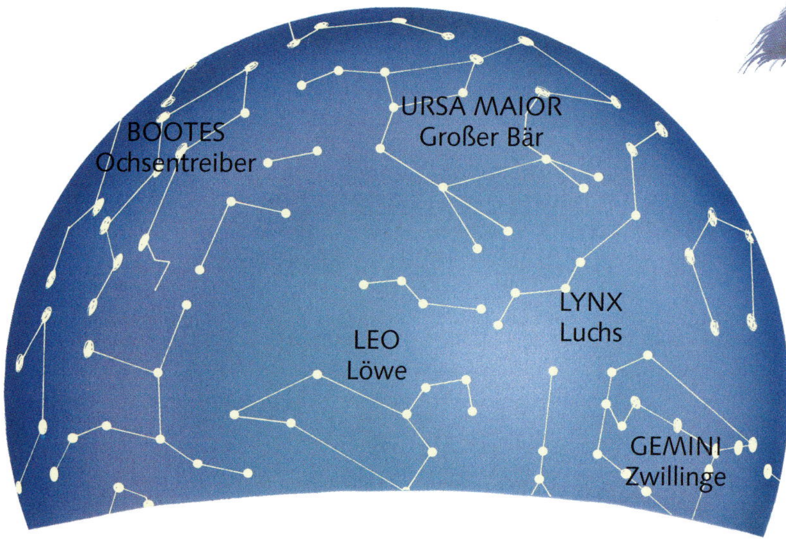

Himmelslichter
Diese beiden Abbildungen zeigen den Nachthimmel, wie man ihn überall auf der Nordhälfte der Erde nachts sehen kann.

Lichtjahre
Große Entfernungen messen die Astronomen häufig in Lichtjahren. Ein Lichtjahr ist die Entfernung, die ein Lichtstrahl in einem Jahr zurücklegt. Um von der Sonne zur Erde zu gelangen, braucht das Licht acht Minuten.

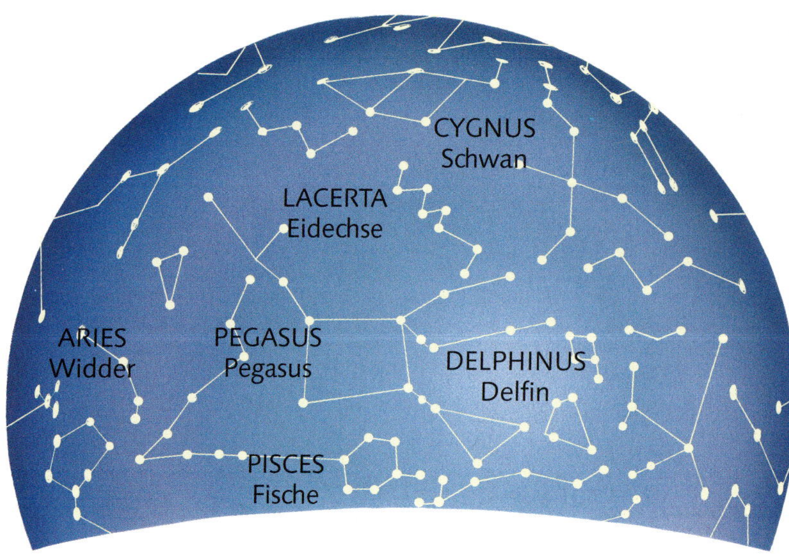

Orion, der Jäger
Der Orion ist fast überall auf der Welt am Nachthimmel zu sehen. Die drei Sterne in der Mitte bilden den Oriongürtel. Darunter ist das Schwert zu erkennen.

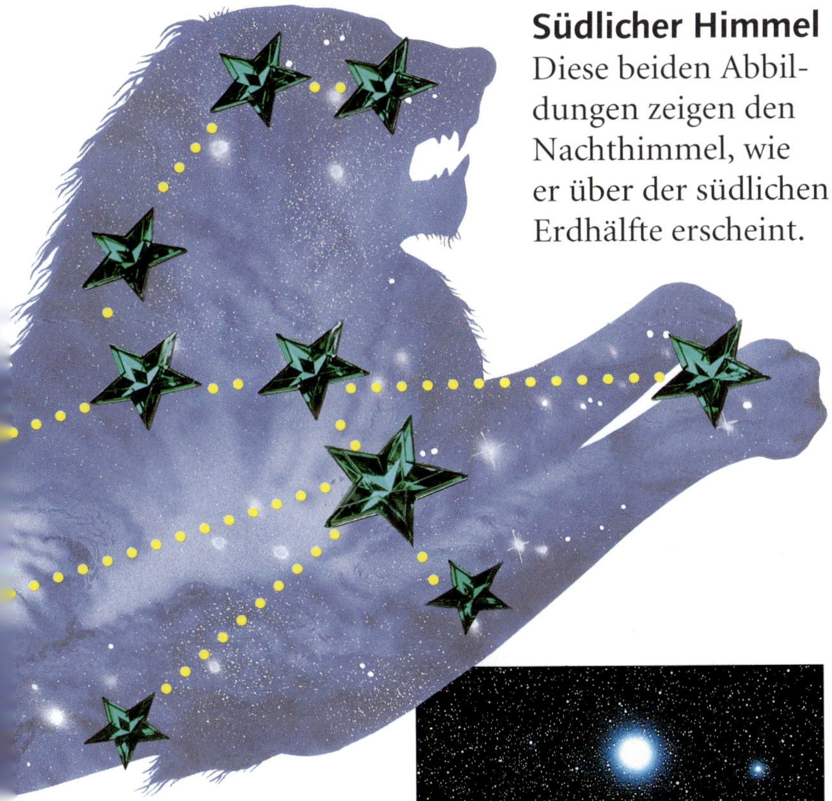

Südlicher Himmel

Diese beiden Abbildungen zeigen den Nachthimmel, wie er über der südlichen Erdhälfte erscheint.

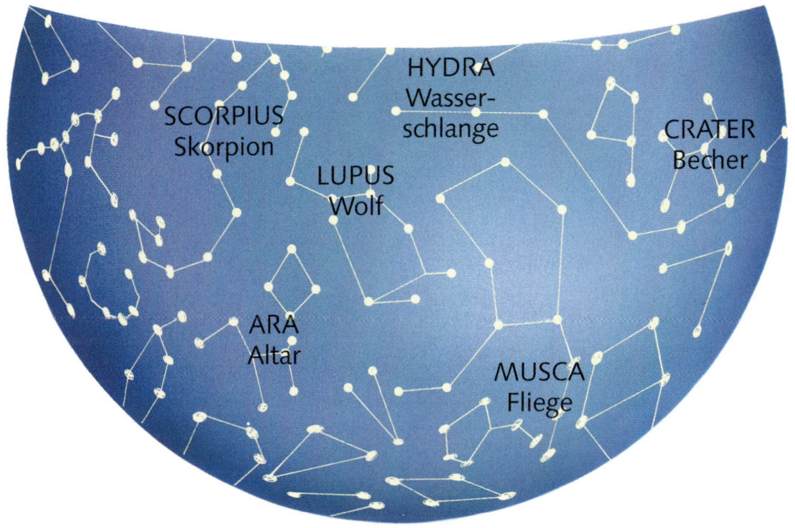

Südliche Hemisphäre

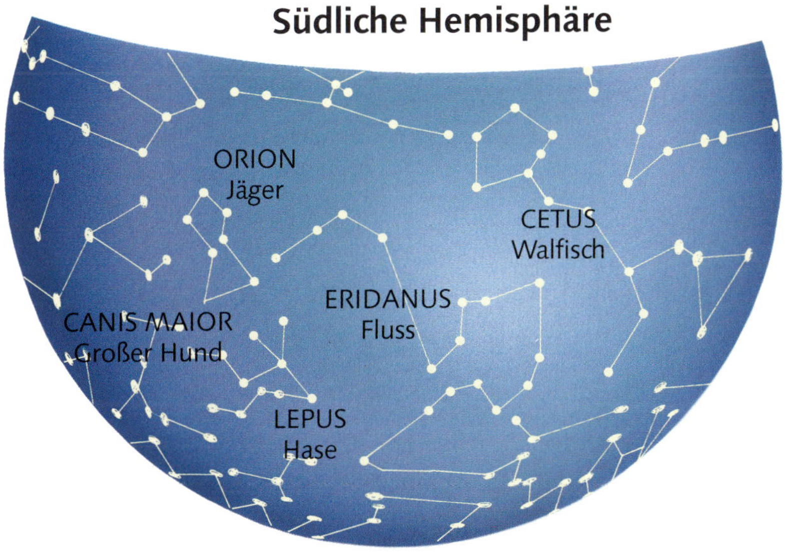

Das Sternbild des Skorpions

Blau ist heiß

Sterne werden auch danach eingeteilt, wie heiß sie sind. Ein sehr heißer Stern leuchtet blau, ein kälterer gelb.

Der Große Hund

Im Sternbild des Großen Hundes steht auch Sirius, der hellste Stern des Himmels. Der Sirius, auch Hundsstern genannt, ist achteinhalb Lichtjahre von uns entfernt. Das heißt, wenn wir ihn sehen, erscheint er uns, wie er vor achteinhalb Jahren ausgesehen hat!

Der Große Bär

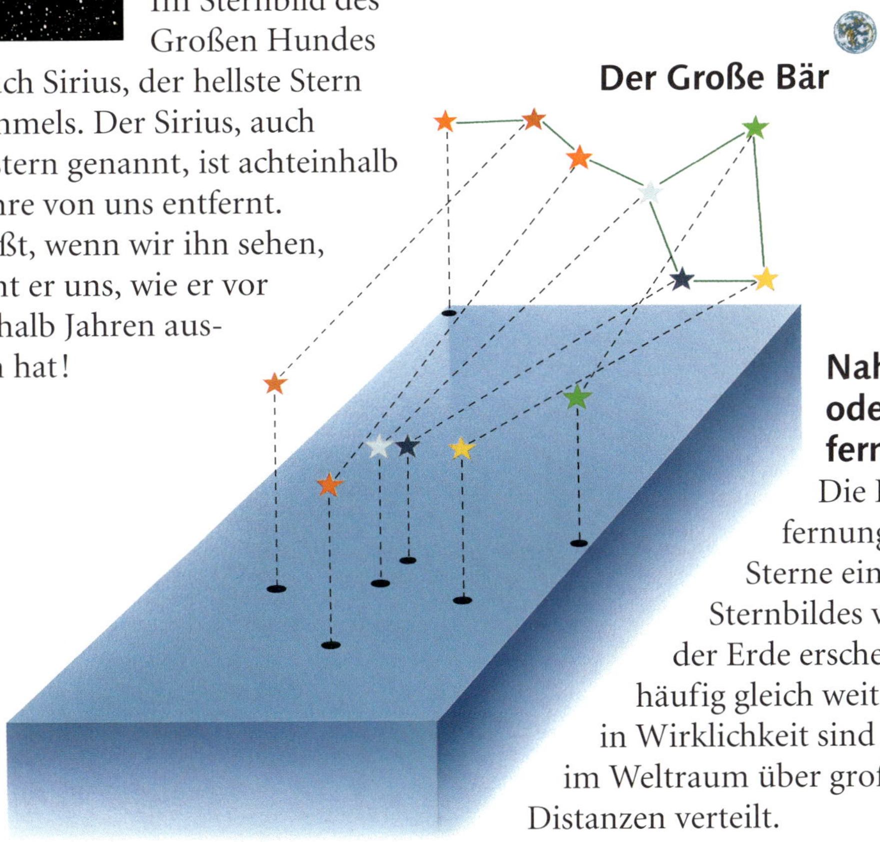

Nah oder fern?

Die Entfernung der Sterne eines Sternbildes von der Erde erscheint häufig gleich weit, aber in Wirklichkeit sind sie im Weltraum über große Distanzen verteilt.

Count-down

Raketen wurden schon im alten China erfunden. Diese frühen Exemplare wurden durch schnell brennbares Schießpulver angetrieben. Seitdem hat man viele Methoden ausprobiert, Raketen hochzuschießen. Bei modernen Raketen verwendet man zum Antrieb zwei flüssige Treibstoffe, die sich vermischen und brennen. Dabei schießt heißes Gas aus dem hinteren Teil der Rakete und treibt sie hoch.

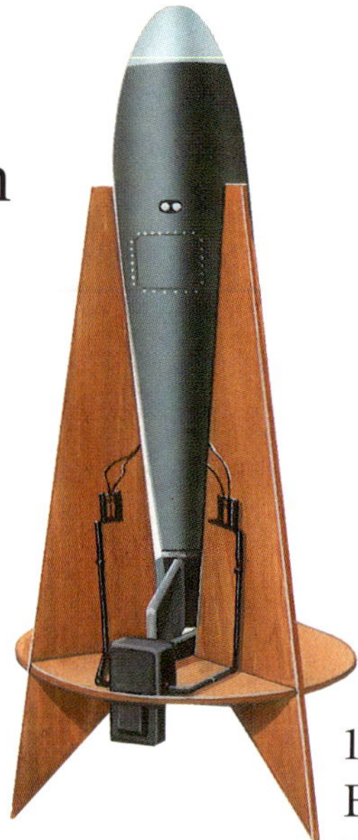

V2-Rakete 1945

Gemini Titan 1964

Geschafft!
1931 ließ Johannes Winkler als Erster in Europa seine HW1-Rakete starten. Sie flog 2 Meter hoch, überschlug sich und stürzte zu Boden. Einen Monat später versuchte er es noch einmal. Dieses Mal stieg das Geschoss 90 Meter hoch und landete in 200 Metern Entfernung.

3, 2, 1 … Feuer!
Vor etwa hundert Jahren verwendeten Soldaten solche Raketen. Sie hießen Congreve-Raketen.

Lass ihn fliegen!
Wenn du einen Luftballon aufbläst und ihn lossausen lässt, entweicht die Luft rasch aus der Öffnung. Dabei wird er wie eine Rakete von der austretenden Luft weggeschleudert.

Kraftpaket Saturn
Die Saturn 5 war mit 85 Metern die bis dahin mächtigste Trägerrakete. Eine solche Rakete hat die ersten amerikanischen Astronauten zum Mond gebracht.

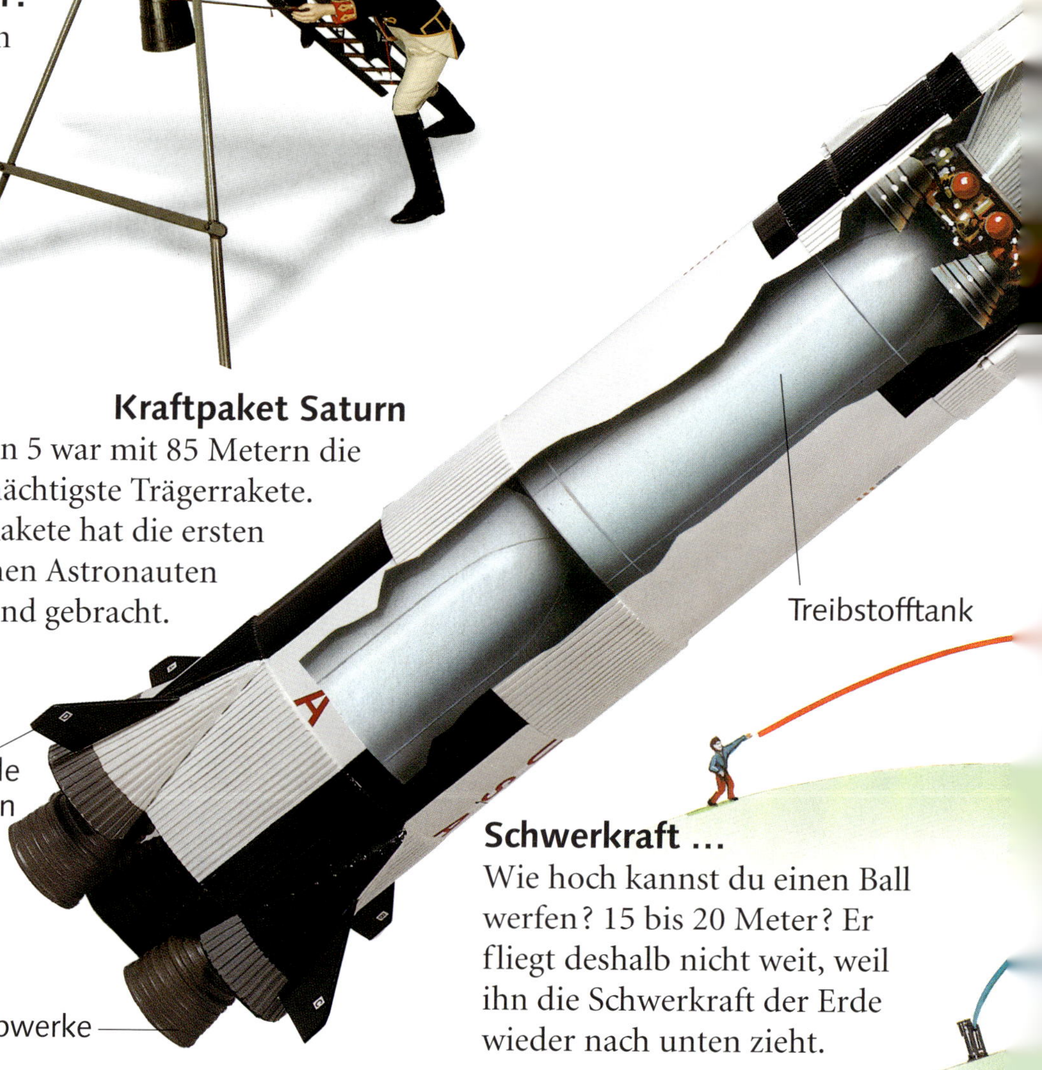

Schwerkraft …
Wie hoch kannst du einen Ball werfen? 15 bis 20 Meter? Er fliegt deshalb nicht weit, weil ihn die Schwerkraft der Erde wieder nach unten zieht.

Starker Antrieb

Mit Zunahme der Antriebskraft hat sich auch die Form der Raketen verändert.

Sojus 1967

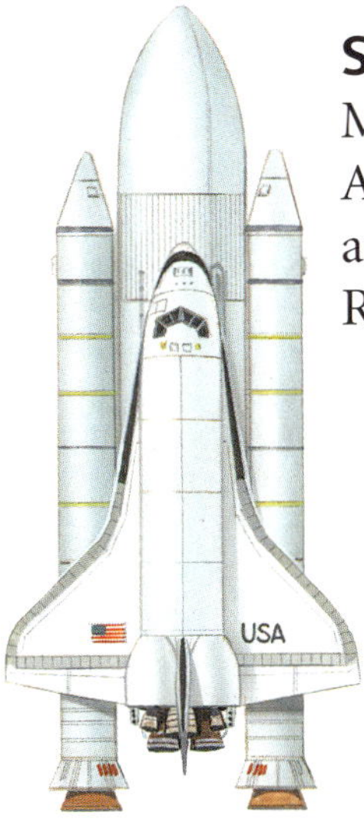

Spaceshuttle 1981

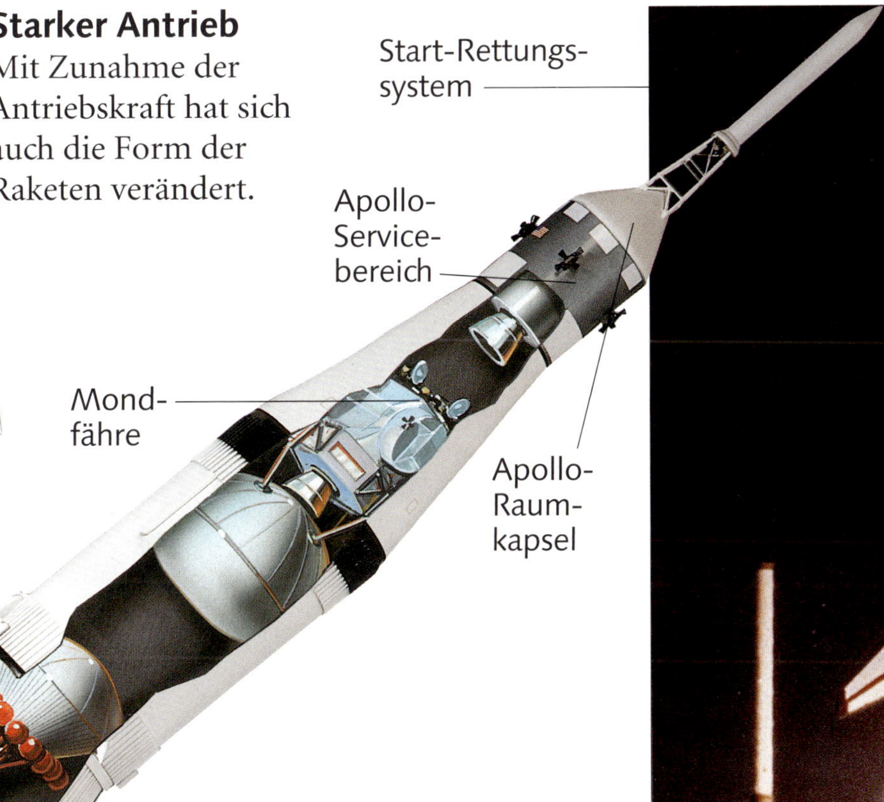

Ein Riese

Neben einer Saturn 5-Rakete nehmen sich Menschen geradezu winzig aus.

... überwinden

Um mit einer Rakete die Anziehungskraft der Erde zu überwinden, muss sie eine Geschwindigkeit von 40 000 Kilometern in der Stunde erreichen – das ist 20-mal schneller, als eine Concorde geflogen ist.

Ein Spectaculum

Der Spaceshuttle hebt mit Feuerstrahlen und Rauchwolken von der Rampe ab. Nach technischen Problemen ist geplant, Spaceshuttles durch neue Raumgleiter zu ersetzen. Mit Crew Exploration Vehicles (CEV) sollen ab 2012 oder früher Mond-Missionen geflogen werden.

Weltraum-anzüge

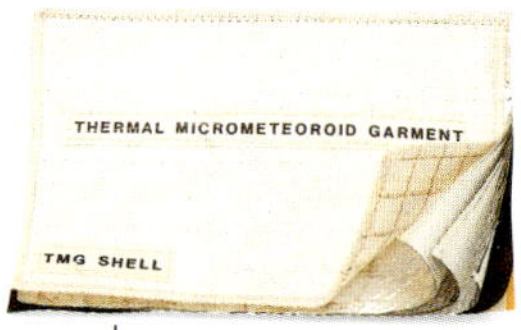

Wenn Astronauten außerhalb des Raumschiffes arbeiten, müssen sie spezielle Anzüge tragen. Diese haben ein eigenes Lebenserhaltungs-system und schützen vor Temperaturschwankun-gen. Auch bei der Mond-landung wurden Welt-raumanzüge getragen.

Raumhandschuh

Mondschuh

Weltraum-Windel

Die Astronauten haben „Toiletten“ in ihren Raumanzügen eingebaut. Für Frauen ist das eine Art Windel und bei Männern ein Beutel mit einem Schlauch.

Passend angezogen

Der Astronaut trägt unter seinem Raumanzug wassergekühlte Spezialwäsche.

Flugsessel
Wenn Astronauten außerhalb des Raumschiffes arbeiten, benutzen sie ein selbst steuerbares Raumfahrzeug, mit dem sie sich leicht umherbewegen können.

Der Raumanzug besteht aus zwei Teilen: einem Rumpfteil und einem Unterteil. Der Astronaut zieht zuerst das Unterteil an.

Mit erhobenen Armen schlüpft der Astronaut in das festhängende Oberteil.

Die zwei Hälften werden miteinander verbunden und versiegelt. Zum Schluss werden eine eng sitzende Kappe und der Helm aufgesetzt.

Wie kleine Raketen stoßen diese Düsen Gas aus. So kann sich der Astronaut fortbewegen und auch die Richtung ändern.

Dieses Zapfen-Andockgerät sollte im All einen defekten Satelliten ergreifen. Da es nicht richtig funktionierte, musste der Satellit schließlich von einem steuerbaren Arm des Shuttles eingefangen werden.

Satelliten

Ein Satellit ist ein Flugkörper im Weltraum, der ein größeres Objekt, etwa einen Planeten, umkreist. Der Mond ist der natürliche Satellit der Erde. Aber inzwischen gibt es auch künstliche Satelliten. Sie werden von einer Rakete oder vom Spaceshuttle bei einer bestimmten Geschwindigkeit im All ausgesetzt, damit sie auf die richtige Umlaufbahn gelangen. Elektronische Signale und Botschaften können wegen der Krümmung der Erde nicht direkt von einem Land in ein anderes übertragen werden, deshalb stellen Satelliten die Verbindung her.

Fernsehen mit Telstar
Dieser als Telstar bezeichnete Satellit hat 1962 die ersten Live-Fernsehbilder direkt über den Atlantik gefunkt.

Europäischer Kommunikationssatellit 1

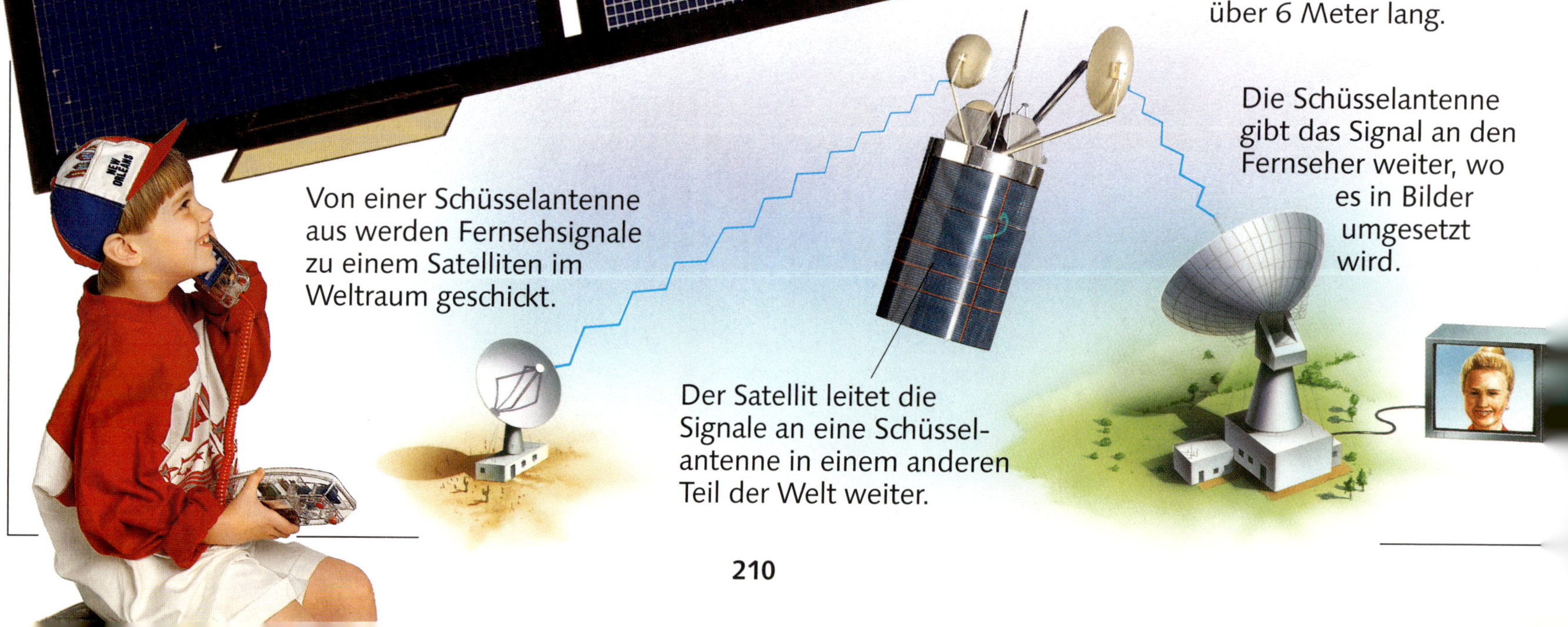

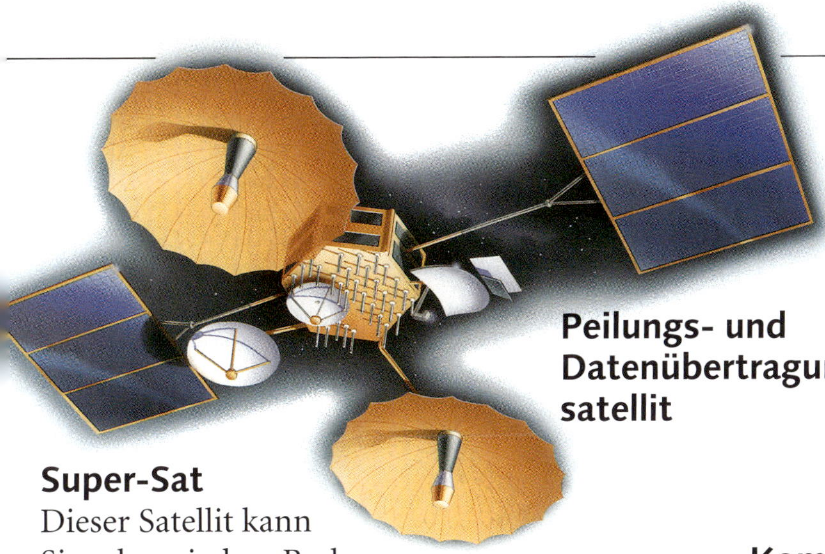

Peilungs- und Datenübertragungssatellit

Super-Sat
Dieser Satellit kann Signale zwischen Bodenstationen und Raumschiffen übertragen.

Hallo!
Heutzutage ist es kein Problem, mit fernen Ländern zu telefonieren, weil Satelliten die Signale von Land zu Land weiterleiten.

Kommunikationssatelliten

Satelliten, die Nachrichten um die Welt senden, werden auch Kommunikationssatelliten oder kurz „Comsats“ genannt.

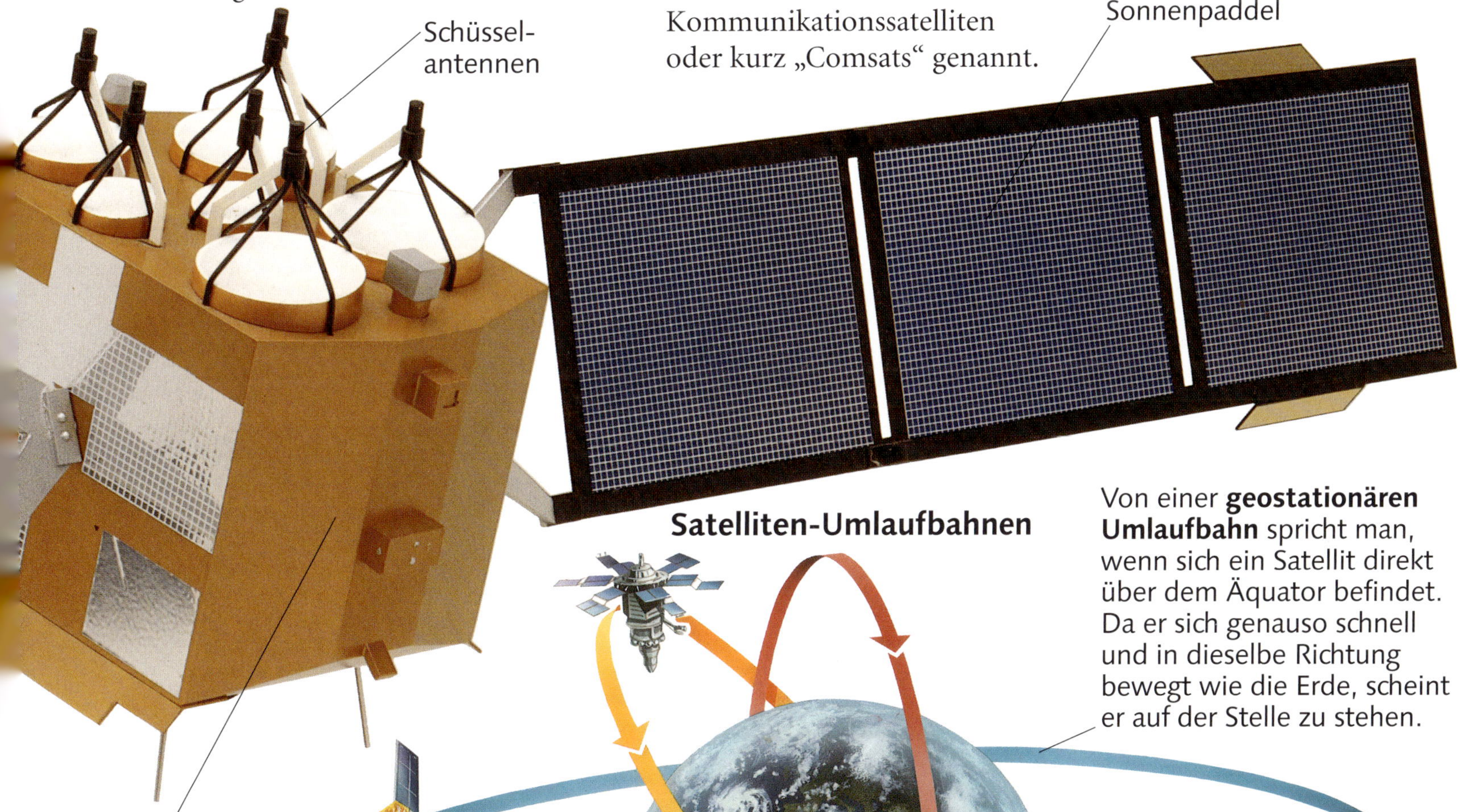

Im Inneren befinden sich Spezialsender, so genannte Transponder, die Signale empfangen und weitergeben können.

Satelliten-Umlaufbahnen

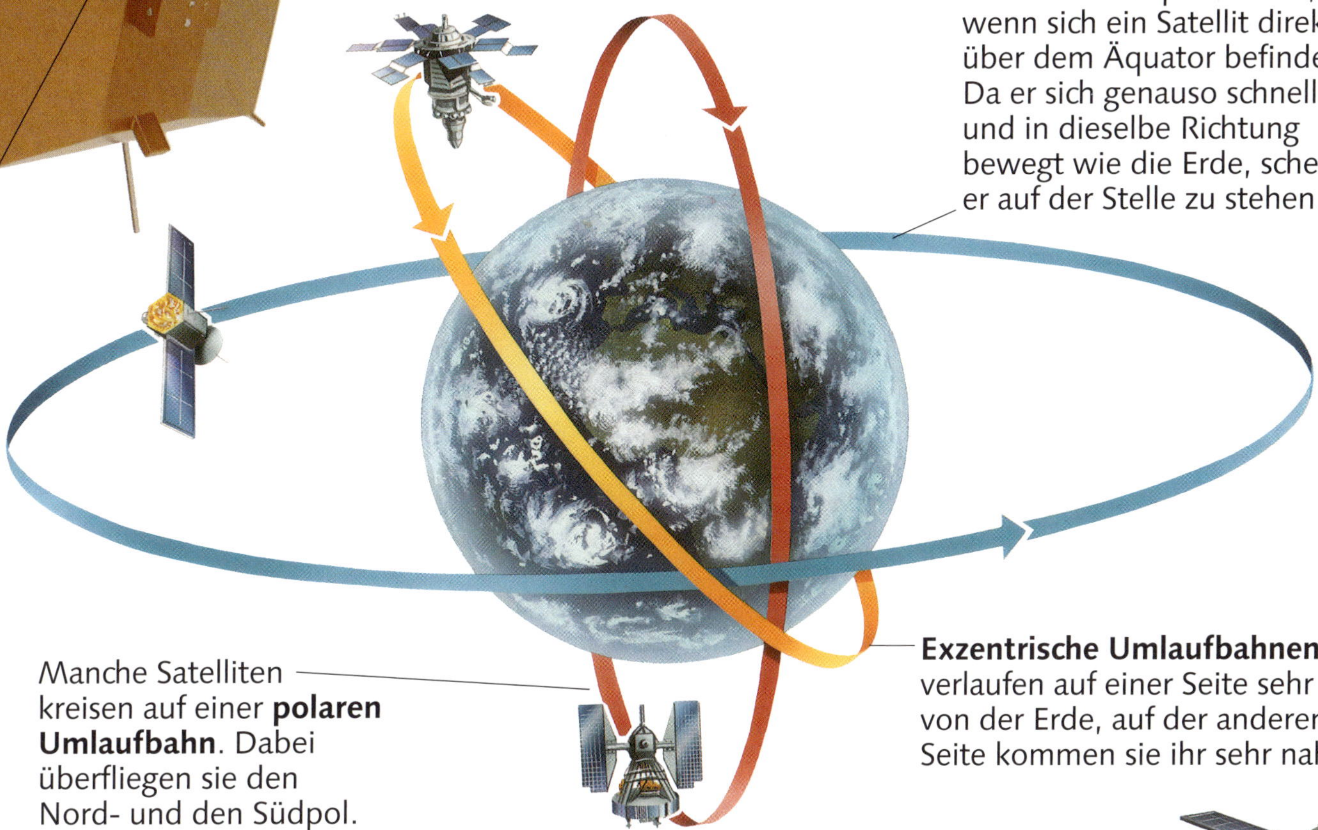

Von einer **geostationären Umlaufbahn** spricht man, wenn sich ein Satellit direkt über dem Äquator befindet. Da er sich genauso schnell und in dieselbe Richtung bewegt wie die Erde, scheint er auf der Stelle zu stehen.

Manche Satelliten kreisen auf einer **polaren Umlaufbahn**. Dabei überfliegen sie den Nord- und den Südpol.

Exzentrische Umlaufbahnen verlaufen auf einer Seite sehr fern von der Erde, auf der anderen Seite kommen sie ihr sehr nahe.

Flug zum Mond

Der Mond ist der nächste Nachbar der Erde, dennoch braucht selbst eine Rakete drei Tage, bis sie dort ist. Mit dem Auto wäre man rund 200 Tage unterwegs! Als Astronauten erstmals zum Mond flogen, wusste niemand, ob man dort sicher landen könnte. Inzwischen sind amerikanische Astronauten im Rahmen des Apollo-Programms schon öfter dort gewesen und sicher zur Erde zurückgekehrt. Die erste Mondlandung war 1969, die letzte 1972.

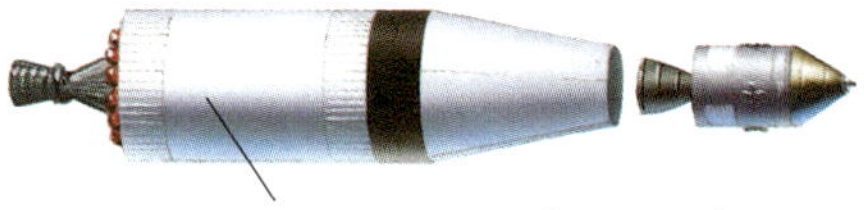

Die zweite Stufe wird abgeworfen, wenn ihre fünf Triebwerke keinen Treibstoff mehr haben.

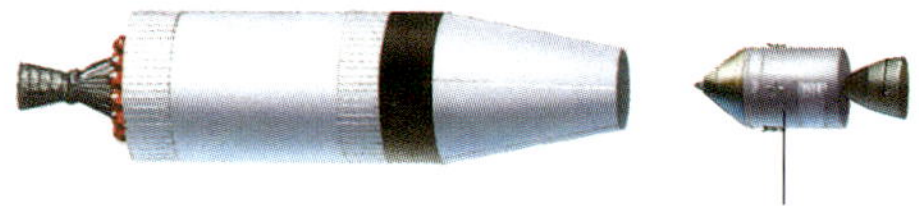

Die Kommando- und Servicekapsel dreht sich, dockt an der Mondfähre an und zieht sie aus der dritten Stufe.

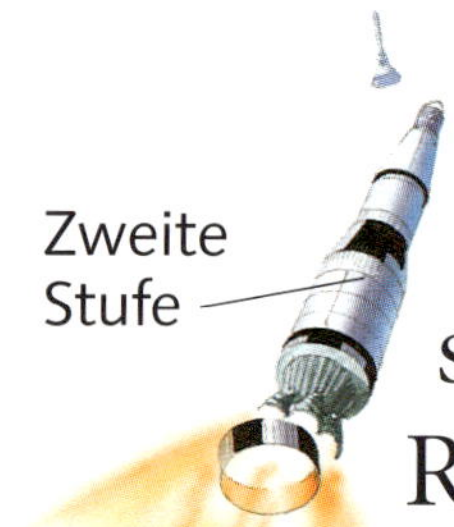

Zweite Stufe

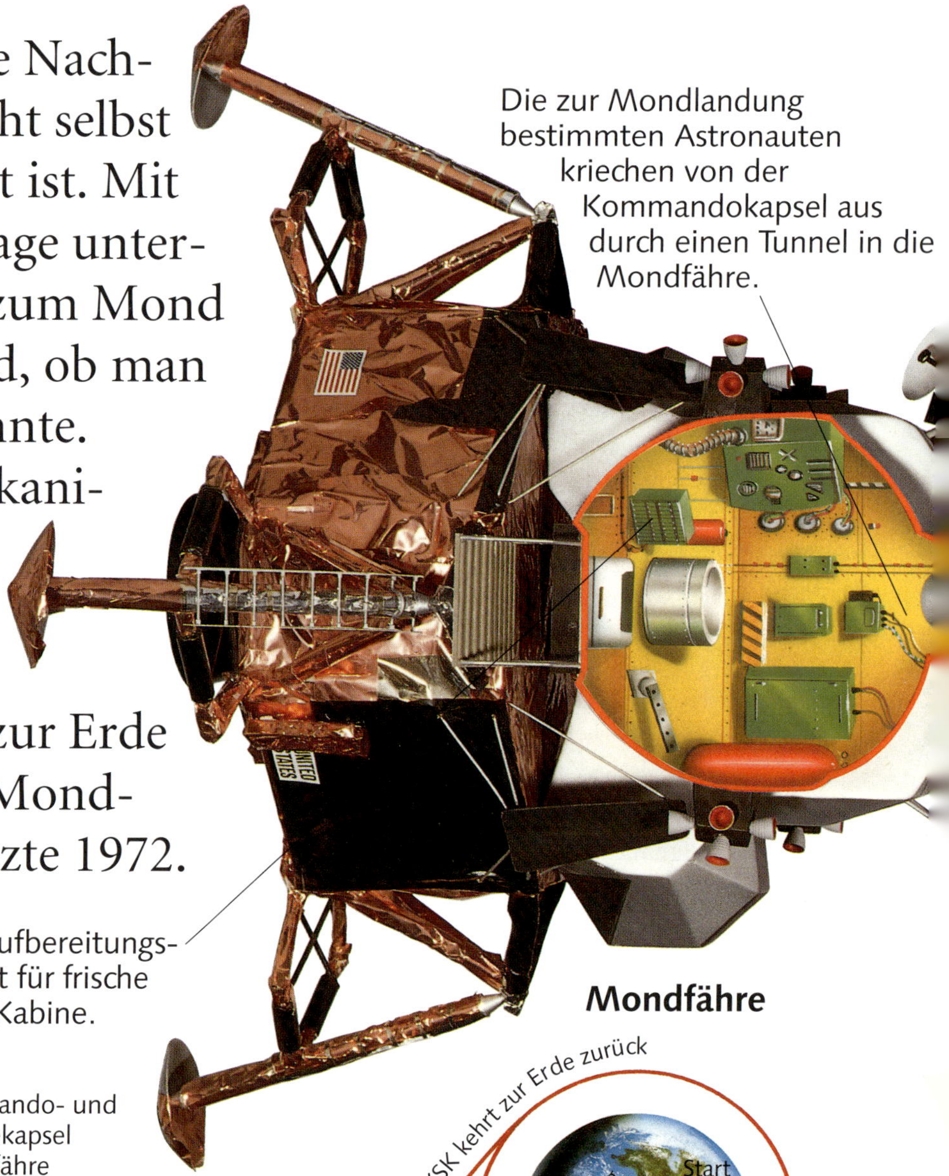

Die zur Mondlandung bestimmten Astronauten kriechen von der Kommandokapsel aus durch einen Tunnel in die Mondfähre.

Diese Luftaufbereitungsanlage sorgt für frische Luft in der Kabine.

Mondfähre

Abflug!

Die erste Stufe der Saturn 5-Rakete hat fünf gewaltige Triebwerke. Sobald ihnen der Treibstoff ausgeht, stürzen sie zur Erde zurück und die zweite Stufe tritt in Aktion.

KSK = Kommando- und Servicekapsel
MF = Mondfähre
KK = Kommandokapsel

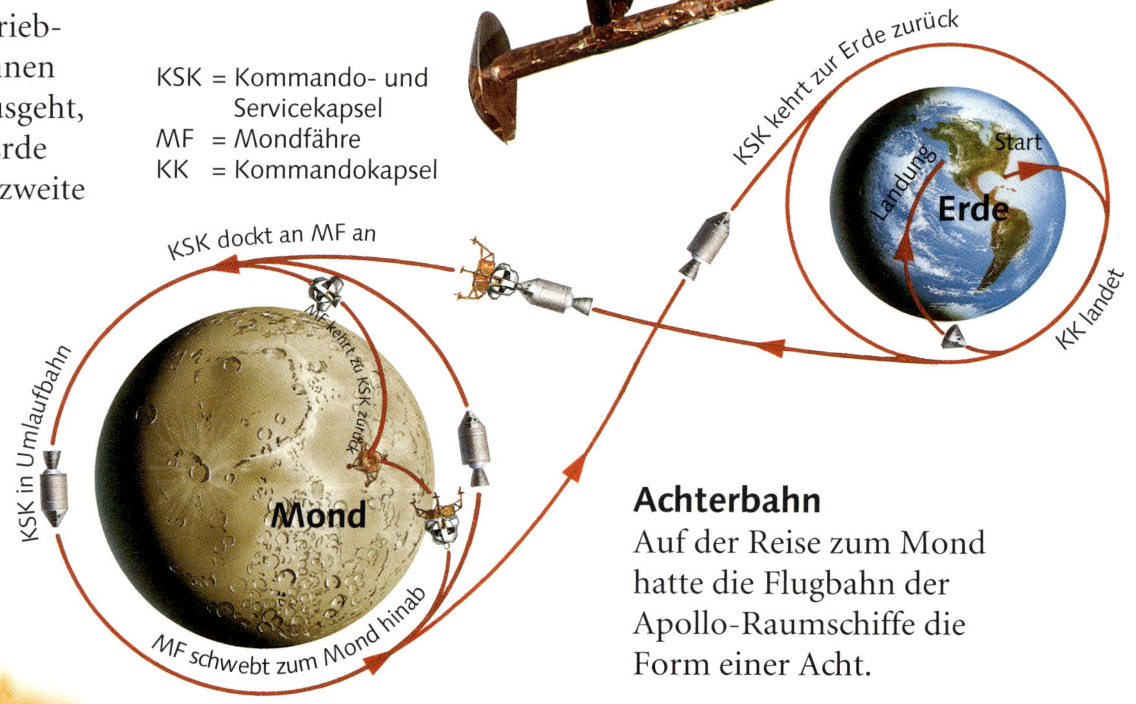

Achterbahn

Auf der Reise zum Mond hatte die Flugbahn der Apollo-Raumschiffe die Form einer Acht.

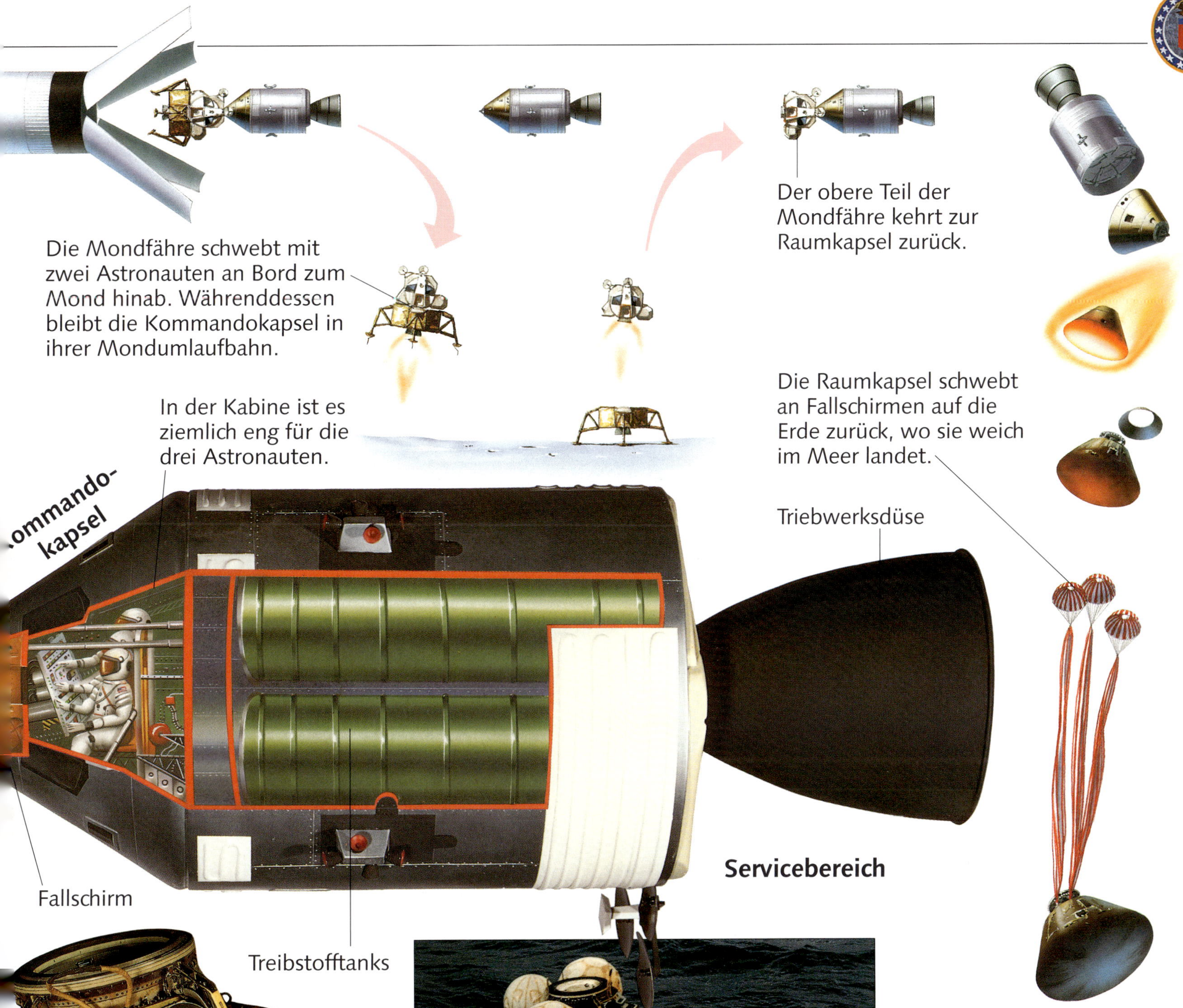

Landung im Wasser

Die Raumkapsel ist so schnell durch die Erdatmosphäre gerast, dass ihr Boden verbrannt ist. Sie landet im Meer und wird von einem Helikopter geborgen. Die Ballons richten die Kapsel wieder auf, falls sie im Wasser umstürzt.

Hier siehst du die Anordnung der Planeten und ihre Entfernung von der Sonne. Die Größenverhältnisse sind dabei nicht berücksichtigt.

Das Sonnensystem

Die Sonne bildet das Zentrum einer Planetenfamilie, die deshalb als Sonnensystem bezeichnet wird. Acht Planeten umrunden zusammen mit ihren Monden unsere Sonne auf ovalen Umlaufbahnen. Gleichzeitig dreht sich jeder dieser Planeten um sich selbst. Die vier inneren Planeten könnte man mit Steinkugeln vergleichen, die vier äußeren dagegen sind gigantische Kugeln aus Gas. Die Erde gehört zu den inneren Planeten.

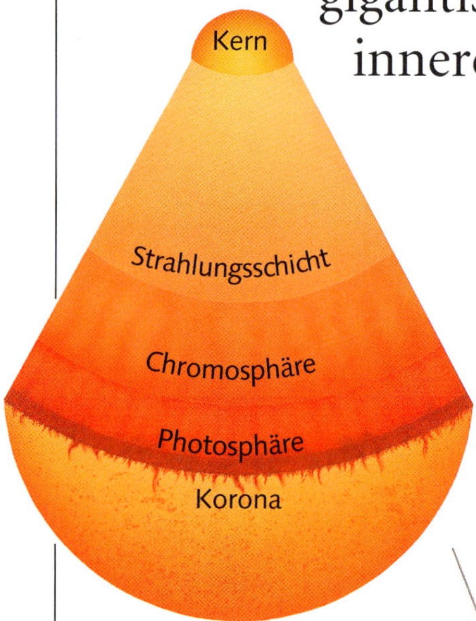

Sonnenhitze
Wenn man die Sonne teilen könnte, würde man den Kern und die ihn umgebenden brennenden Gase sehen.

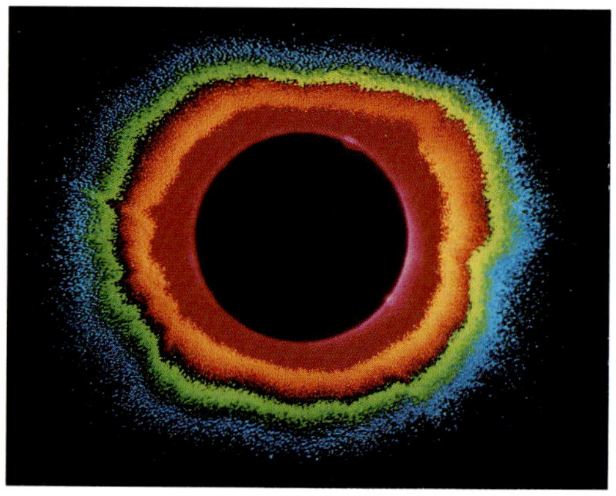

Gasschichten
Dieses Foto zeigt die Gasschichten, von denen die Sonne umgeben ist. Hinzugefügte Farben machen die einzelnen Schichten deutlich. Das Foto wurde bei einer Sonnenfinsternis aufgenommen. Sie tritt dann auf, wenn der Mond sich vor die Sonne schiebt.

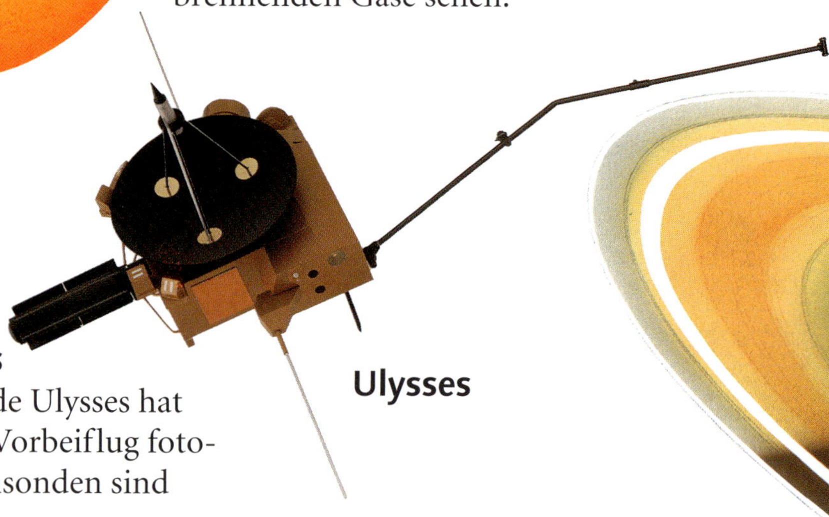

Sonnenfotos
Die Raumsonde Ulysses hat die Sonne im Vorbeiflug fotografiert. Raumsonden sind unbemannt.

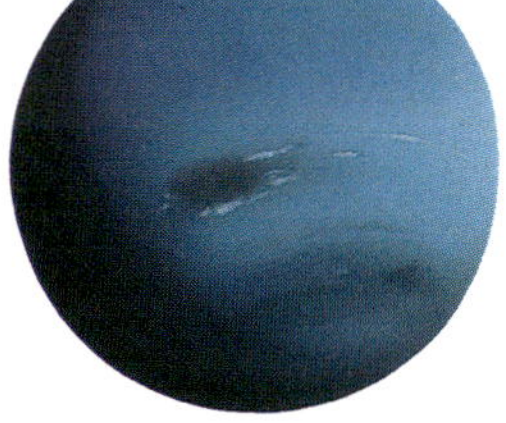

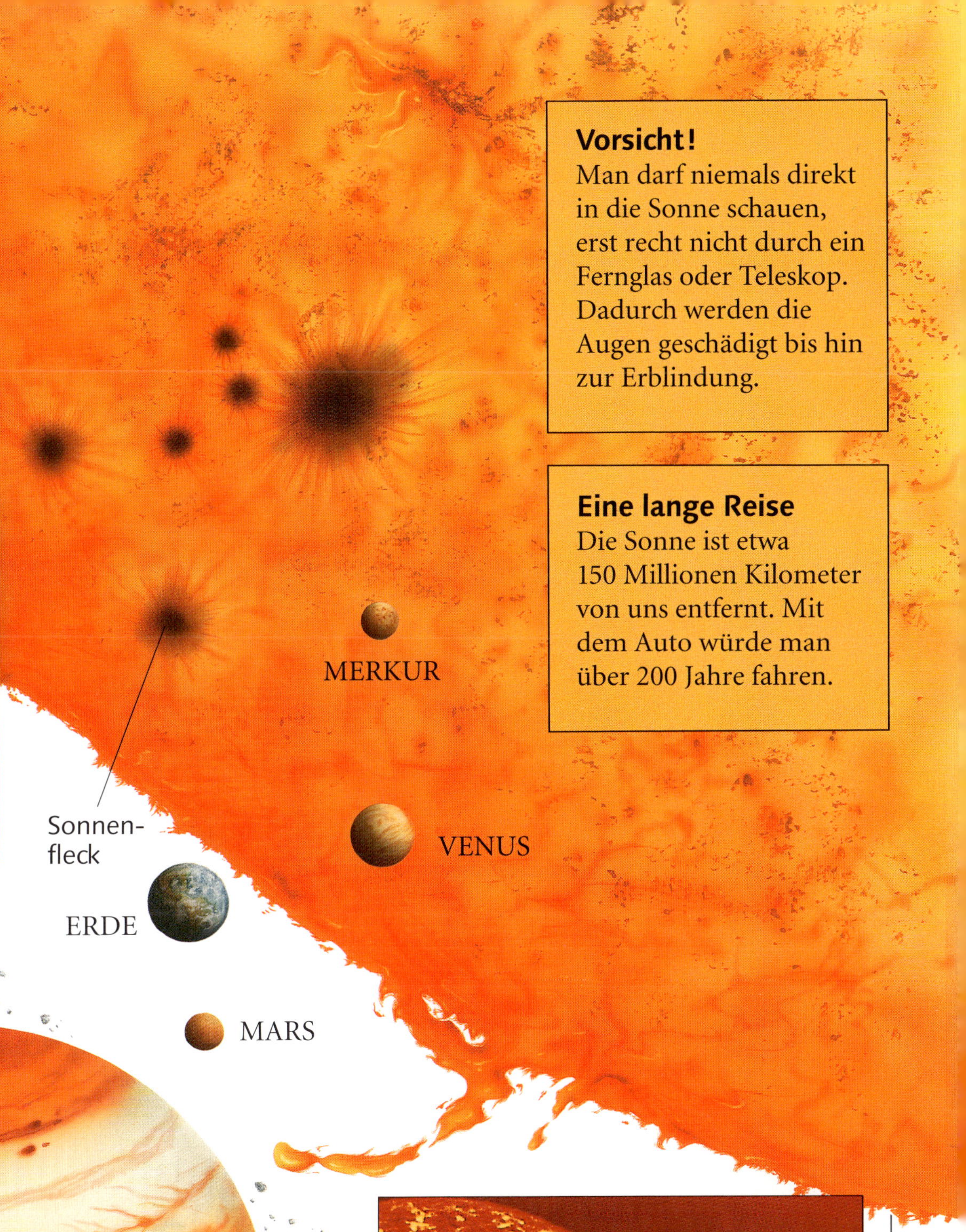

Vorsicht!
Man darf niemals direkt in die Sonne schauen, erst recht nicht durch ein Fernglas oder Teleskop. Dadurch werden die Augen geschädigt bis hin zur Erblindung.

Eine lange Reise
Die Sonne ist etwa 150 Millionen Kilometer von uns entfernt. Mit dem Auto würde man über 200 Jahre fahren.

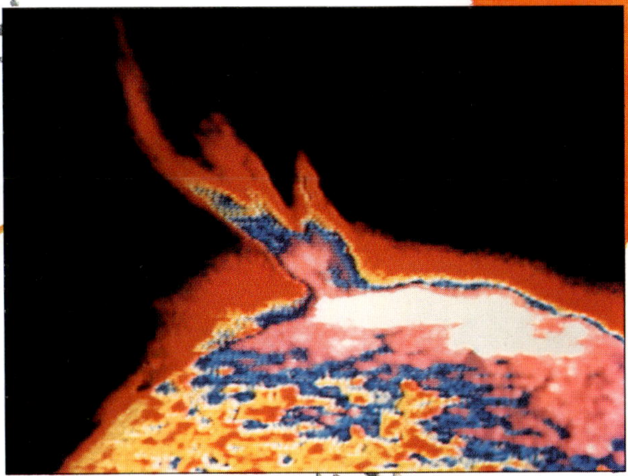

Feuerausbruch
Die Skylab-Besatzung hat Aufnahmen von wolkenartigen Gasausbuchtungen gemacht, die von der Sonne aufsteigen. Man nennt sie Protuberanzen. Das Foto ist eingefärbt, um die verschiedenen Gase sichtbar zu machen.

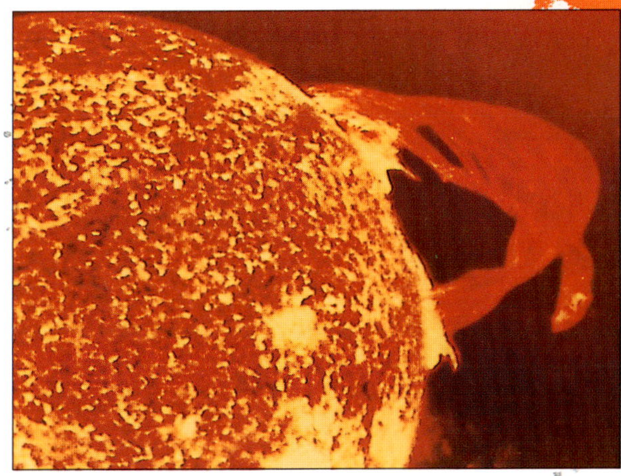

Feuerbogen
Die hier abgebildete Eruption ist eine der größten je fotografierten Protuberanzen. Sie bildet einen glühend heißen Feuerbogen.

Merkur und Venus

Zwischen Erde und Sonne befinden sich die beiden Planeten Merkur und Venus. Sie sind sehr heiß, weil sie die engsten Nachbarn der Sonne sind. Venus ist der hellste Stern am Nachthimmel, Merkur ist der zweitkleinste Planet. Von Raumsonden aufgenommene Fotos zeigen uns mehr von diesen Planeten.

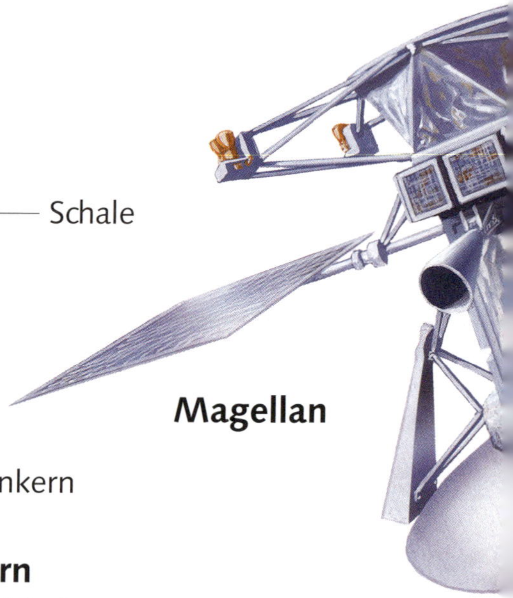

Harter Kern

Wenn man Merkur wie einen Pfirsich aufschneiden könnte, würde man innen auf einen Eisenkern stoßen.

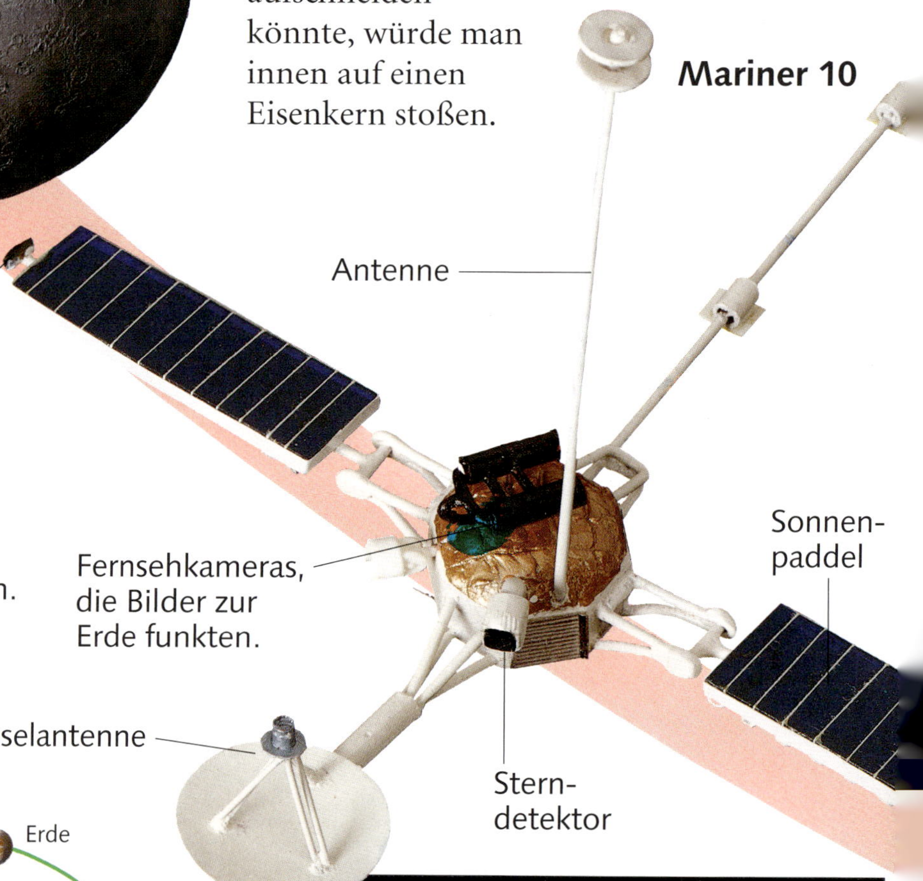

Stippvisite

Mariner 10 war die erste Raumsonde, die den beiden Planeten einen Besuch abstattete. 1974 erreichte sie Merkur und funkte die ersten Nahaufnahmen dieses Planeten zur Erde, nachdem sie zuvor an der Venus vorbeigeflogen war.

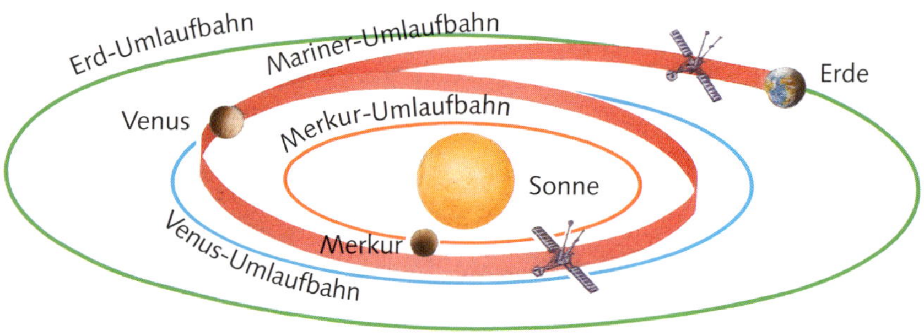

Die Reise von Mariner 10

Ein Jahr ist ein Jahr

Merkur ist der sonnennächste Planet und er hat es sehr eilig bei seiner Reise durchs All. Die Erde umkreist die Sonne in 365 Tagen, das Jahr des Merkurs dauert nur 88 Tage.

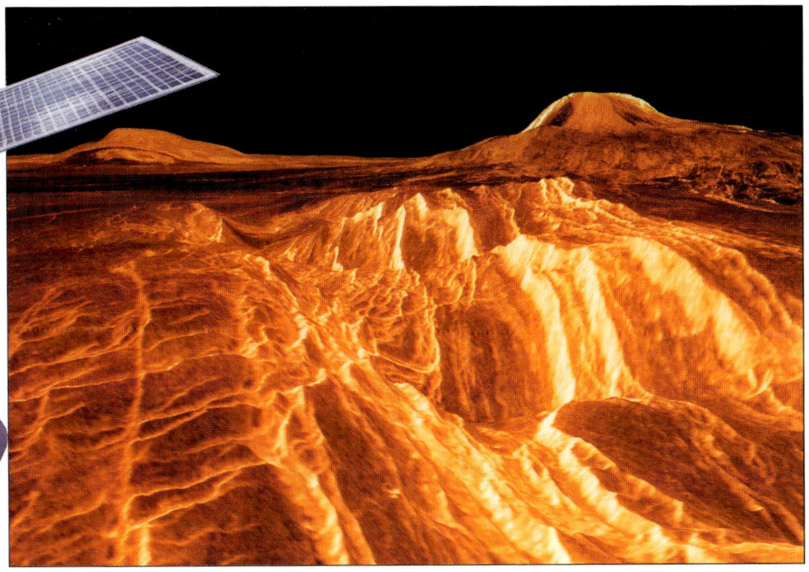

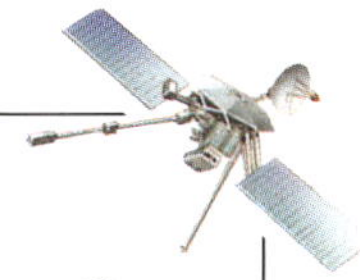

Venera 9 landet auf der Venus

Zunächst befindet sich die Sonde in einer Kapsel des Venera-Raumfahrzeuges.

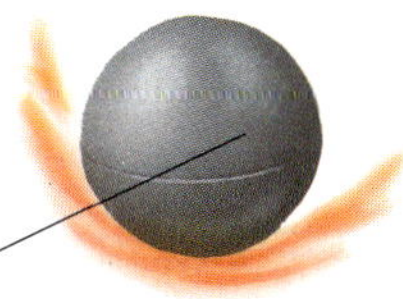

Diese Kapsel stürzt dann durch die Atmosphäre der Venus.

Die Hitzeschutzhüllen trennen sich und fallen ab.

Ein kleiner Fallschirm verlangsamt den Flug der Sonde.

Im letzten Stadium bremsen noch drei größere Fallschirme.

Nach der sicheren Landung werden Fernsehkameras und Instrumente eingeschaltet.

Kein Ort zum Leben

Mit Radarkameras konnte Magellan durch den Venusnebel gestochen scharfe Bilder aufnehmen. Dieses 3-D-Foto errechnete ein Computer.

Venus-Venera

Mehrere russische Venera-Raumsonden versuchten, auf der Venus zu landen, versagten aber in der enormen Hitze. Erst Verena 7 gelang eine Landung, und sie konnte etwa eine halbe Stunde Messdaten zur Erde funken. Dies ist der Teil von Venera 7, der an einem Fallschirm auf der Venus gelandet ist.

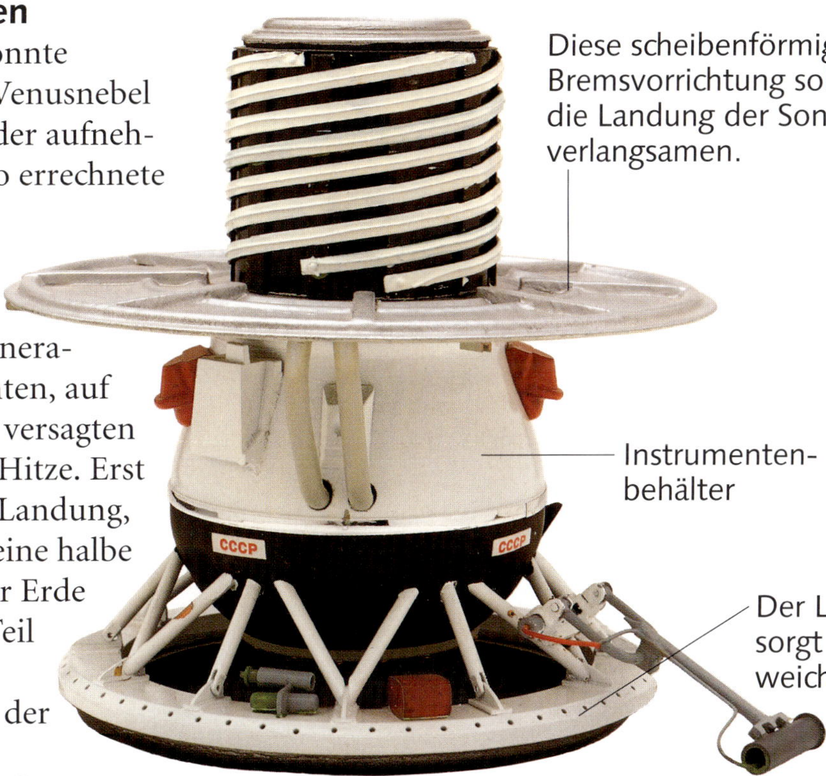

Diese scheibenförmige Bremsvorrichtung soll die Landung der Sonde verlangsamen.

Instrumentenbehälter

Der Landungsring sorgt für eine weiche Landung.

Gluthölle Venus

Die Venus ist der heißeste von allen Planeten – auf ihrer Oberfläche herrschen Temperaturen von über 470 °C! Sie hat einen orange leuchtenden, immer wieder von Blitzen durchzuckten Himmel. Die Erde dreht sich in 24 Stunden einmal um sich selbst. Die Venus braucht dazu 244 Tage.

Der Rote Planet

Das Landungsfahrzeug befindet sich während des Anfluges in einer Kapsel.

Viking-Raumsonde

Der Mars erhält sein Licht von einer fernen, kalten Sonne, die die ständig über den Himmel des Planeten wirbelnden Staubkörnchen rötlich erscheinen lässt. Früher glaubte man, dass es auf dem Mars Leben gäbe. Das hat sich nicht bestätigt. Zwei Viking-Raumsonden landeten 1976 auf dem Mars und untersuchten den Planeten. Die Mission endete 1980. Seit 2004 schickt der Rover „Spirit“ Bilder von Kratern auf dem Mars zur Erde.

Sie wird in der Umlaufbahn ausgeklinkt und stürzt Richtung Mars.

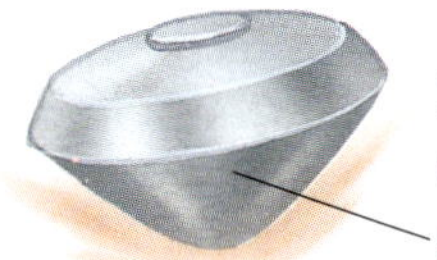

Sie rast so schnell dahin, dass sie zu glühen anfängt.

Ein Fallschirm bremst sie und der Hitzeschild fällt ab.

Die Fernsehkamera ist schwenkbar und zeichnet Serien-Bilder auf.

Dieser ferngesteuerte Arm sammelt Gesteinsproben auf dem Mars.

Das Viking-Landungsfahrzeug

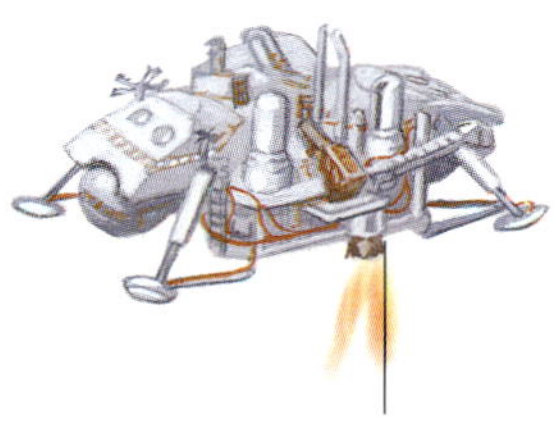

Die Beine werden ausgefahren und Bremsraketen sorgen für eine weiche Landung.

Maßarbeit

Das Viking-Landungsfahrzeug ist in der Raumsonde in einer Kapsel untergebracht. Es erinnert an eine Schildkröte im Panzer.

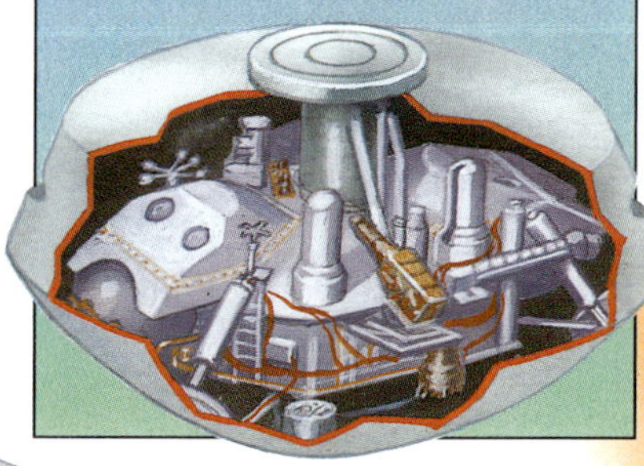

Fantastische Aufnahmen
Das Viking-Landungsfahrzeug hat mehrere tausend Bilder vom Mars gemacht. Ein solches Bild Abschnitt für Abschnitt aufzubauen dauerte etwa zehn Minuten.

Rote Wüste
Auf dem Mars ist es sehr kalt. Die Oberfläche des Planeten sieht aus wie eine rostige Gesteinswüste.

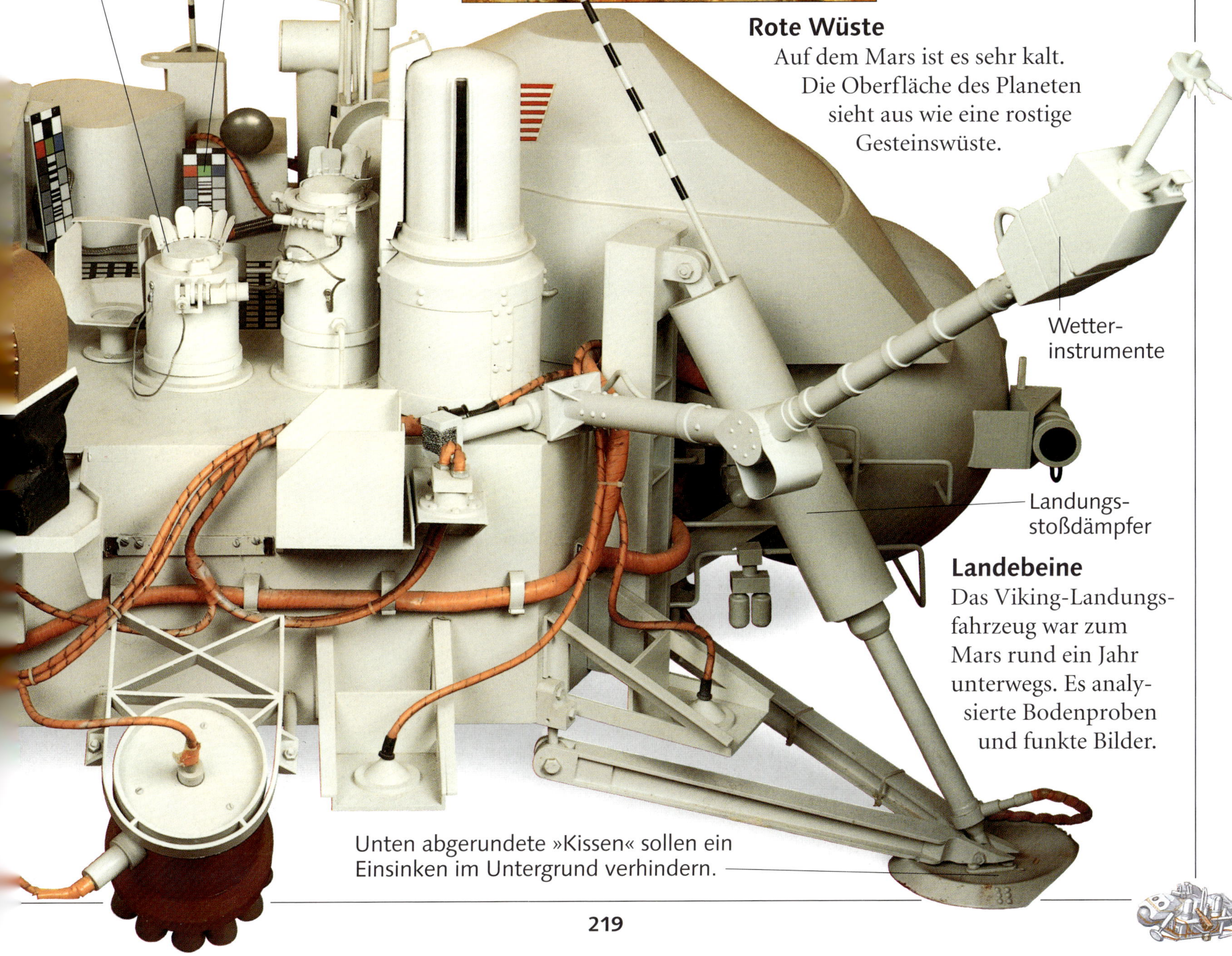

Landebeine
Das Viking-Landungsfahrzeug war zum Mars rund ein Jahr unterwegs. Es analysierte Bodenproben und funkte Bilder.

Jupiter und Saturn

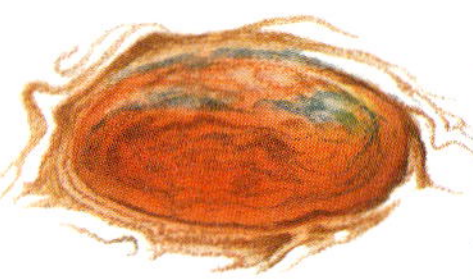

Diese Riesen sind die größten Planeten im Sonnensystem. Jupiter besteht aus flüssigen Gasen, deshalb kann dort auch niemand landen. Würde man mit dem Auto um seinen Äquator fahren, dauerte dies sechs Monate. Für eine Reise um den Erdäquator würde man nur zwei Wochen brauchen. Der von zwei Ringen umgebene Saturn ist besonders schön. Jupiter und Saturn drehen sich so schnell, dass sie immer von Wolkenfeldern umlagert sind.

Wirbelnder Saturn
Man könnte den Saturn am ehesten mit einem riesigen, sich drehenden Flüssigkeitsball vergleichen, den die Schwerkraft zusammenhält.

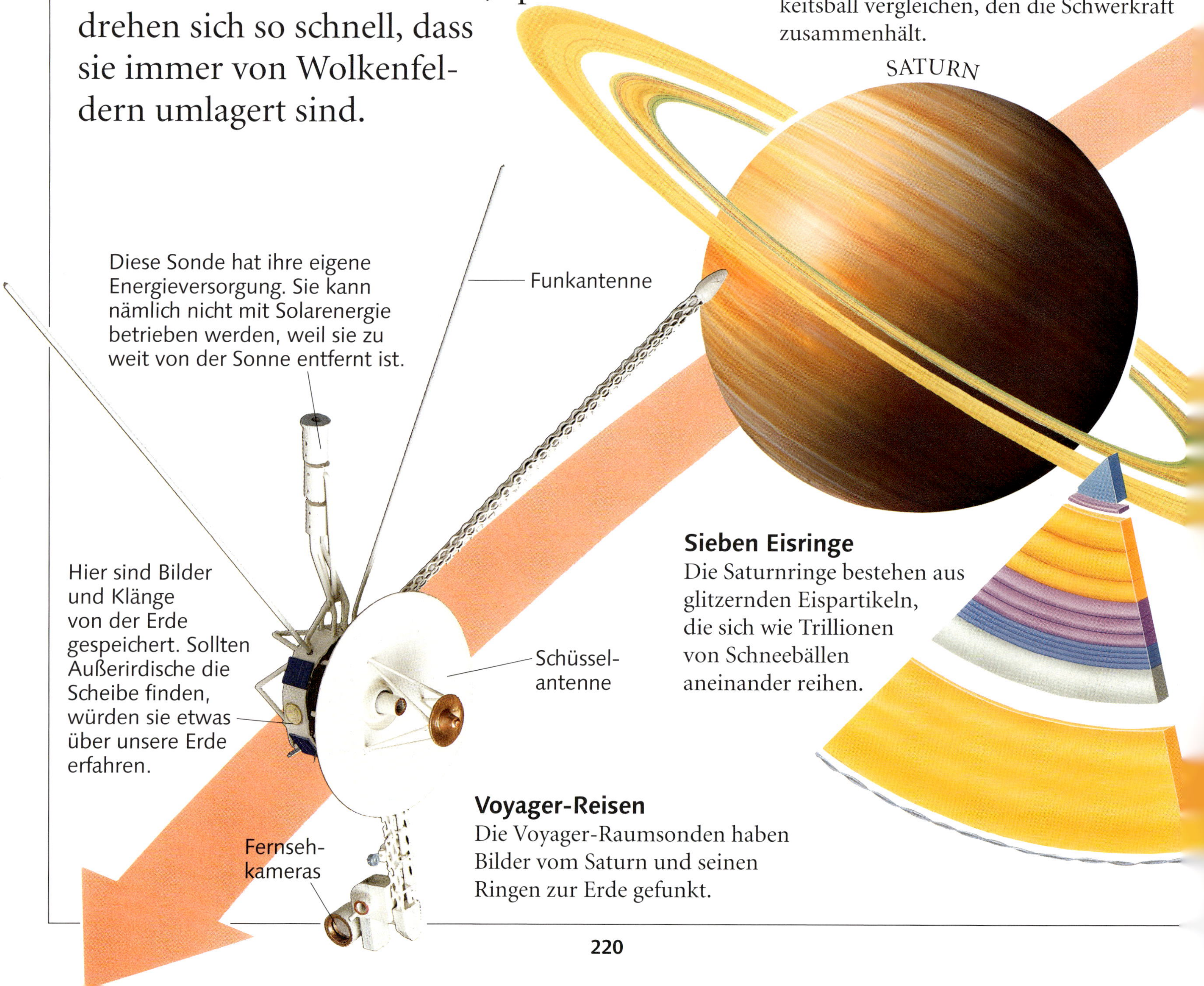

Sieben Eisringe
Die Saturnringe bestehen aus glitzernden Eispartikeln, die sich wie Trillionen von Schneebällen aneinander reihen.

Voyager-Reisen
Die Voyager-Raumsonden haben Bilder vom Saturn und seinen Ringen zur Erde gefunkt.

Bilder von Pioneer

Die Pioneer-Raumsonden waren fast zwei Jahre zum Jupiter unterwegs und funkten dann zahlreiche Bilder des Planeten zur Erde.

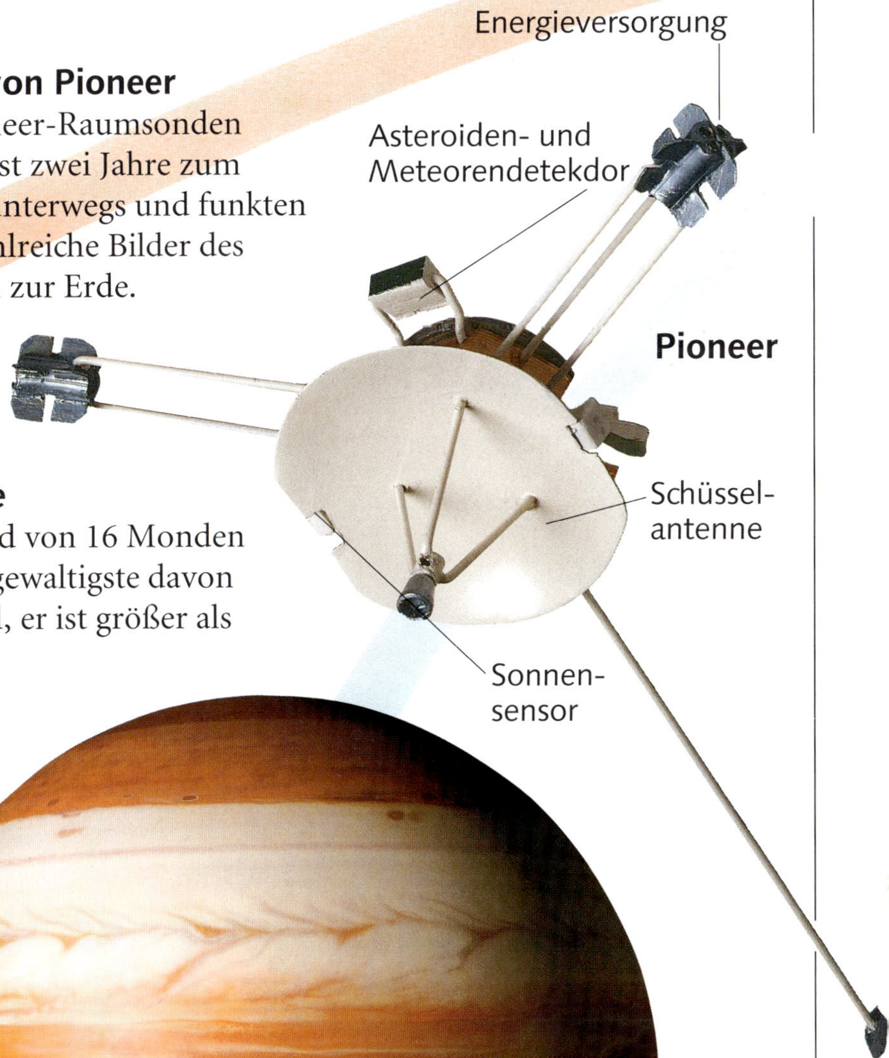

Riesenmonde

Der Jupiter wird von 16 Monden umkreist. Der gewaltigste davon heißt Ganymed, er ist größer als Merkur.

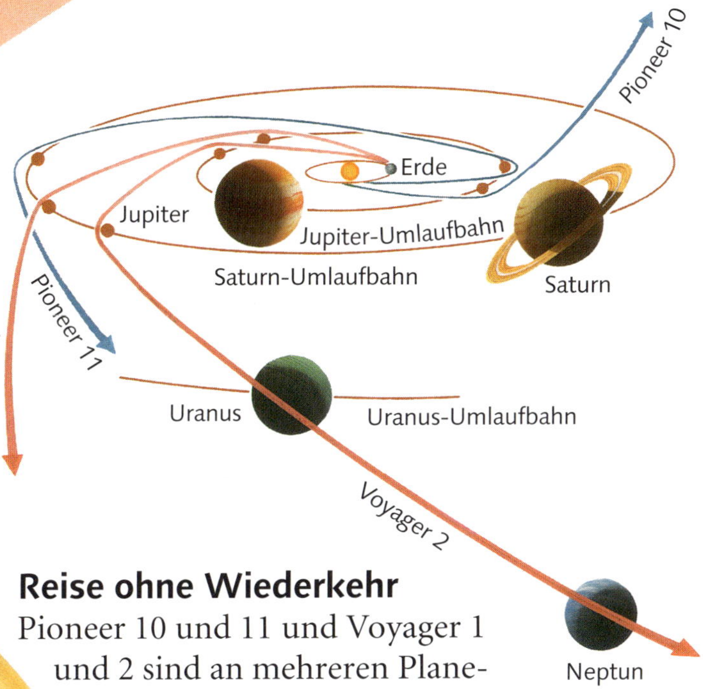

Reise ohne Wiederkehr

Pioneer 10 und 11 und Voyager 1 und 2 sind an mehreren Planeten vorbeigeflogen. Seither treiben sie in die Tiefen des Alls hinaus.

Roter Sturm

Genau wie der Saturn ist auch Jupiter ein riesiger Gas- und Flüssigkeitsball. Er ist von Eiswolken verhüllt und hat den so genannten Großen Roten Fleck. Das ist ein gewaltiger Wirbelsturm in der Jupiteratmosphäre.

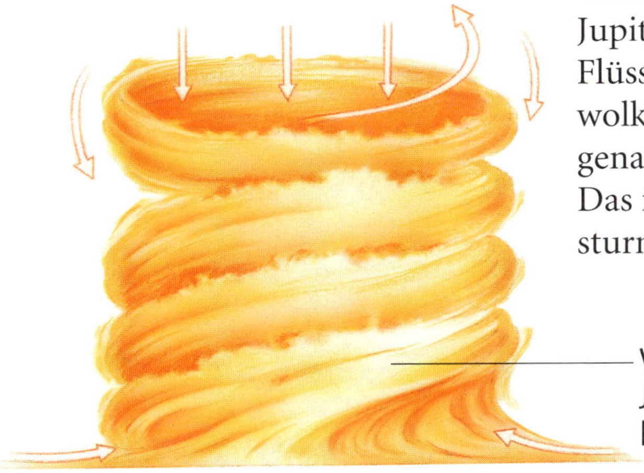

Kometen, Meteoriten, Asteroiden

Zwischen Mars und Jupiter gibt es einen Gürtel von Gesteinsbrocken, den so genannten Asteroidengürtel. Manchmal stoßen solche Brocken zusammen, und Teile davon werden zur Erde geschleudert. In einer Umlaufbahn um die Sonne sind auch Gesteinsklumpen, die Kometen. Nahe bei der Sonne leuchten sie stark. Berühmt sind der Halleysche Komet und der Komet Hale-Bopp.

Die Staub- und Gaswolken um den Halleyschen Kometen werden von Sonnenwinden zu einem riesigen Schweif geformt. Kometenschweife weisen stets von der Sonne fort.

Kometen
Weil sie überwiegend aus Eis bestehen und mit dunklem Staub bedeckt sind, werden Kometen manchmal „schmutzige Schneebälle" genannt.

Das Zentrum eines Kometen besteht aus Eisteilchen. Wenn er sich der Sonne nähert, verdampft ein Teil davon.

Regelmäßiger Besucher
Der Halleysche Kometen nähert sich der Erde ungefähr alle 76 Jahre, zuletzt war das 1986. Schon im Jahr 1066 wurde er auf dem berühmten Teppich von Bayeux abgebildet.

Kometenkopf
Auf diesem Foto ist der Kopf des Halleyschen Kometen zu sehen. Computerfarben verdeutlichen das hell leuchtende Zentrum und die darum liegenden Schichten.

Ein Gürtel aus Planeten
Die Asteroiden des Asteroidengürtels sind in Wirklichkeit tausende von winzigen Planeten. Der größte hat einen Durchmesser von rund 1000 Kilometern.

Meteoritenschauer

Wenn ein Gesteins- oder Metallbrocken in der Atmosphäre zu glühen beginnt, bevor er zur Erde stürzt, spricht man von einem Meteor oder einer Sternschnuppe. Hier ist eine große Zahl solcher Sternschnuppen zu sehen.

Krach! Peng!

Ein großer Meteor, der während seines Fluges in der Erdatmosphäre nicht ganz verglüht, wird Meteorit genannt.

Er hat eine so hohe Geschwindigkeit, dass er am Boden in tausend Stücke zerschellt.

Er verursacht eine messbare Erschütterung der Erdoberfläche.

Der Aufprall hinterlässt ein großes Loch, das man Krater nennt.

Dieser riesige Meteoritenkrater ist in Amerika, im Staat Arizona zu sehen.

Kometensuche

Die europäische Forschungsraumsonde Giotto ist 1986 bis auf 600 Kilometer an den Kern des Halleyschen Kometen herangekommen und hat Fotos von ihm gemacht. Jetzt ist Giotto auf der Suche nach weiteren Kometen.

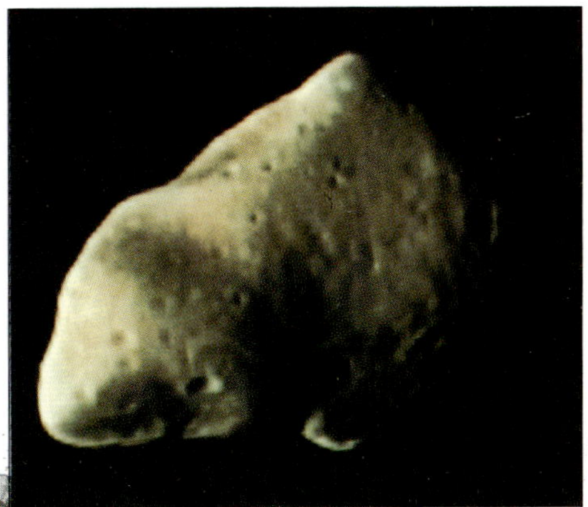

Der Asteroid Gaspra

1991 gelang es der Raumsonde Galileo, dieses Bild vom Asteroiden Gaspra zur Erde zu funken. Nie zuvor hatte man ihn zu sehen bekommen.

Himmelsbeobachtung

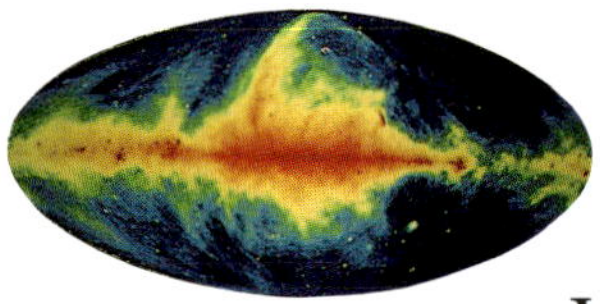

Wenn man in einer klaren Nacht zum Himmel hinaufschaut, kann man hunderte von Sternen und manchmal auch den Mond sehen. Wenn man dazu ein Fernglas oder ein Teleskop benutzt, kann man noch mehr erkennen – zum Beispiel die Planeten und die Krater auf dem Mond. Astronomen verwenden zur Erforschung des Alls riesige Radioteleskope, von denen manche mit Schüsseln ausgestattet sind, damit sie noch weiter hinausblicken können. Das Hubble-Weltraum-Teleskop ist das größte, das im Weltraum stationiert ist.

Gestochen scharf
Dieses Foto der Venus wurde von einem sie umkreisenden Pioneer-Satelliten gemacht. Um die dicke Wolkenschicht, von der die Venus umlagert ist, zu durchdringen, arbeitete er mit einem Radarverfahren. Die Signale funkte er dann an ein Radioteleskop auf der Erde, wo sie in dieses Bild umgesetzt wurden.

Sonnenpaddel

Radioteleskop

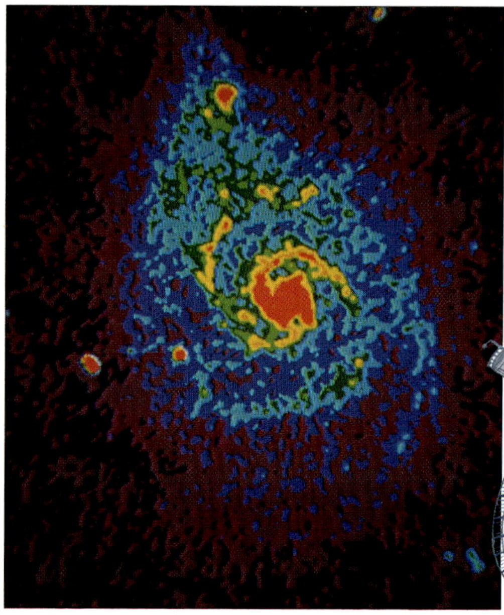

Strudel
Dieses Bild einer Spiralnebel-Galaxie haben Wissenschaftler mit einem Radioteleskop aufgenommen. Die künstlichen Farben machen die Spiralarme der Galaxie sichtbar.

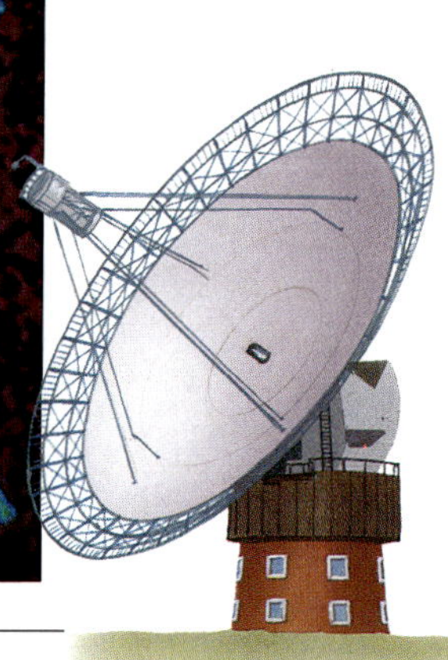

Jäger am Himmel

Dieses durch ein kleines Teleskop aufgenommene Foto zeigt einen Teil des Sternbildes Orion – auch Jäger genannt.

Der Kopf in den Sternen

Den Pferdekopfnebel kann man durch ein Fernrohr sehen. Dieses Bild ist eingefärbt, aber auch in Wirklichkeit bietet der Nebel einen ähnlich leuchtenden Anblick.

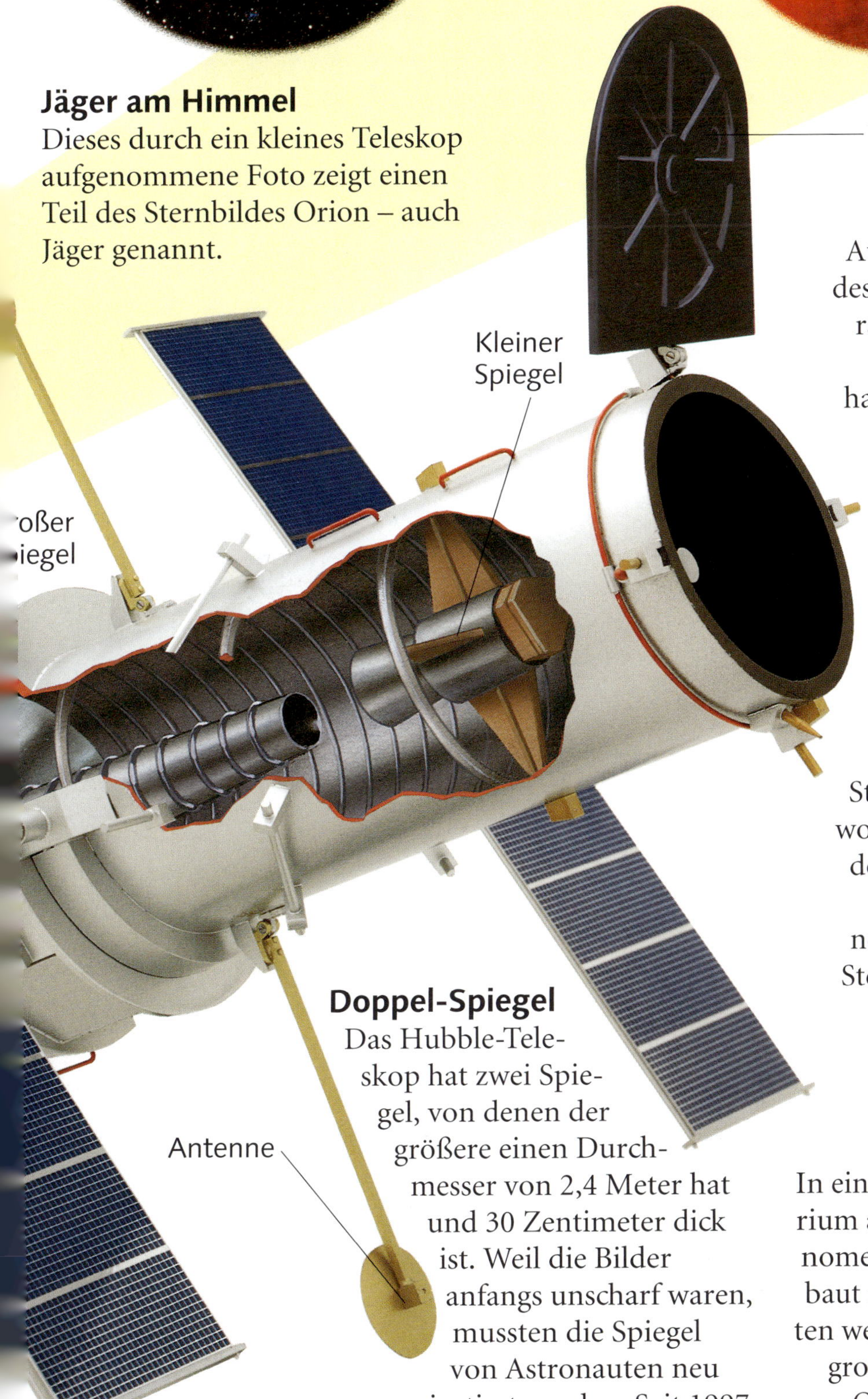

Doppel-Spiegel

Das Hubble-Teleskop hat zwei Spiegel, von denen der größere einen Durchmesser von 2,4 Meter hat und 30 Zentimeter dick ist. Weil die Bilder anfangs unscharf waren, mussten die Spiegel von Astronauten neu justiert werden. Seit 1997 arbeiten sie einwandfrei.

Sternhaufen

Auf diesem Foto des Hubble-Weltraum-Teleskops ist ein Sternhaufen zu sehen.

Sternenlicht

Dieses Foto mit naturgetreuen Farben zeigt den aus Staub- und Gaswolken bestehenden Orionnebel, den laufend neu entstehende Sterne von innen erleuchten.

Sternwarte

In einem Observatorium arbeiten Astronomen. Gewöhnlich baut man Sternwarten weit entfernt von großen Städten an Orten mit guten Wetterverhältnissen.

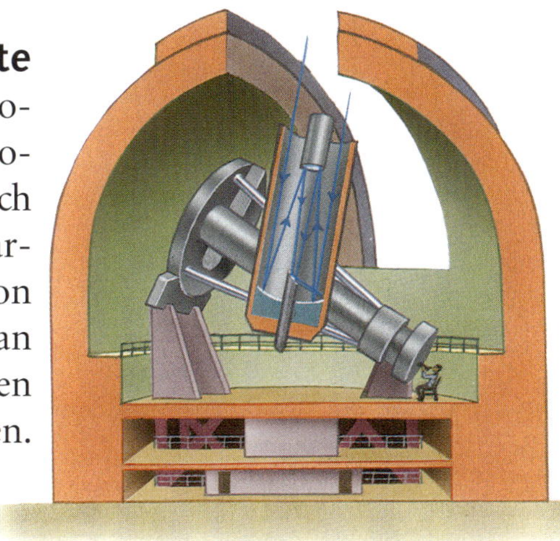

Sterne und Galaxien

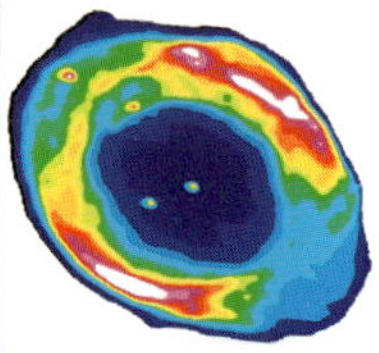

Von der Erde aus betrachtet, sehen Sterne wie kleine Lichtpunkte aus, in Wirklichkeit sind sie jedoch riesige, glühend heiße Gasbälle in den Tiefen des Universums. Sie bilden sich ständig neu, verändern sich und sterben. Große Sterne werden Riesen genannt, noch größere heißen Überriesen und kleine bezeichnet man als Zwerge. Unsere Sonne ist nur einer von etwa hunderttausend Millionen Sternen in unserer auch als Milchstraße bezeichneten Galaxie.

Funkelnde Sterne
Wenn man in sternklaren Nächten zum Himmel hinaufschaut, kann man unzählige funkelnde Sterne entdecken, die dort oben wie Juwelen glitzern.

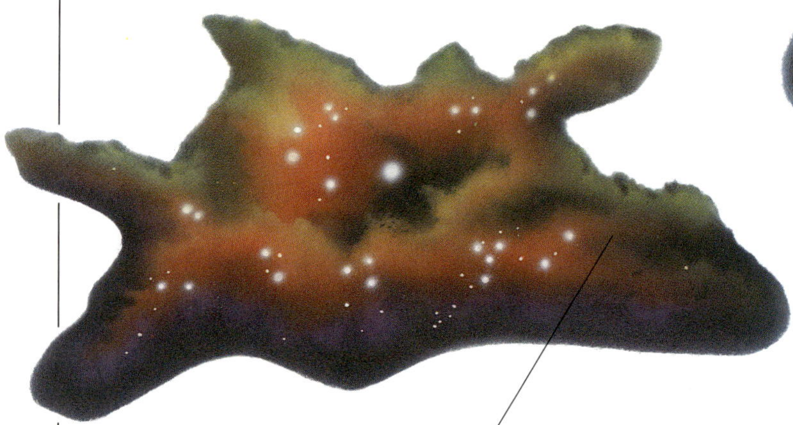

Sterne entstehen in riesigen Staub-Gas-Wolken, die von den Astronomen als Nebel bezeichnet werden.

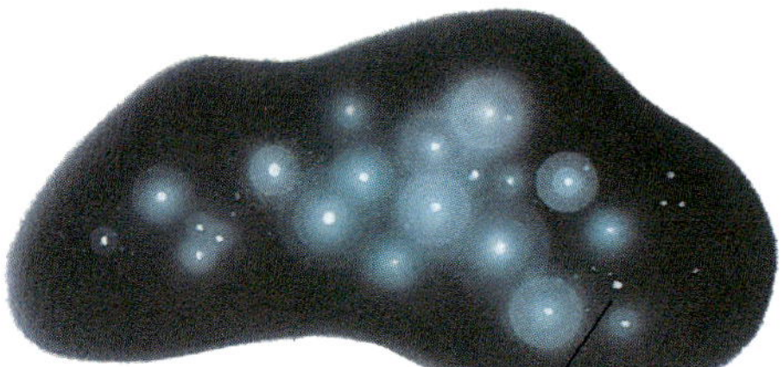

Eine Gruppe neu entstehender Sterne wird als Sternhaufen bezeichnet.

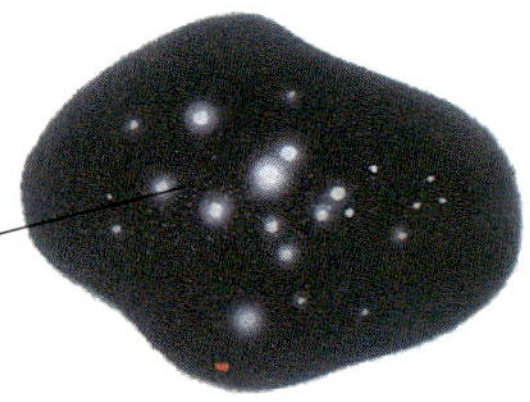

Die Gas-Staub-Wolke verdichtet sich, wird kleiner und sehr heiß.

Ein neuer Stern ist sehr hell und sendet viele Jahre lang ein gleichmäßig leuchtendes Licht aus.

Wenn ein Stern langsam abkühlt, wird er immer größer. In diesem Stadium heißt er roter Riese.

Gegen Ende seines Sternenlebens bricht häufig der Kern eines roten Riesen zusammen und gibt Gasschichten ab.

Himmelslichter
In diesem violettroten Nebel gibt es viele neue Sterne. Die Eigenstrahlung eines jungen Sterns hat eine blaue Farbe.

Manchmal explodiert ein riesiger Stern und bricht in viele Teile auseinander. Man spricht dann von einer Supernova.

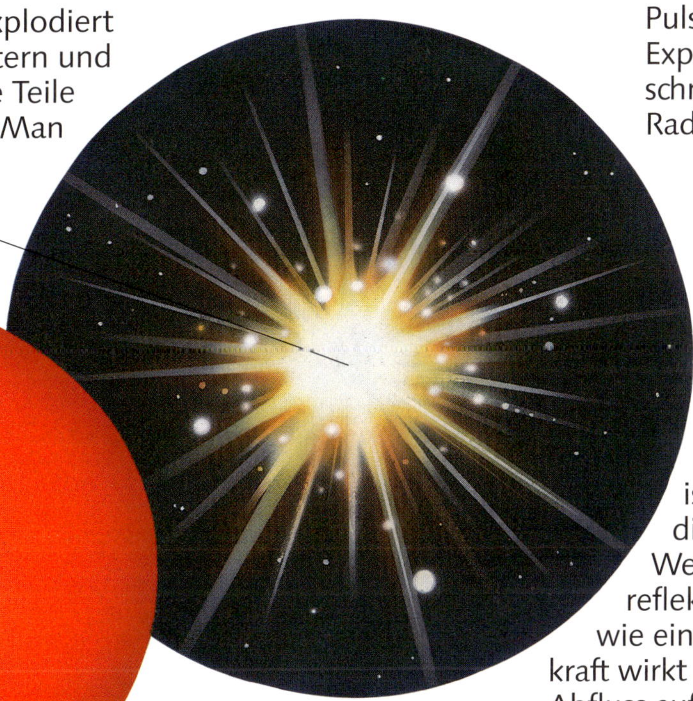

Pulsare sind Überreste einer Supernova-Explosion. Ein solcher Pulsar rotiert sehr schnell und sendet stoßweise Radiowellen aus.

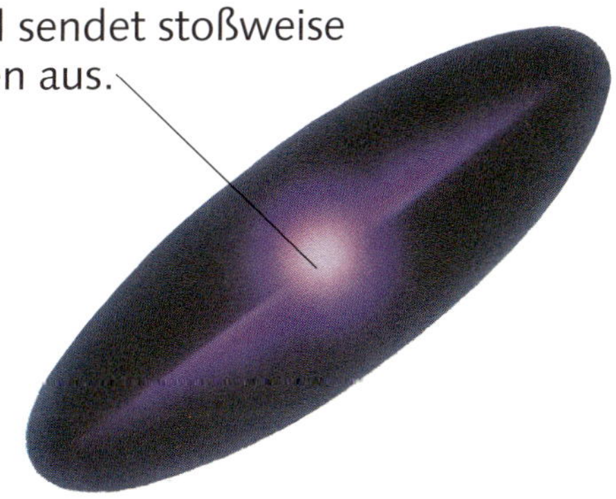

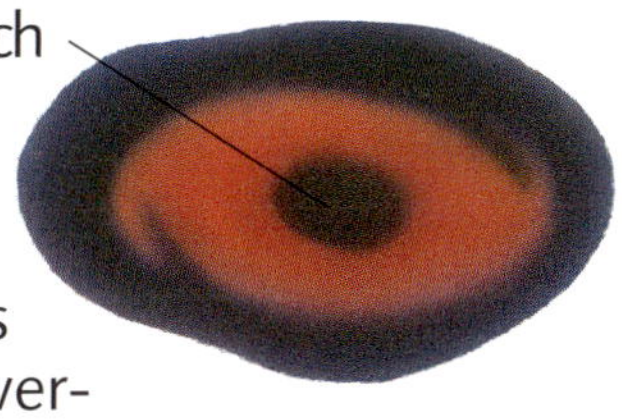

Ein schwarzes Loch ist ein Objekt aus dichter Materie. Weil es kein Licht reflektiert, erscheint es wie ein Loch. Seine Schwerkraft wirkt auf nahe Himmelskörper ähnlich wie ein Abfluss auf abfließendes Wasser.

Manche sterbenden Sterne entwickeln sich zu gigantischen roten Superriesen.

Große Sterne leuchten sehr hell, haben aber eine kürzere Lebensdauer als kleinere.

Unser Sonnensystem

Galaxieformen

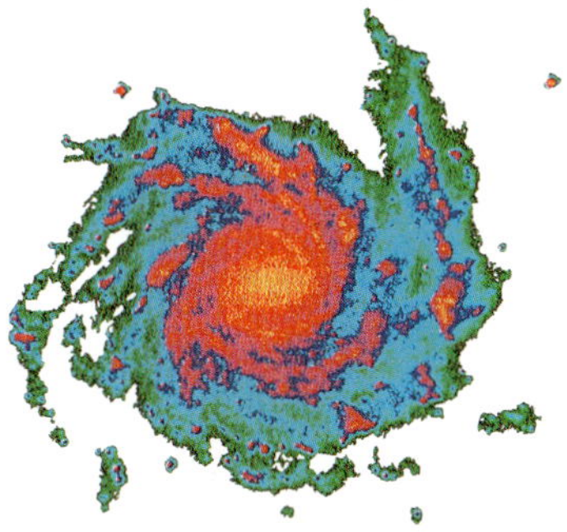

Spiralförmige Galaxie

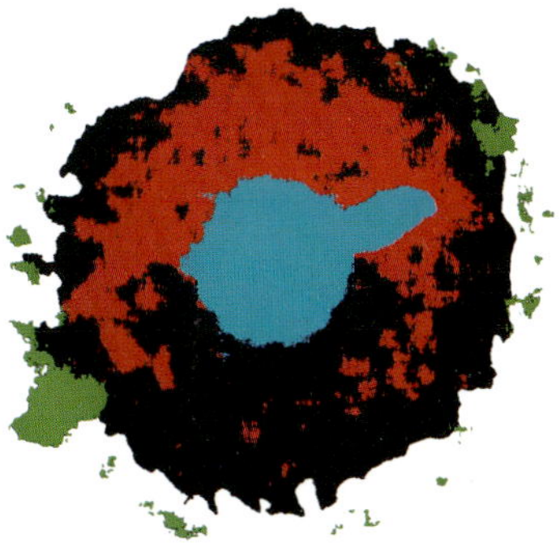

Elliptische Galaxie

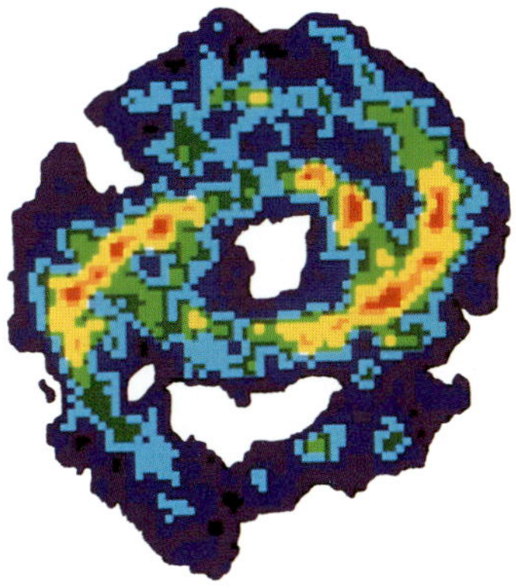

Spiral-Balken-Galaxie

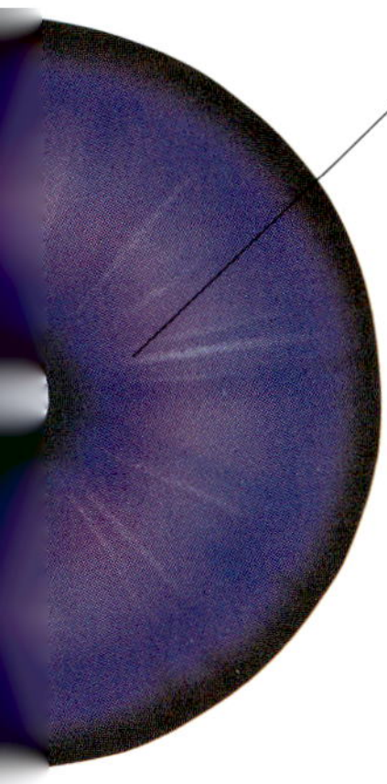

Durch ein Fernrohr betrachtet, sieht der Stern jetzt wie ein Planet aus und wird als planetarischer Nebel bezeichnet.

Manche Sterne schrumpfen und werden dabei immer weißer. Sie enden als weiße Zwerge.

Sternspirale

Unsere Galaxie, die Milchstraße, ist spiralförmig. Unser Sonnensystem liegt etwa zwei Drittel von ihrem Zentrum entfernt in einem der Spiralarme. Im Universum gibt es zahllose Galaxien in unterschiedlichsten Formen. Versuche einmal, eine Galaxie zu zeichnen!

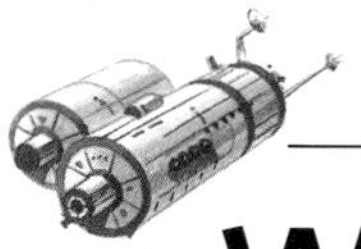

Worterklärungen

Äquator Die gedachte Linie, die auf der Hälfte zwischen Nord- und Südpol um einen Planeten herumführt.

Antenne Einrichtung zum Empfangen und Senden elektromagnetischer Wellen.

Asteroid Ein kleiner Gesteins- oder Metallkörper, der wie ein winziger Planet die Sonne umkreist. Die meisten Asteroiden befinden sich in einem Gürtel zwischen Mars und Jupiter.

Astronaut Ein Mensch, der von der Erde aus in den Weltraum fliegt.

Astronom Ein Mensch, der Sterne, Planeten und andere Objekte im Raum beobachtet und erforscht.

Atmosphäre Eine Gashülle, die einen Planeten oder Mond umgibt.

Balken-Spiral-Galaxie Eine Gruppe von Sternen, die eine spiralförmige Struktur mit einem quer laufenden Balken bilden.

Eklipse Wenn der Schatten eines Planeten oder Mondes einen anderen verdunkelt (Sonnen- oder Mondfinsternis).

Elliptische Galaxie Ein riesiger Sternhaufen, der in seiner Form an ein Ei erinnert.

Fernrohr siehe Teleskop

Galaxie Eine riesige Ansammlung von Sternsystemen im Raum.

Hemisphäre Erdhälfte oder Halbkugel. Der Äquator teilt die Erde in eine nördliche und eine südliche Hemisphäre.

Komet Ein aus Eis und Gestein bestehendes Objekt im Sonnensystem, das in Sonnennähe aufleuchtet.

Kommandokapsel Die konisch geformte Kapsel, in der sich die Astronauten während ihrer Mondflüge aufhielten.

Kosmonaut Die russische Bezeichnung für Astronaut.

Lichtjahr Die Entfernung, die ein Lichtstrahl in einem Jahr zurücklegt.

Meteor Ein Gesteins- oder Metallbrocken, der während des Fluges durch die Erdatmosphäre verglüht.

Meteorit Ein Meteor, der nicht ganz verglüht und deshalb auf die Erde stürzt.

Milchstraße Galaxie, in der sich die Sonne befindet. Sie ist als breiter, heller Gürtel am Nachthimmel zu sehen.

Mond Der natürliche Satellit eines Planeten.

Mondfähre Das Fahrzeug, mit dem die Apollo-Astronauten auf dem Mond gelandet sind.

Observatorium (Sternwarte) Eine technisch-wissenschaftliche Einrichtung, in der Astronomen mit Fernrohren den Nachthimmel beobachten.

Planet Ein großes rundes Objekt, das einen Stern umkreist. Die Erde ist einer von neuen Planeten der Sonne. Planeten haben keine eigene Leuchtkraft, sondern sie reflektieren lediglich das Sonnenlicht.

Pulsar Ein schnell rotierender Stern, der stoßweise regelmäßige Radiowellen aussendet.

Quasar Ein sehr helles, fernes Objekt, das möglicherweise das Zentrum einer weit entfernten Galaxie bildet.

Rakete Ein von starken Antriebskräften beschleunigter Flugkörper, der Menschen und Objekte in den Weltraum bringt.

Raumanzug Ein Spezialanzug, den die Astronauten bei ihren Raumspaziergängen anziehen müssen. Er schützt sie vor gefährlichen Strahlen und versorgt sie mit Atemluft.

Satellit auch Raumsonde. Ein kleineres Objekt (natürlich oder künstlich), das einen größeren Himmelskörper umkreist.

Schwerelosigkeit Im Weltraum gibt es keine Schwerkraft, deshalb haben die Dinge scheinbar kein Gewicht und schweben frei umher.

Servicestufe Der Teil der Saturn-5-Rakete, in dem die Triebwerke, der Treibstoff und die Vorräte der Astronauten während der Apollo-Mondflüge untergebracht waren.

Solar Alles, was mit der Sonne zu tun hat.

Sonnenpaddel Außenteil eines Satelliten mit kleinen Zellen, die Sonnenlicht in Energie umwandeln.

Sonnensystem Die Sonnenfamilie, zu der Planeten, Monde, Asteroiden, Meteore und Kometen gehören.

Schwerkraft Die Kraft eines Planeten, die alle in seinem Einzugsbereich befindlichen Objekte zu seinem Mittelpunkt zieht.

Spacelab Ein Raumlabor im Spaceshuttle, in dem im Weltraum wissenschaftliche Tests durchgeführt werden können.

Spiralförmige Galaxie Eine riesige Gruppe von Sternsystemen, die eine spiralförmige Struktur hat.

Stern Ein riesiger Ball aus brennenden Gasen, der Hitze und Licht abstrahlt. Unsere Sonne ist ein mittelgroßer Stern.

Sternbild Eine am Nachthimmel sichtbare Konstellation von Sternen.

Sternwarte siehe Observatorium

Supernova Ein großer Stern, der explodiert und auseinander fliegt.

Teleskop (Fernrohr) Ein mit Spiegeln und optischen Linsen ausgestattetes Rohr, durch das man hindurchschauen kann und das ferne Objekte näher und größer erscheinen lässt.

UFO (unbekanntes Flugobjekt) Eine geheimnisvolle Erscheinung am Himmel, für deren Entstehung es keine Erklärung gibt.

Umlaufbahn Die Bahn, in der ein Objekt ein anderes umkreist, etwa die Erde die Sonne.

Universum auch Weltall oder Kosmos. Die Gesamtheit der Sterne und Sternsysteme.

Weltraumsonde Ein unbemanntes Raumfahrzeug, das die Planeten erforscht.

Weltraumstation Ein künstliches Gebilde im Weltraum, in dem Astronauten manchmal monatelang wohnen und arbeiten.

Meere und Ozeane

Inhalt

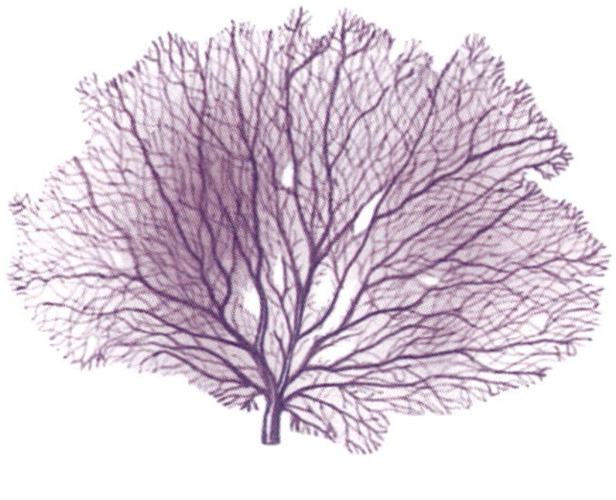

Die Meere

Fast drei Viertel der Erdoberfläche sind von Ozeanen und Meeren bedeckt. In diesen ungeheuren Salzwassermassen sind Furcht erregende Haie ebenso zu Hause wie riesige Wale und winzige Fische. Viele Teile der Ozeane sind von Menschen noch nie besucht worden und sicher gibt es in dieser wunderbaren Unterwasserwelt noch vieles zu entdecken.

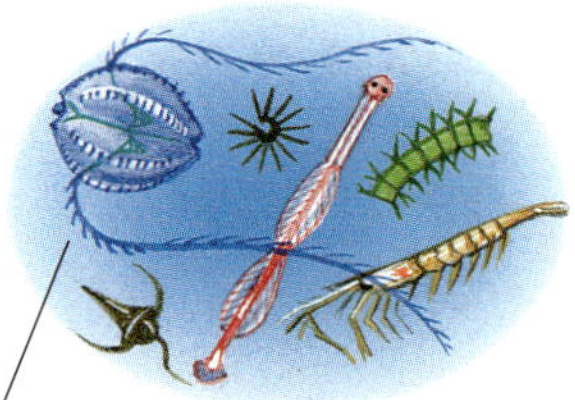

Winzige Pflanzen und Tiere, Plankton genannt

Leben im Wasser
Abertausende von Pflanzen- und Tierarten leben in den Weltmeeren.

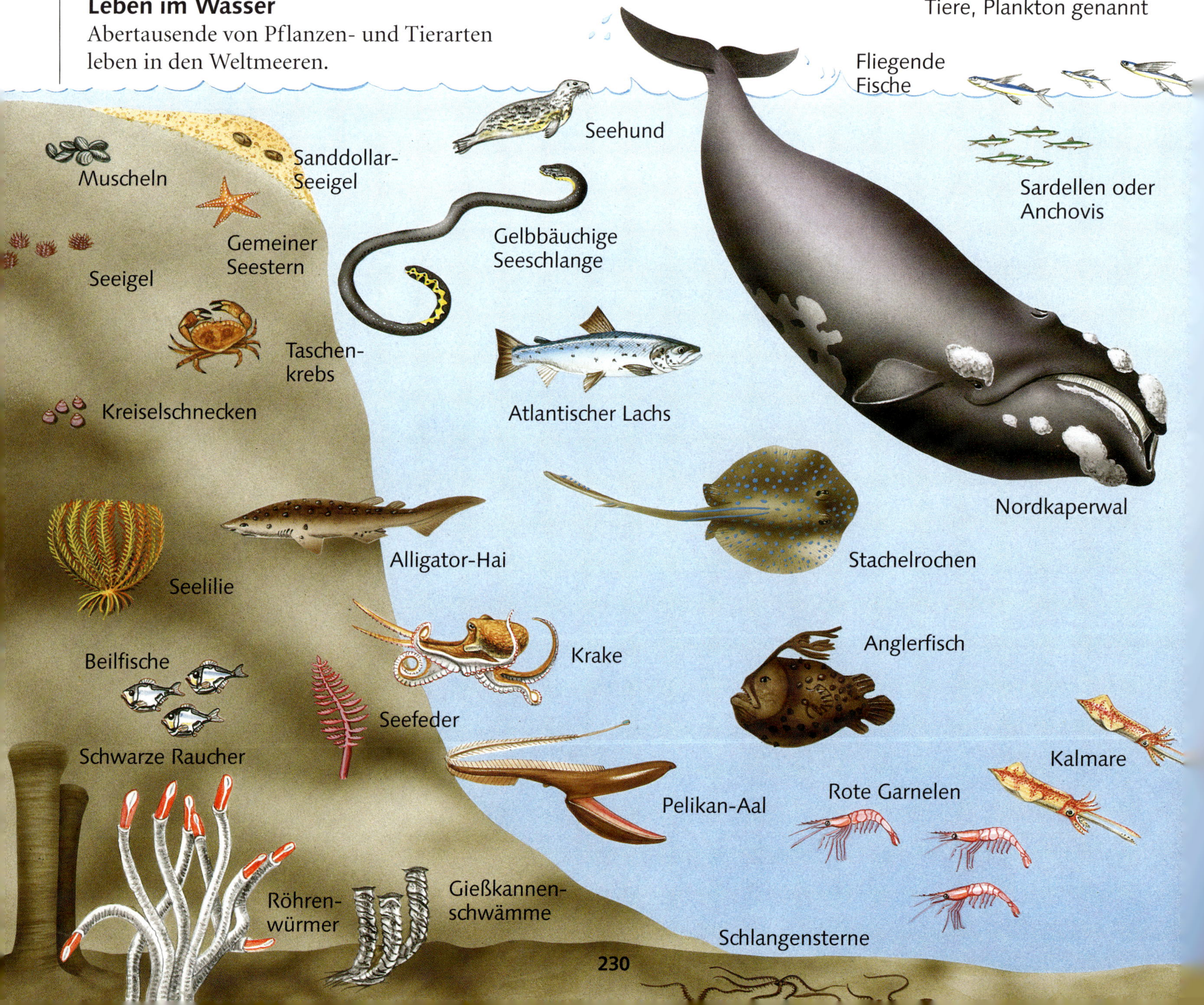

Meerwassergeschmack

Meerwasser enthält viele Mineralien, in erster Linie jedoch Salz. Dieses Salz kommt vom Festland. Wenn Regenwasser durch das Erdreich fließt, löst es in den Gesteinsschichten kleine Mengen Salz auf, die dann durch die Flüsse ins Meer gelangen. Wenn du etwas Salz in einen Becher Leitungswasser gibst, kannst du schmecken, wie salzig Meerwasser ist.

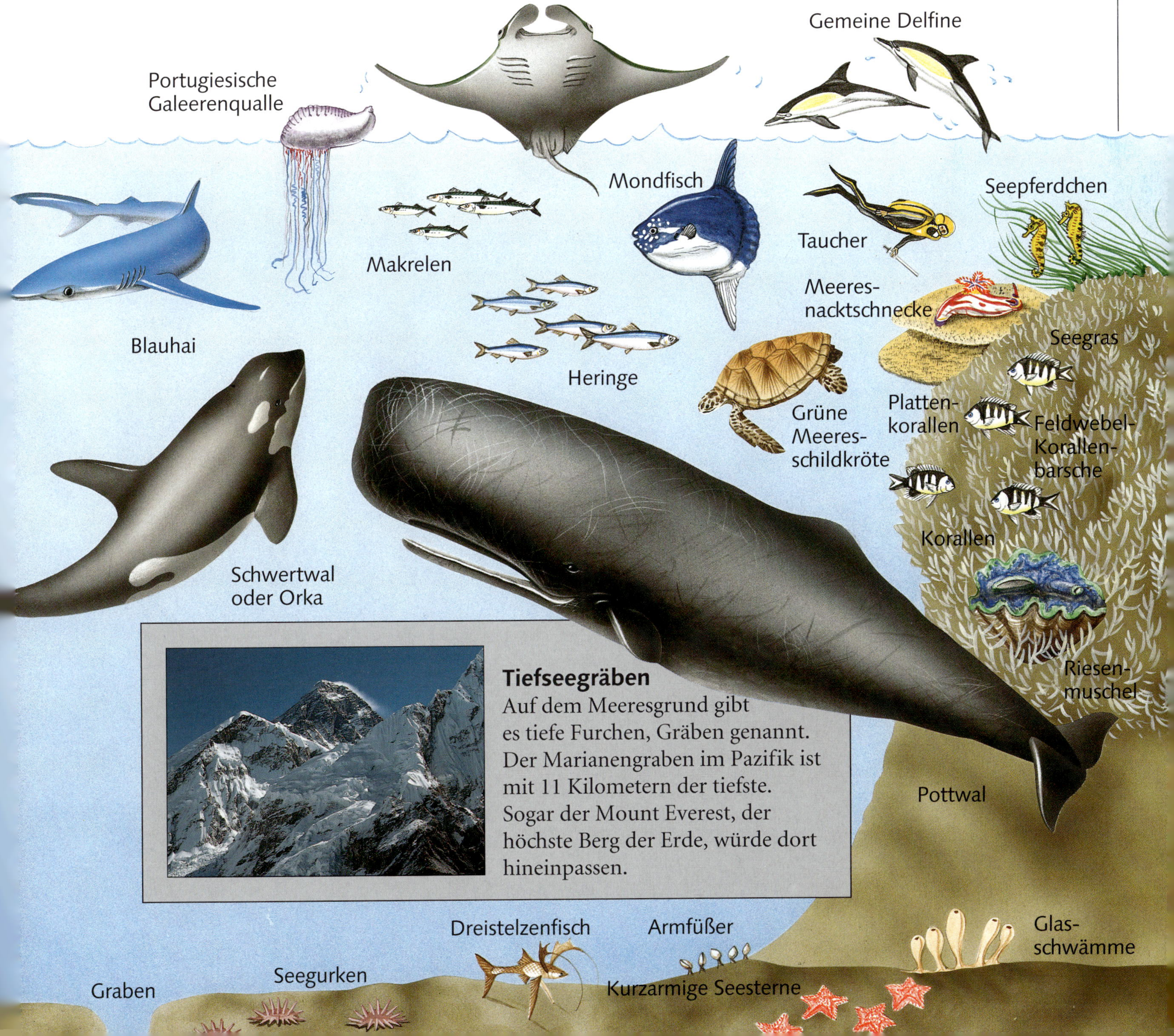

Tiefseegräben

Auf dem Meeresgrund gibt es tiefe Furchen, Gräben genannt. Der Marianengraben im Pazifik ist mit 11 Kilometern der tiefste. Sogar der Mount Everest, der höchste Berg der Erde, würde dort hineinpassen.

Plankton

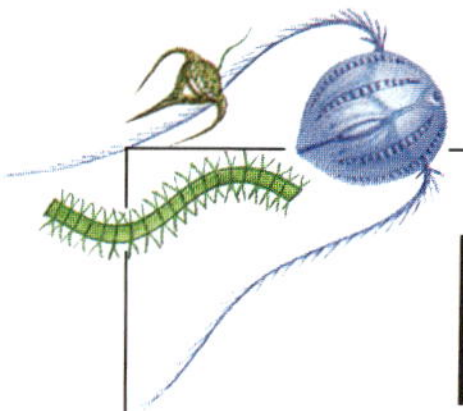

Das Meerwasser enthält Milliarden winziger Pflanzen und Tiere, die man als Plankton bezeichnet. Die meisten von ihnen sind kleiner als einen Millimeter, aber ohne sie gäbe es kein Leben im Meer. Für viele Fische, Wale und Vögel sind sie das Hauptnahrungsmittel. Weil sie so winzig sind, können sie nur mit der Meeresströmung schwimmen.

Die mit feinen empfindlichen Härchen besetzten Fühler helfen dem Ruderfüßer bei der Futtersuche.

Plankton-Tierchen können über 100-mal größer sein als die winzigen Pflanzen, von denen sie sich ernähren.

Phytoplankton … gefressen von … Zooplankton … gefressen von …Fischen … gefressen von … Vögeln

Winzlinge

Die als Ruderfüßer bezeichneten kleinen Krebse gehören zu den Plankton-Tierchen. Sie sind so winzig, dass in einem Eimer mit Meerwasser über eine Million von ihnen Platz hätte.

Nahrung für alle

Vögel, Schildkröten und Robben ernähren sich zum Beispiel von Fischen, Muscheln und Schnecken, die wiederum Plankton fressen. Sie müssten verhungern, gäbe es im Meer kein Plankton.

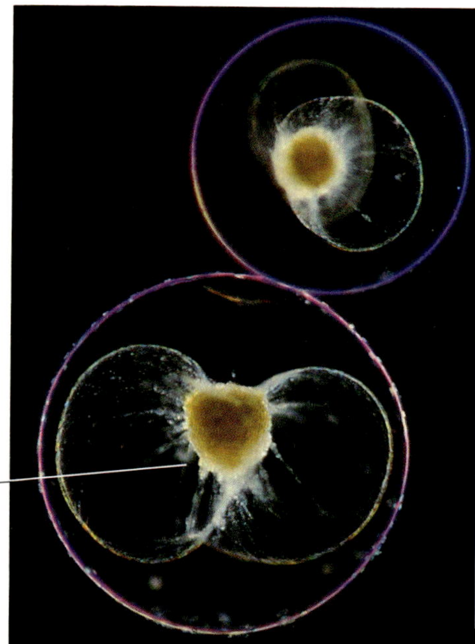

Durch die farblosen Teile dieses pflanzlichen Planktons kann man das dunkle Wasser sehen.

Entwicklung

Einige Lebewesen sind zuerst winzige Plankton-Tierchen und werden dann immer größer.

Krebs

Seestern

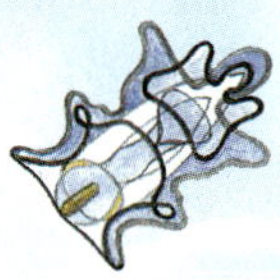

Krake

Sonnenenergie

Wie alle Pflanzen braucht auch pflanzliches Plankton das Sonnenlicht zum Leben.

Es gibt viele verschiedene Arten von Ruderfüßern. Dieses Männchen strahlt leuchtend blau und lockt dadurch ein Weibchen an.

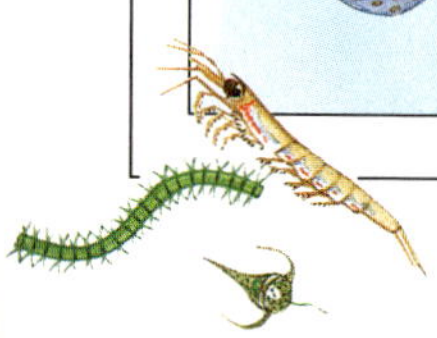

Mithilfe dieser Borsten spült der Ruderfüßer Wasser über seine winzigen Kiemen und fängt dabei pflanzliches Plankton.

Ruderfußkrebse ohne Zahl

Ruderfüßer gehören zu den häufigsten Tieren im Meer.

Nachts lassen sich Ruderfüßer näher zur Wasseroberfläche hinauftreiben. Tagsüber sinken sie wieder tiefer nach unten.

Ruderfüßer können zwar nicht gegen die Strömung schwimmen, aber sie bewegen sich aus eigener Kraft, indem sie ihre Fühler als Ruder benutzen.

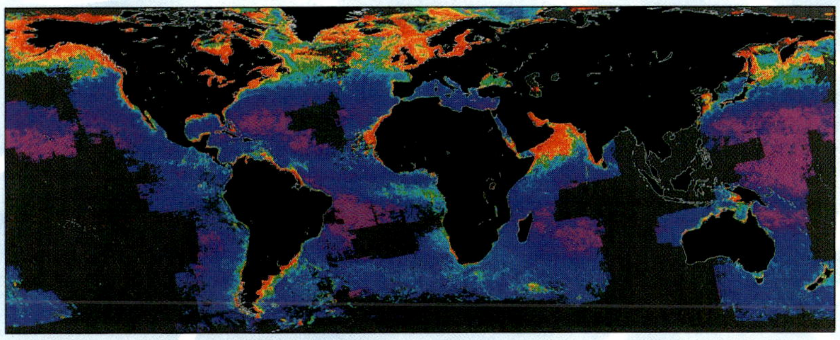

Plankton in den Meeren

Pflanzliches Plankton treibt nahe der Meeresoberfläche, wo es hell ist. Man findet es in kälterem, nährstoffreicherem Wasser. Tierisches Plankton ernährt sich von pflanzlichem Plankton. Diese Weltkarte zeigt die Hauptverbreitungsgebiete. In den roten, gelben und grünen Bereichen gibt es mehr Plankton als in den blauen, violetten und pinkfarbenen.

Tierisches oder Zooplankton

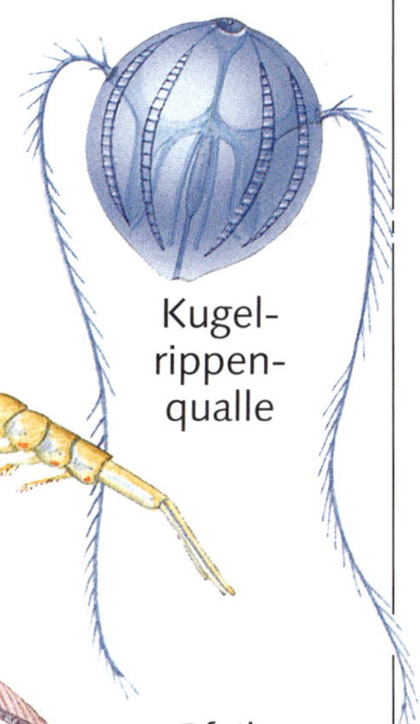

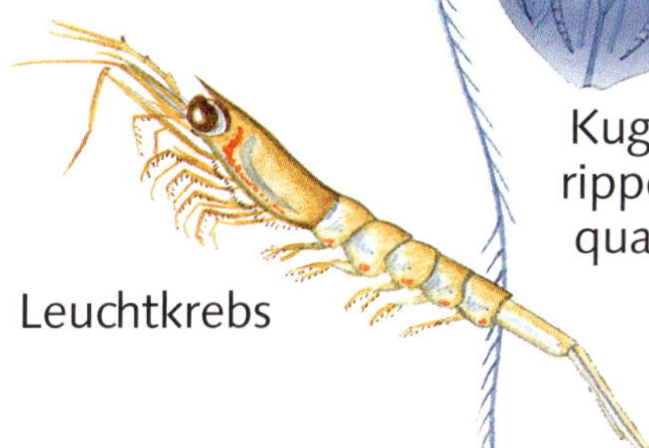

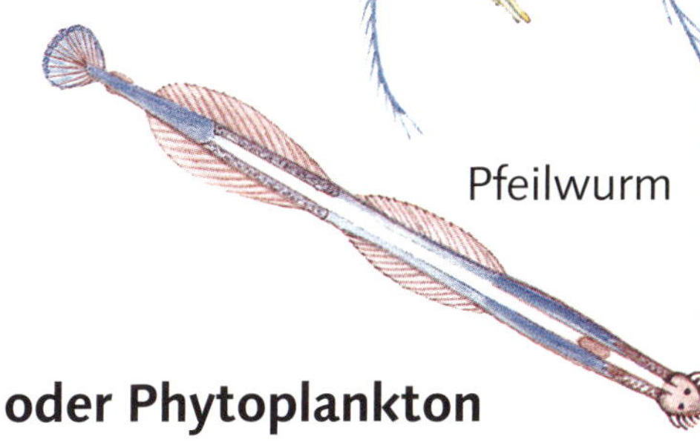

Pflanzliches oder Phytoplankton

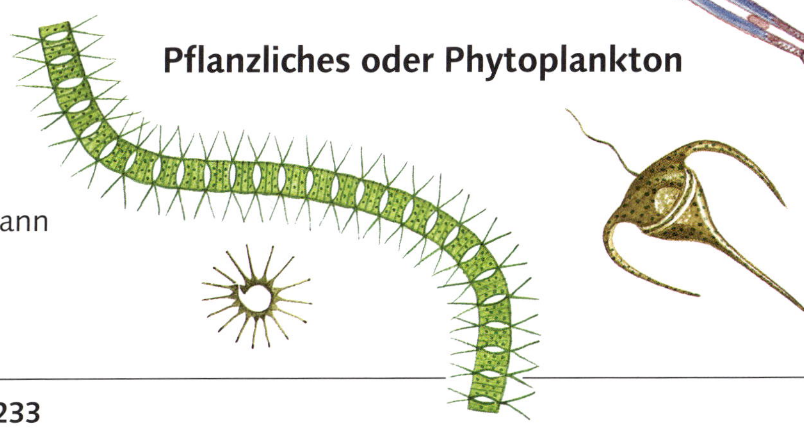

Dieses Phytoplankton ist zu einer Kette zusammengeschlossen. So kann Zooplankton es nicht verspeisen.

Muscheln und Schnecken

Die Schalen, die man am Strand findet, sind leere Wohnungen von Weichtieren. Sie brauchen diese Schalen, um vor Seesternen, Krebsen, Fischen und Vögeln geschützt zu sein. Am meisten verbreitet sind Schnecken und Muscheln. Schnecken haben meistens ein spiralförmiges Gehäuse, Muscheln zwei abgeflachte Schalenhälften.

Heranwachsen
Anders als die Krebse brauchen Weichtiere nie eine neue Schale. Kleine Weichtiere und Larven wachsen zusammen mit ihrer Schale.

Blasenschnecken können ihren Mantel zum Schwimmen verwenden, weil ihre Schale sehr leicht ist.

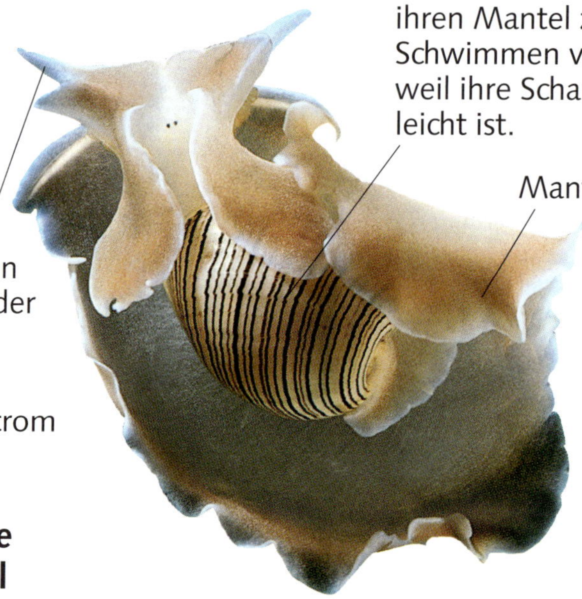

Innenleben
Muscheln und Schnecken haben einen weichen Körper und keine Wirbelsäule. Auch Tintenfische und Kahnfüßer sind Weichtiere.

Schwimmende Kammmuschel
Sie nimmt Wasser auf und presst es aus ihrem oberen Teil wieder heraus, so kann die Kammmuschel im Meer schwimmen.

Im Sand versteckt
Viele Muscheln verbuddeln sich im Sand. Mit dem Fuß graben sie ein Loch und schieben dann Röhren, so genannte Siphone, ins Wasser. Dadurch saugen sie Wasser ein und nehmen Nahrung auf.

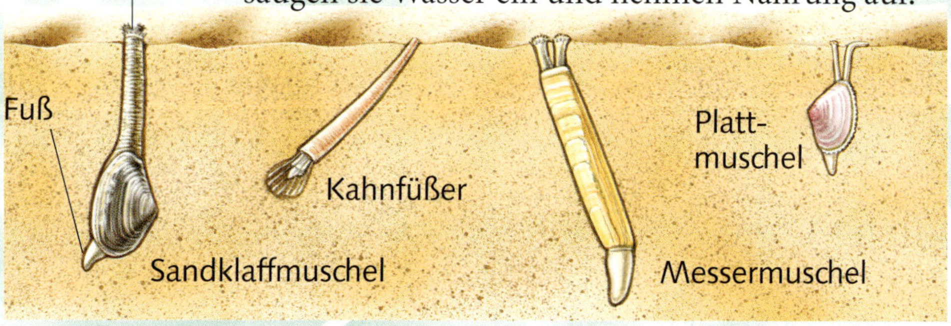

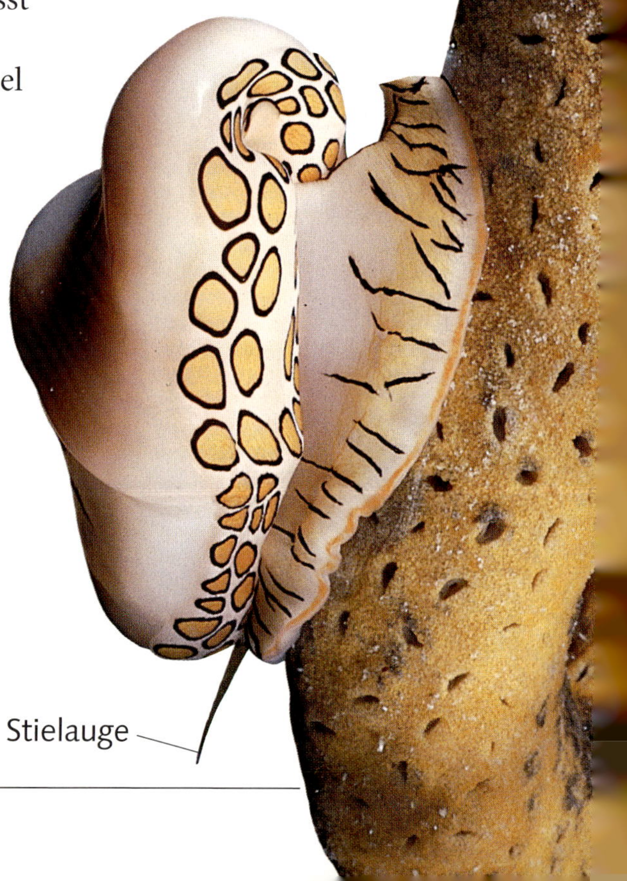

Muschelgigant

Die größte Muschel der Welt ist die Riesenmuschel. Sie ist in warmen Meeren heimisch und misst über einen Meter. Du hättest zwischen ihren Schalen leicht Platz! Aber keine Angst – sie kann ihre Schalen nur sehr langsam schließen.

Die Gruppe der Schaltiere

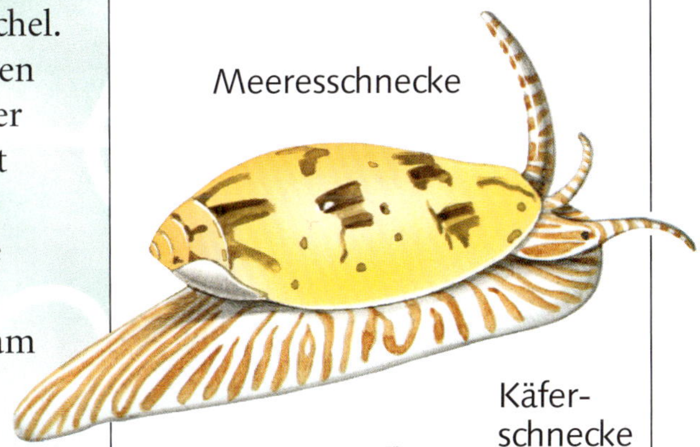

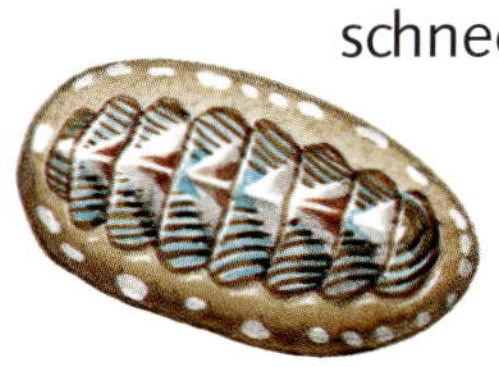

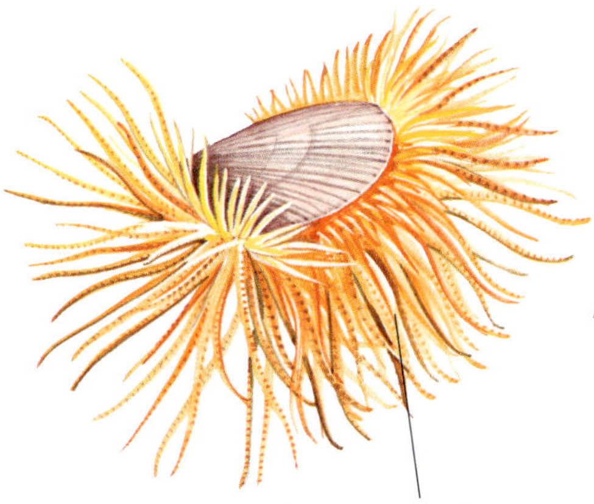

Die Feilenmuschel fängt mit ihren Tenktakeln Plankton.

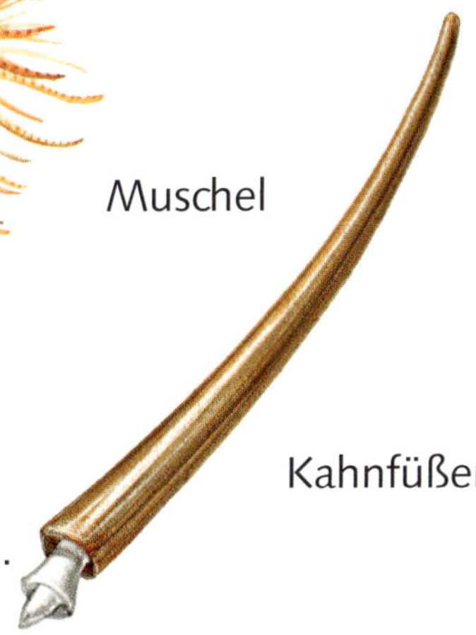

Die weiche, leuchtende Haut bezeichnet man als Mantel. Er kann bei dieser Schneckenart die ganze Schale umhüllen und kleine Beschädigungen beheben.

Wenn Gefahr droht, zieht sich diese Flamingozungenschnecke in ihr Gehäuse zurück. Manche Schnecken brauchen sich nicht zu verbergen. Kegelschnecken zum Beispiel können mit ihrem Giftstachel sogar Menschen töten!

Korallenmahlzeit

Diese beiden Kaurischnecken (unten) „zupfen“ mit ihrer rauen Zunge winzige Korallentierchen. Andere Weichtiere leben von Algen, manche sogar von Fischen.

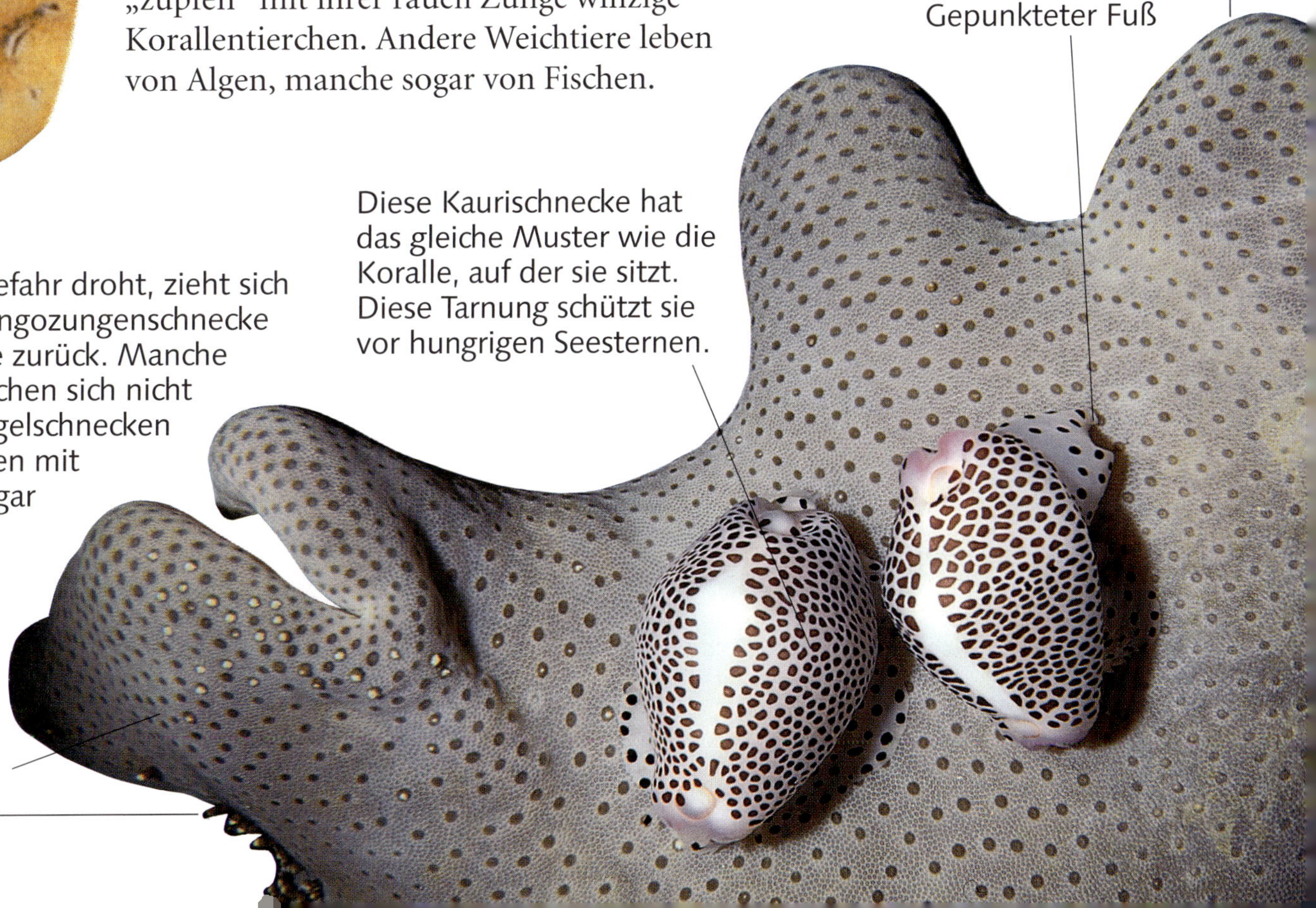

Diese Kaurischnecke hat das gleiche Muster wie die Koralle, auf der sie sitzt. Diese Tarnung schützt sie vor hungrigen Seesternen.

Krebse

Was ist das? Es kann schwimmen oder seitwärts gehen, hat Stielaugen und trägt sein Haus mit sich herum. Es ist ein Krebs! Diese Tiere leben im tiefen Ozean ebenso wie am Strand.

Krebsgesicht

Krebsfresser

Fische, Vögel, Tintenfische, Robben, aber auch wir Menschen haben Krebse zum Fressen gern.

Dieser seltsame Krebs hat einen warzigen Panzer.

Die Scheren des Hummers sind so stark, dass er einen Finger abkneifen könnte.

Lebensgemeinschaft

Der Einsiedlerkrebs lebt in alten Schneckenhäusern. Auch eine Seeanemone hat sich diese Schale als Wohnstatt ausgesucht. Sie lebt von den Speiseresten, die der Krebs übrig lässt, und wehrt Feinde ab.

Krustentiere

Die Krebse gehören zu den Krustentieren oder Krustazeen. Sie haben einen Panzer, zwei Antennenpaare und mindestens fünf Paar Beine. Es gibt über 25 000 Arten von Krebsen. Hier sind ein paar von den bekanntesten zu sehen:

Meeresassel

Garnele

Hummer

Entenmuschel, ein Rankenfußkrebs

Taschenkrebs

Furchenkrebs

Erbsenkrabbe (natürliche Größe)

Klein und groß

Viele Krebse werden etwa 15 Zentimeter groß, manche viel größer oder kleiner. Japanische Riesenkrabben können, ihre Scheren eingerechnet, fast 3 Meter lang werden, während die Erbsenkrabbe nur so groß wie eine Erbse wird!

Schere der Japanischen Riesenkrabbe (halbe natürliche Größe)

Seesterne

Seesterne gehören zu den Stachelhäutern. Sie schwimmen nicht, sondern bewegen sich mithilfe von Saugfüßchen fort, die an der Unterseite der Arme sitzen. Damit können sie sich an Felsen festhalten. Selbst in den dunkelsten Tiefen des Ozeans sind diese Tiere anzutreffen.

Verdauungskünstler

Viele Seesterne ernähren sich von Muscheln. Sie öffnen sie mit ihren Füßen, stülpen ihren Magen zwischen die Schalenhälften und verdauen dann langsam die Beute.

Seeigel

Die Seeigel sind eng mit den Seesternen verwandt. Mit ihren langen Stacheln, die auch Gift enthalten können, sehen manche so ähnlich aus wie Igel.

Armlos

Diesem Seestern wachsen gerade zwei neue Arme. Die alten hat ihm ein Fisch abgebissen! Solange die Zentralscheibe und wenigstens ein Arm vorhanden sind, kann ein Seestern überleben.

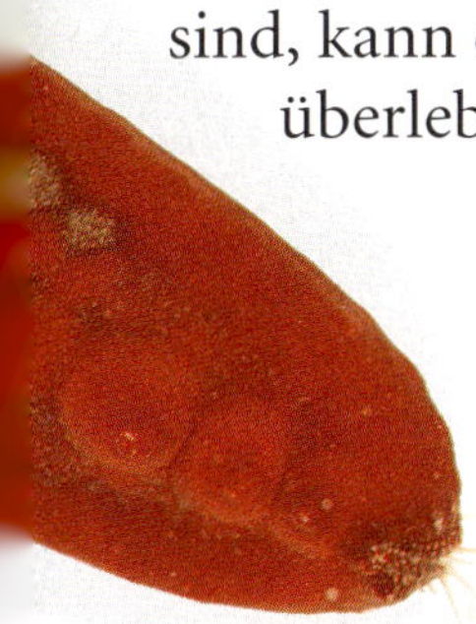

Stachelhäuter

Es gibt mehr als 6000 verschiedene Arten von Stachelhäutern, die in fünf Hauptgruppen eingeteilt werden.

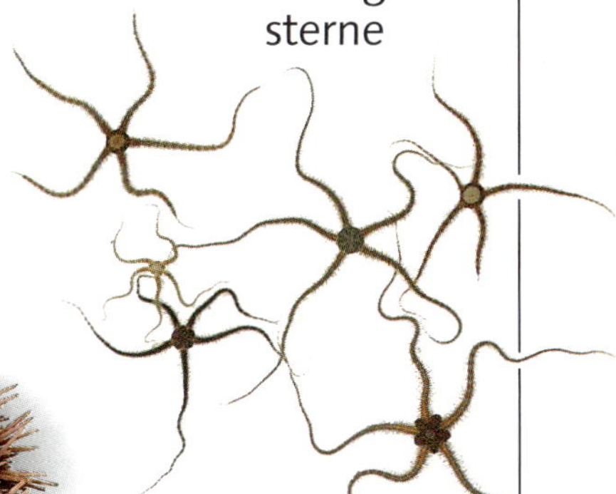

Oben oder unten?

Es ist leicht zu erkennen, auf welcher Seite ein Seestern oder Seeigel liegt, denn der Mund dieser Tiere ist immer auf der Unterseite.

Tintenfische

Eiertraube
In jedem dieser weichschaligen Eier befindet sich ein winziges Krakenbaby.

Tintenfische sind, so unwahrscheinlich es klingt, mit den Schnecken verwandt. Doch im Gegensatz zu den meisten anderen Weichtieren fehlt fast allen eine äußere Schale. Deshalb ziehen sich manche dieser Tiere in Felsspalten oder -löcher zurück. Hat sich ein Krake zum Beispiel auf diese Weise versteckt, ist es für seine Feinde schwierig, ihn aufzuspüren.

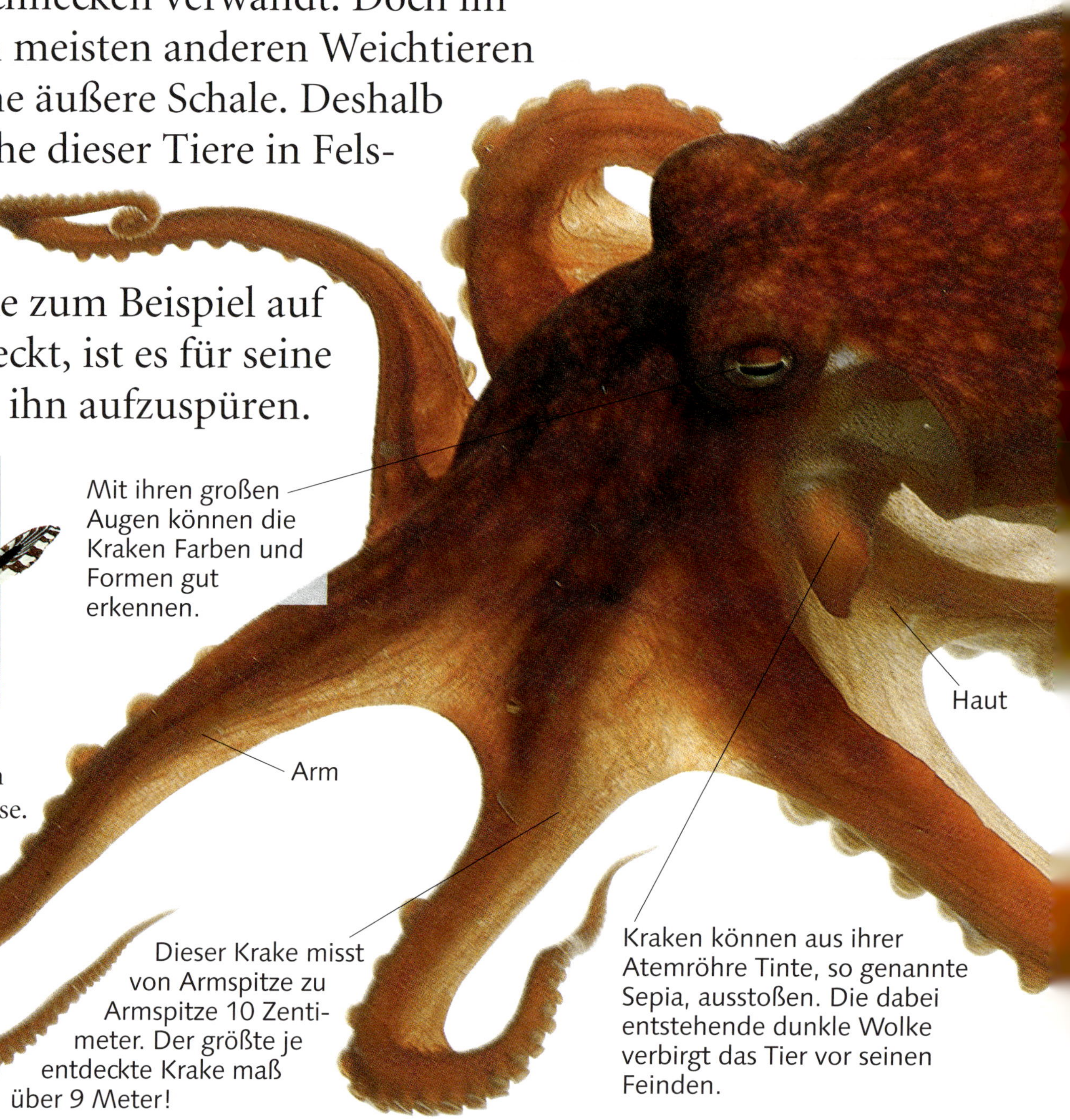

Auf Futterjagd
Die Kraken jagen vor allem Fische, Seesterne und Krebse. Einige Arten haben Häute zwischen den Armen. Damit fangen sie ihre Beute wie mit einem Netz.

Düsenantrieb
Wenn einem Tintenfisch Gefahr droht, kriecht er nicht etwa langsam weg – er saust vielmehr davon! Indem er einen Wasserstrahl durch seinen Trichter presst, kann er blitzschnell davonschwimmen.

Saugnäpfe

Seine Saugnäpfe, die in Reihen angeordnet sind, ermöglichen es dem Tintenfisch, an Felsen zu kriechen, seine Nahrung zu ergreifen und festzuhalten und sich am Meeresboden fortzubewegen.

Ein Krake kann in weniger als einer Sekunde seine Farbe wechseln.

Der weiche Körper des Tintenfischs ist wie ein großer dehnbarer Mantel. In diesen Mantel wird Wasser eingesogen, es überspült die Kiemen und entweicht dann durch die Ausströmöffnung, die man als Trichter bezeichnet.

Saugnapf

Kampf der Giganten

Die Behauptung, dass riesige Kraken sogar Menschen verschlungen haben sollen, ist ein Märchen. Aber der Riesenkalmar, der bis zu 20 Meter lang werden kann, nimmt es mit dem riesigen Pottwal auf. Wenn sich die vielen Arme mit den zahllosen Saugnäpfen erst einmal um den Wal geschlungen haben, ist für ihn ein Entkommen fast unmöglich.

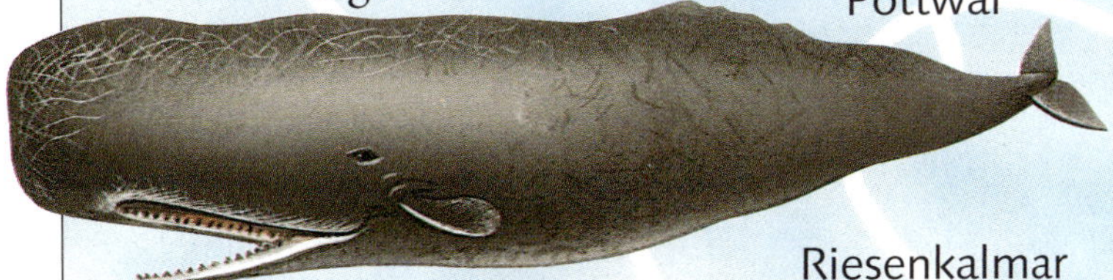

Pottwal

Riesenkalmar

Die Familie der Kopffüßer

Die Tintenfische werden auch Kopffüßer genannt. Diese im Meer lebenden Weichtiere sind mit Greifarmen ausgestattet.

Gemeiner Tintenfisch (Sepia)

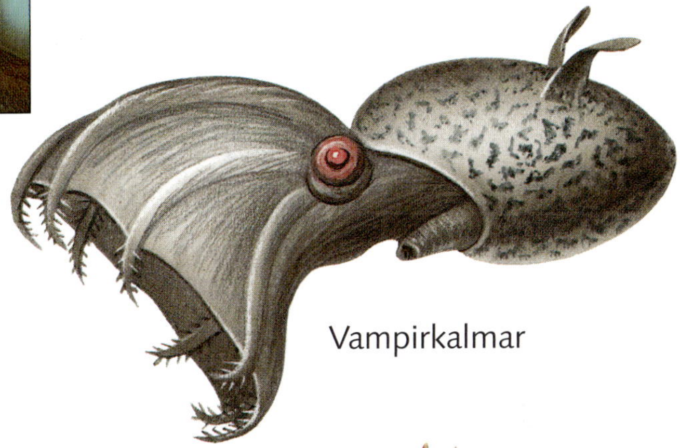

Vampirkalmar

Kalmar

Nautilus

Krake

Fische

Fischeier
Die meisten Fische legen Eier, das nennt man laichen. Manche Fische bewachen ihren Laich und sogar ihre Brut. Andere spritzen die Eier einfach ins Meer.

Alle Lebewesen brauchen Sauerstoff zum Leben. Er ist in der Luft und im Wasser enthalten. Wir atmen die Luft mit den Lungen ein. Unter Wasser müssen wir entweder den Atem anhalten oder einen Schnorchel benutzen. Fische entnehmen den Sauerstoff dem Wasser.

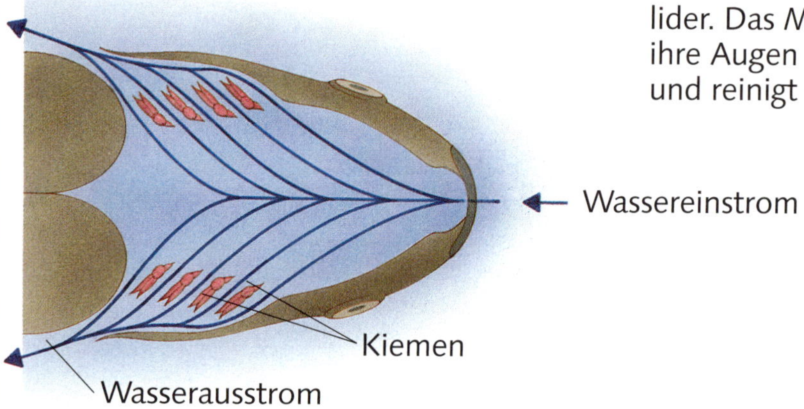

Atmen unter Wasser
Das Wasser, das der Fisch mit dem Maul aufnimmt, strömt über die Kiemen und tritt durch die Kiemenöffnungen wieder aus. Dabei wird dem Wasser Sauerstoff entnommen.

Die Brust- und Bauchflossen gestatten es dem Fisch, sich auf- und abwärts, nach rechts und links zu bewegen.

Die Knochenfische haben einen „Ballon" im Bauch, die so genannte Schwimmblase. Sie ist mit Gas gefüllt und ermöglicht es den Tieren, beim Schwimmen aufzusteigen und abzusinken.

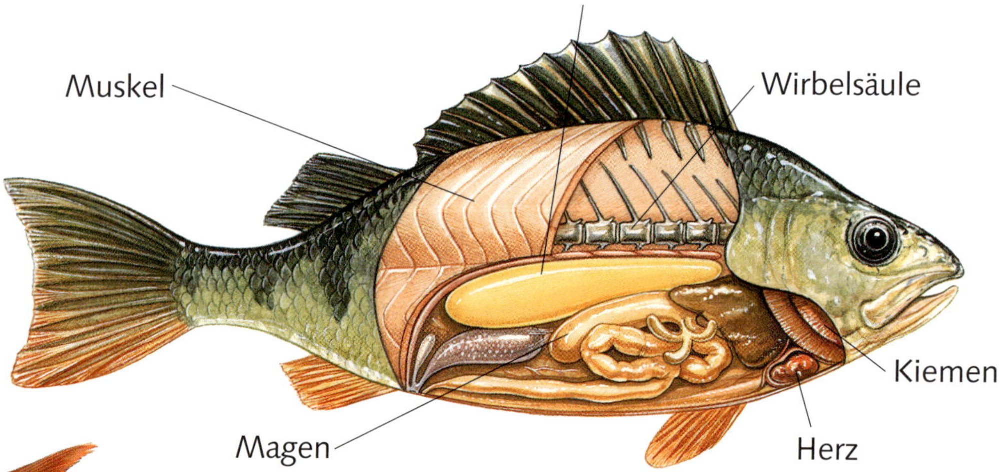

Innenleben
Die meisten wichtigen Organe des Knochenfisches liegen im Bauch. Die obere Hälfte besteht aus Muskelschichten, die den Schwanz bewegen.

Knochiger Rücken

Wie alle anderen Wirbeltiere haben auch die Fische ein Skelett mit einer Wirbelsäule.

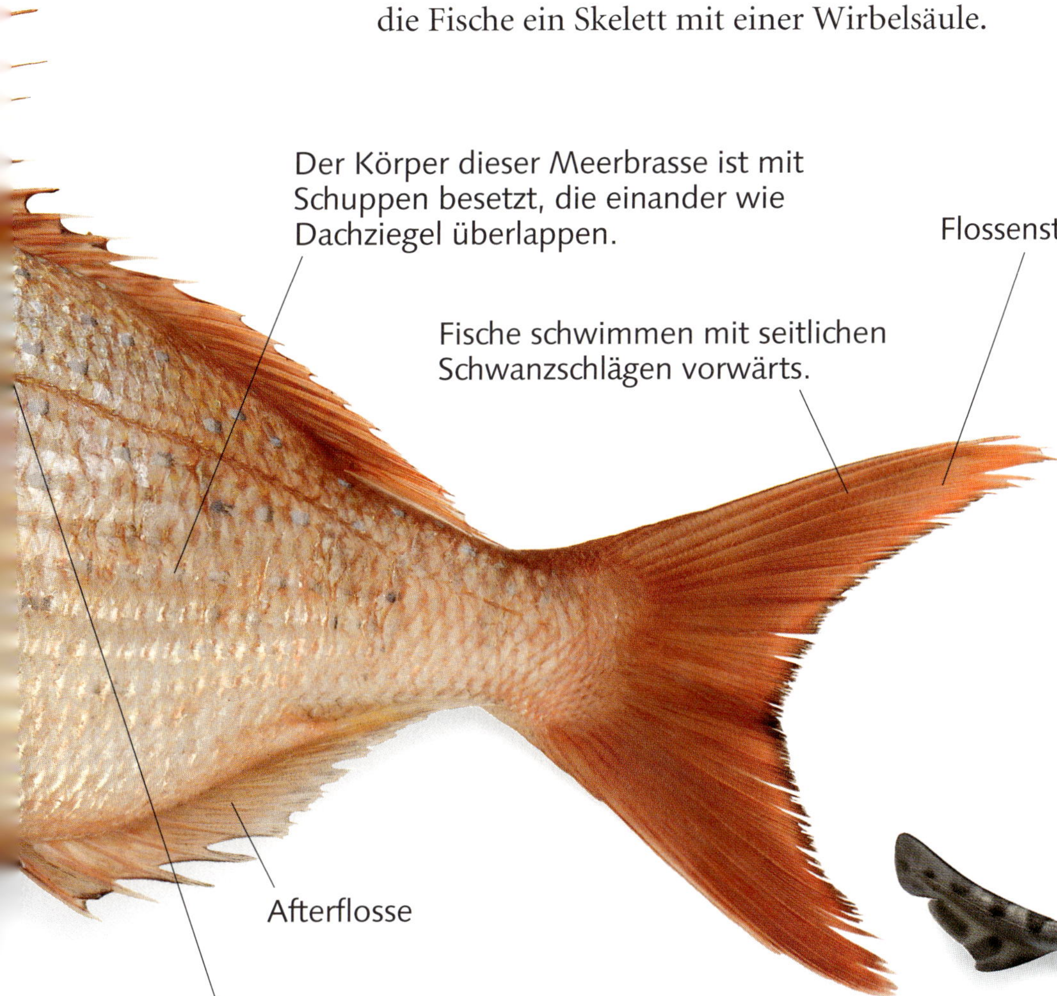

Der Körper dieser Meerbrasse ist mit Schuppen besetzt, die einander wie Dachziegel überlappen.

Fische schwimmen mit seitlichen Schwanzschlägen vorwärts.

Die Rücken- und die Afterflosse sorgen dafür, dass der Fisch im Wasser nicht zur Seite kippt.

Fische haben direkt unter der Haut eine lange, dünne Röhre, die als Seitenlinie bezeichnet wird. Gleich daneben befinden sich kleine Gallertklumpen, an deren Vibrationen der Fisch spürt, wenn sich im Wasser etwas bewegt.

Die Familie der Fische

Es gibt zwei große Gruppen von Fischen. Zur einen gehören Fische mit Knochenskelett, zur anderen die mit Knorpelskelett. Obwohl sie fischartig aussehen, sind kieferlose Wirbeltiere keine Fische.

Knochenfische

Makrele

Seepferdchen

Scholle

Knorpelfische

Gefleckter Leopard-Hai

Kieferlose Wirbeltiere

Neunauge

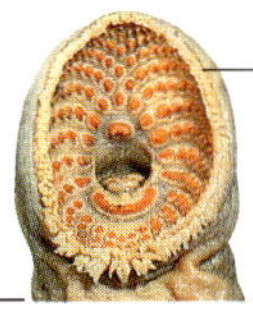

Ein Neunauge hat einen kieferlosen Saugmund.

Seltsame Fische

Seit 450 Millionen Jahren bevölkern Fische die Meere und haben sich den unterschiedlichsten Bedingungen angepasst. Viele haben einen stromlinienförmigen Körper und können sehr schnell schwimmen, andere besitzen spitze Stacheln, mit denen sie Feinde fern halten, und wieder andere können sich in Form und Farbe der Umgebung angleichen.

Der kleinste Fisch
Die Zwerggrundel ist mit nur 8,6 Millimeter Länge kleiner als eine Stubenfliege.

Der größte Fisch
Ein Walhai wiegt mehr als drei Elefanten und erreicht eine Länge von mehr als 15 Metern!

Fischfutter
Die verschiedenen Fische nehmen auch unterschiedliche Nahrung zu sich. Für die Beschaffung ihres Futters wenden manche Fische Fangtechniken an, die uns höchst seltsam erscheinen.

Dieser Kieferfisch kann seinen Kiefer ausfahren und fängt damit kleine Fische und Garnelen.

Der wunderschöne Pinzettfisch schiebt sein langes, dünnes Maul in Felsspalten und saugt Würmer daraus hervor.

Der Papageifisch ernährt sich von steinharten Korallen. Mit seinen kräftigen Lippen bricht er die Korallen ab und zermalmt sie mit seinen flachen Zähnen in kleine Stücke.

Regenbogenfarben

Genau wie die Mannschaften bei einem Fußballturnier tragen manche Fische bunt leuchtende „Trikots", an denen sie sich im Schwarm wiedererkennen.

Dieses eigenartige Geschöpf ist ein Röhrenmaul. Große Raubfische halten diesen Artgenossen für eine Meerespflanze und lassen ihn deshalb in Ruhe.

Der Igelfisch verjagt seine Feinde, indem er Wasser schluckt und sich wie ein Ballon aufbläst.

Seltsam und wunderschön

Manche Fische sehen gar nicht so aus, wie man sich Fische vorstellt. Ihre ungewöhnliche Gestalt dient ihnen als Tarnung oder zur Abschreckung größerer Fische.

Die langen, fächerartigen Flossen und die Körperstreifen des Rotfeuerfisches signalisieren anderen Tieren, dass seine Stacheln giftig sind.

Ein Wunder

Im Jahr 1938 wurde ein Quastenflosser gefangen. Bis dahin hatte man geglaubt, dass diese Art bereits vor 90 Millionen Jahren ausgestorben sei.

Haie

Haie sind die großen Jäger des Meeres. Mit ihren Furcht erregenden Zähnen können sie ihre Beute in Stücke reißen. Tigerhaie und große Weiße Haie greifen gelegentlich auch Menschen an, aber die meisten Haie nehmen vor uns Reißaus.

Ein gigantisches Gebiss!

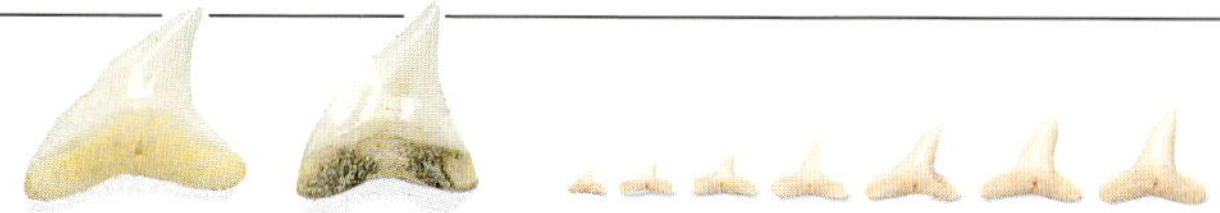

Messerscharfe Zähne

Die Zähne des Hais können Haut durchschneiden und Knochen zermalmen, aber jeder Zahn hält nur eine bestimmte Zeit, dann fällt er aus und wird ersetzt. Riesenhaie fressen Plankton und brauchen keine Zähne.

Haie haben einen hervorragenden Geruchssinn. Sie können verletzte Tiere und andere Beute aus hunderten von Metern Entfernung aufspüren.

Alle Tiere erzeugen in geringem Maß Elektrizität. Haie können sie wahrnehmen. Sie haben am Kopf kleine Grübchen, die wie Antennen reagieren und ihnen verraten, wo sich andere Tiere verbergen.

Durch je fünf Kiemenspalten auf beiden Seiten des Kopfes strömt Wasser in die Kiemen.

Superschwimmer

Haie schwimmen, indem sie sich seitlich hin und her bewegen. Zunächst bewegen sie den Kopf, dann den Körper und schließlich ihren Schwanz. Diese wellenförmige Bewegung treibt den Hai durch das Wasser.

Vorsicht: Hai greift an!

Kurz bevor er zuschnappt, zieht der Hai seine Nase aufwärts und fletscht die Zähne.

Die Haut eines Hais aus der Nähe betrachtet

Vorsicht, rau!

Die Haut des Hais fühlt sich an wie grobes Sandpapier.

Die Schwanzflosse des Hais ist oben größer als unten. Durch diese seltsame Form wird das Tier beim Schwimmen aufrecht gehalten.

Wie die meisten Haie hat auch dieser Glatthai eine zweite Rückenflosse.

Hai-Parade

Nicht alle Haie sehen so aus wie die aus Film und Fernsehen bekannten. Einige sind sehr klein, andere haben eine eigenartige Körperform.

Kleiner Leuchthai

Hammerhai

Stachelhai

Wobbegong (Australischer Ammenhai)

Weißer Hai

Es gibt Exemplare vom Weißen Hai, die 8 Meter lang sind.

Untergehen oder schwimmen

Den Haien fehlt die Schwimmblase, die es anderen Fischen ermöglicht, in jeder Wassertiefe in Ruhestellung zu verharren. Deshalb muss ein Hai ständig in Bewegung bleiben, um nicht auf den Meeresboden abzusinken.

Rochen

Rochen sind weit verbreitete Meeresfische. Zu den vielen Gemeinsamkeiten, die man bei Haien und Rochen entdecken kann, gehört das Fehlen der Schwimmblase. Sie haben einen platten, trapezförmigen Körper. Oft liegen sie regungslos auf dem Meeresgrund.

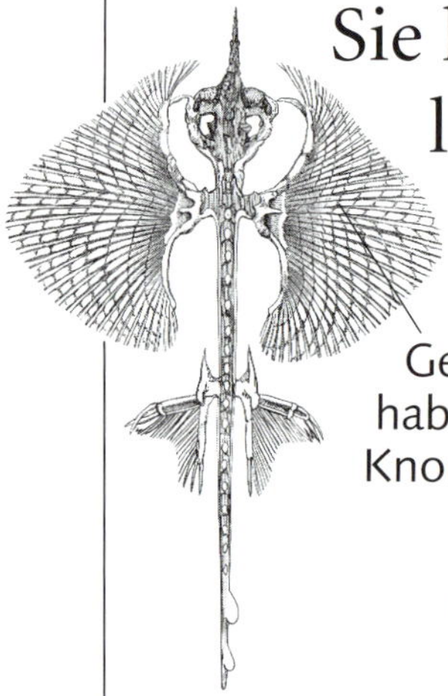

Genau wie die Haie haben die Rochen ein Knorpelskelett.

Bauchmäuler

Auf der Bauchseite des Rochens befinden sich zehn Kiemenspalten und der Mund, der mit pflasterartigen Zähnen ausgestattet ist.

Alle Rochen haben hinter den Augen ein winziges Atemloch. Durch dieses Spritzloch kann sauberes Wasser in die Kiemen eindringen, wenn der Rochen auf dem Meeresgrund liegt und seine Kiemenspalten blockiert sind.

Diese spitzen Stacheln schützen den Rochen. Stachelrochen haben außerdem einen sehr langen Giftstachel, mit dem sie ihre Feinde stechen.

Durch Flossenschlagen wirbeln die Rochen den Sand hoch und spüren auf diese Weise Krebse auf, um sie zu verspeisen.

Teufelsrochen oder Manta

Die meisten Rochen haben Durchmesser von unter 2 Metern, aber der Manta kann über 8 Meter breit werden. Taucher haben Glück, dass sich das Tier nur von Plankton und kleinen Fischen ernährt.

Unterwasserflug

Der Rochen ist einer der elegantesten Meeresschwimmer. Wenn er mit den Flossen schlägt, „fliegt“ er dahin, einem riesigen Unterwasservogel vergleichbar.

Zitterrochen

Der Zitterrochen hat Muskeln, die wie Batterien wirken. Er kann einen Fisch mithilfe dieser Muskeln, die eine elektrische Spannung von mehr als 200 Volt erzeugen können, töten. Diese elektrischen Schläge könnten sogar einen Menschen kurzfristig außer Gefecht setzen.

Artenvielfalt

Es gibt über 450 Arten von Rochen, von denen die Hälfte zu den Echten Rochen gehört.

Sägefisch

Geigenrochen

Bandrochen

Adler-Rochen

Stachelrochen

Auf der Lauer

Wenn Rochen sich im Sand verbergen, bleiben nur ihre großen vorstehenden Augen frei. So halten sie nach Beute Ausschau – aber auch nach Haien, ihren Feinden.

Korallenriffe

Korallenriffe erinnern an wundervolle Unterwassergärten. Sie bestehen aus Millionen von Korallentieren. Diese mit Tentakeln ausgestatteten Tiere leben in riesigen Ansammlungen oder Kolonien. Die Korallen bauen winzige, kalkige Gehäuse. Wenn sie sterben, bleibt dieses Gebäude zurück und andere Korallen errichten darauf eigene Gehäuse. Im Laufe vieler Jahre entstehen allmählich große Gebilde, die Riffe genannt werden.

Ein wachsender „Fels"
Korallen wachsen ungefähr mit der gleichen Geschwindigkeit wie Fingernägel. Dieses Stück hat eine ganze Weile gebraucht, bis es so groß geworden ist.

Keine Panik!
Diese Anemonenfische können unbehelligt zwischen den Tentakeln der Seeanemonen umherschwimmen, da diese Tiere sie mit ihrem Giftstachel nicht angreifen.

Korallen beherbergen kleine Algen, die ihnen Nahrung liefern.

Korallen vermehren sich auf zwei Arten: Sie legen Eier, die im Ozean treiben, oder es wachsen aus den Tieren Knospen hervor wie bei Pflanzen.

Geburt einer Insel
Aus Korallenriffen können mit der Zeit Inseln entstehen, die Atolle genannt werden.

Korallenriff

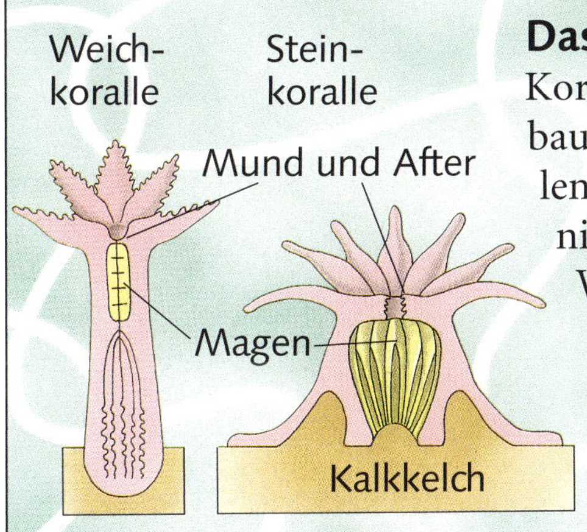

Das lebende Tier
Korallen, die Gehäuse bauen, heißen Steinkorallen. Diejenigen, die das nicht tun, nennt man Weichkorallen. Die meisten dieser Plankton fressenden Lebewesen sind kaum größer als eine Nadelspitze.

Die Korallenfamilie

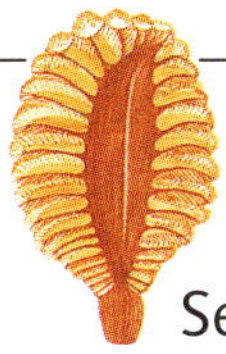
Seefeder

Schmuckkoralle

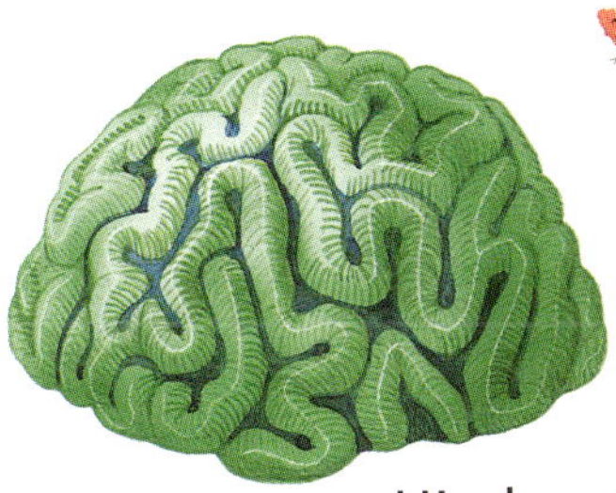
Hirnkoralle

Tote Mannshand

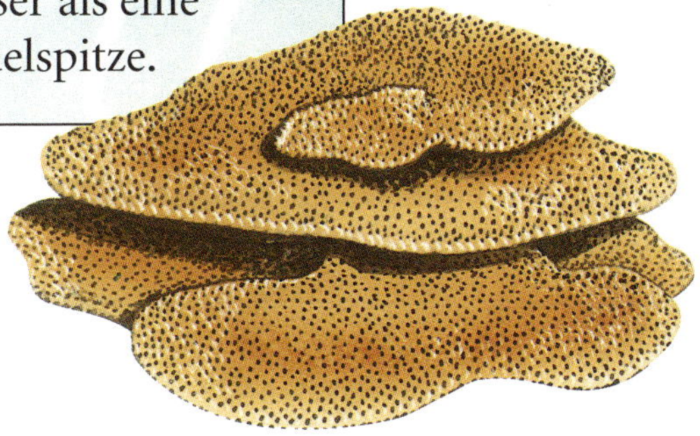
Plattenkoralle

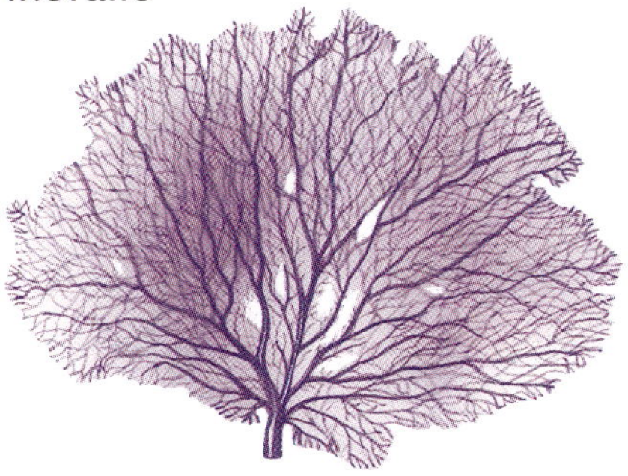
Fächerkoralle

Nachtfischer

Während des Tages verbergen sich die Steinkorallen in ihren Steingehäusen, aber in der Nacht „fischen“ sie mit ihren winzigen, mit Giftkapseln besetzten Tentakeln nach Nahrung.

Weichkorallen findet man in fast allen Farben – Rot, Blau oder Gelb. Sie bilden kein Gehäuse und bauen daher auch kein Riff.

Hartkoralle

Tarnen und Warnen

Im Ozean lauern hungrige Haie, Robben und Mörderwale. Was können wehrlose Tiere tun, damit sie nicht gefressen werden? Einige schwimmen rasch weg, andere ändern ihr Aussehen oder verstecken sich. In der gefahrvollen Unterwasserwelt muss man viele Tricks kennen, wenn man nicht gefressen werden will.

Seltsame Wesen
Diese Seeigel haben Steine und Schalenstücke auf ihre spitzen Stacheln gespießt. Sie sehen jetzt aus wie Steinhaufen und sind schwerer zu finden.

Was ist Tarnung?
Dieser Junge trägt Farben, die mit dem Hintergrund übereinstimmen, deshalb ist er schwer zu erkennen – also getarnt. Die roten Kleider des Mädchens dagegen heben sich ganz deutlich vom dunklen Hintergrund ab.

Schnell verstecken!
Wenn man nicht mehr weglaufen kann, versteckt man sich. Das tut auch dieser Spiegelfleck-Lippfisch.

Mit ihren leuchtenden Farben erschrecken Meeresnacktschnecken größere Fische.

Wir sind ungenießbar!
Manche Tiere wollen gesehen werden. Ihr leuchtend bunter Körper signalisiert etwaigen Feinden: Vorsicht, ich bin giftig!

Dieser Tintenfisch hat blaue Kreise auf dem Körper. Wenn er gestört wird, leuchten sie wie Neonlicht. Fressfeinde erkennen daran, dass der Tintenfisch giftig ist.

Wo bin ich?

Viele Tiere sind so perfekt getarnt, dass sie kaum zu sehen sind. Einige können sogar die Farbe ihrer Haut verändern.

Plattfische werden von größeren Fischen sehr gern gefressen. Diese Flunder kann auf ihrer Haut solche Muster erscheinen lassen, dass sie aussieht wie der Untergrund.

Blaue Wirbel

Diese Mandarinfische erscheinen hier zwar sehr farbenprächtig. Wenn sie aber im sonnenbeschienenen, wellenbewegten Meer umherschwimmen, sind sie von unten kaum zu erkennen.

Meeresalge

Kannst du diese Seenadel erkennen? Ihr langer, dünner Körper ist kaum von den Algen zu unterscheiden, zwischen denen sie lebt.

Was für ein Tier ist das?

Diese Tiere sehen aus wie Steine oder Meerespflanzen. Da sie von ihrer Umgebung kaum zu unterscheiden sind, wird sie vielleicht auch kein Feind entdecken.

Auge

Der gedrungene Körper der Steinfische sieht aus wie ein Stein. Die Stacheln dieser Fische haben aber ein tödliches Gift!

Maul

Dieser Krebs hat seine Beine unter den Panzer gezogen. Wenn er Glück hat, sehen ihn seine Feinde nicht.

Wale

Die Wale entwickelten sich vor ungefähr 65 Millionen Jahren aus Huftieren. Heute sind sie allerdings vollkommen an das Leben im Wasser angepasst: Ihre Hinterbeine sind verschwunden und ihre Vorderbeine haben sich in Flossen verwandelt. Wie alle Säugetiere säugen sie ihre Jungen und brauchen Luft zum Atmen. Es gibt zwei Gruppen: Zahnwale und Bartenwale.

Krill gefällig?
Bartenwale leben von planktischen Krebsen, Krill genannt. Ein großer Wal vertilgt am Tag 2 Tonnen davon.

Der Wal treibt sich durch Auf- und Abwärtsbewegungen der Schwanzflosse durch die See. Der schnellste Wal ist der Seiwal. Er erreicht eine Höchstgeschwindigkeit von bis zu 50 Kilometer in der Stunde. Er schwimmt also zehnmal schneller als ein Mensch.

Kein Meerestier hat so lange Flossen wie der Buckelwal – mit fast 5 Metern sind sie so lang wie eine Giraffe hoch ist.

Wale haben eine dicke Fettschicht, die man als Tran bezeichnet.

Dampfstoß
Wenn ein Wal auftaucht, um seine Lungen mit frischer Luft zu füllen, atmet er zuvor aus seinem Atemloch warme Luft aus. Genau wie unser Atem an einem kalten Tag bildet auch diese Luft Nebel, den der Wal wie eine Fontäne ausbläst.

Tiefe Halsfurchen machen das Maul des Bartenwals dehnbar, sodass dort große Mengen Seewasser und Krill Platz haben.

Luftsprünge
Buckelwale springen oft in hohem Bogen aus dem Wasser. Wenn ihr Körper zurückplatscht, spritzt das Wasser schäumend auf.

Weit geöffnet

Bis zu 4 Meter lange Hornplatten oder Barten hängen am Oberkiefer des Bartenwals. Durch diesen Vorhang entweicht das Wasser, aber der Krill bleibt im Maul.

Riesentiere

Blauwale können 33 Meter lang werden! Sie sind größer als ein Dinosaurier.

Tyrannosaurus

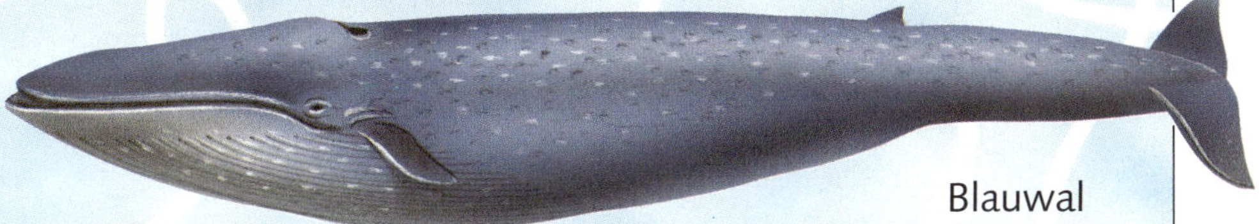

Blauwal

Bartenwale

Grauwal

Minkwal

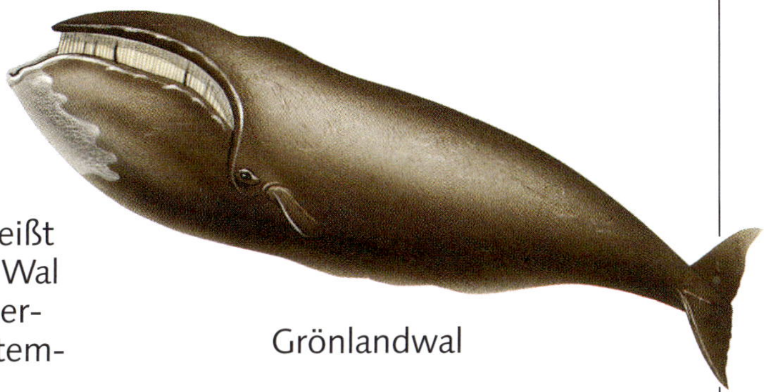

Grönlandwal

Zahnwale

Beluga- oder Weißwal

Narwal

Pottwal

Delfine

Delfine sind kleine Zahnwale und gelten als hochintelligent. Diese glatthäutigen Säugetiere geben Pfeif-, Klick- und Grunzlaute ab, mit denen sie sich untereinander verständigen. Schon immer hatten die Menschen ein besonderes Verhältnis zu diesen Tieren. Es wird von Delfinen berichtet, die Seeleute vor dem Ertrinken gerettet haben sollen.

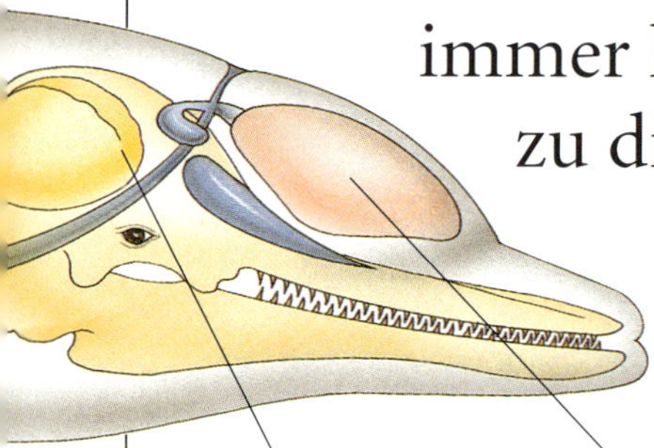

Bei älteren Tieren des Großen Tümmlers kann der „Schnabel“ bis zu 12 cm lang werden. Er frisst meistens Fische, aber auch Tintenfische.

Das Maul eines Delfins ist so geformt, dass das Tier ständig zu lächeln scheint.

Ortung durch Töne
Delfine senden Töne aus, um Nahrung zu suchen und um sich zurechtzufinden. Das Melonenorgan, ein Fettgewebe im Kopf, bündelt die Geräuschwellen, die von Gegenständen zurückkommen. An diesem Echo orientieren sich die Delfine.

Zähne zeigen
Der Große Tümmler hat über 100 etwa acht Millimeter lange Zähne.

Surfen
Direkt vor einem fahrenden Schiff entsteht die so genannte Bugwelle. Delfine finden diese Welle besonders interessant. Wie Surfer versuchen sie diese Welle zu nutzen und lassen sich von ihr durch das Wasser tragen.

Die meisten Delfine haben eine lange, schnabelartige Schnauze.

Familienleben

Delfine leben in Verbänden, die man Schulen nennt. Jungtiere bleiben oft Jahre bei ihrer Mutter. Durch Nachahmen lernen sie, Fische zu fangen, sich gegenseitig zu verständigen und vor Haien in Sicherheit zu bringen.

Die Delfinfamilie

Schweinswal

Großer Tümmler

Weißseitendelfin

Gemeiner Delfin

Rundkopfdelfin

Schwertwal (Männchen)

Der größte Delfin

Schwertwale sind aggressive Räuber, die bis zu 9 Meter lang werden. Dieser jagt gerade einen Seelöwen.

Robben

Robben sind an das Leben im Meer bestens angepasst. Da sie häufig in sehr kalten Gewässern schwimmen oder sogar auf Eisschollen liegen, erhalten sie ihre Körperwärme durch eine dicke Speckschicht unter ihrem dichten, dicken und sehr schönen Fell. Sie ernähren sich vor allem von Fischen, aber auch Tintenfische und Krebse gehören zu ihrem Speisezettel.

Kuscheltiere
Robbenbabys werden an Land geboren. Während der ersten Wochen haben viele von ihnen ein weiches, flauschiges Fell.

Alle Robben verfügen über ein gutes Gehör, aber nur die Seelöwen und die Pelzrobben haben auch Ohrmuscheln. Die Ohren dieses Gemeinen Seehundes sind lediglich zwei winzige Löcher.

Wenn ein Seehund unter Wasser taucht, verschließt er Maul, Nase und Ohren.

Mit ihren Barthaaren erspüren die Robben Bewegungen im Wasser. Das erleichtert ihnen die Jagd auf Fische, Muscheln, Schnecken und Tintenfische.

Großes Gedränge
Hier liegen Walrosse am Strand! Dicht an dicht, neben- und sogar auf- und untereinander.

Watschelgang

Seelöwen, Pelzrobben und Walrosse können sich mit den Vorderflossen aufrichten und die Hinterflossen nach vorn klappen. So können sie sich an Land fortbewegen, ja sogar laufen. Seehunde dagegen rutschen an Land nur auf dem Bauch umher.

Die Robbenfamilie

Es gibt drei verschiedene Gruppen von Robben:

Kegelrobbe

Seehunde

See-Elefant

Mit ihrem glatten, stromlinienförmigen Körper schwimmen die Robben oft schnell genug, um sich vor Schwertwalen und Eisbären in Sicherheit zu bringen.

Ohrenrobben

Nördliche Pelzrobbe

Die Fettschicht ist gut 20 Zentimeter dick.

Robben fressende Robben

Seeleoparden sind gefährliche Tiere. Sie tauchen plötzlich aus dem Meer auf und reißen Pinguine, aber auch andere Robbenarten vom Eis ins Wasser.

Dieser Seehund ist keine 2 Meter lang. Ein See-Elefant dagegen kann von der Nase bis zu den Hinterflossenspitzen rund 6 Meter lang werden. Damit übertrifft er sogar die Giraffe an Länge.

Seehunde – wie dieser Gemeine Seehund – treiben sich durch Auf- und Abwärtsbewegungen ihrer Hinterflossen durch das Wasser.

Kalifornischer Seelöwe

Walrosse

Männliche Walrosse kämpfen mit ihren großen Zähnen gegeneinander.

Seevögel

Meeresvögel gibt es fast überall auf der Welt. Pinguine bevölkern die eisige Antarktis, Möwen leben in jedem Gewässer und Albatrosse segeln hoch über den südlichen Meeren. Eines aber haben alle Seevögel gemeinsam: Sie gehen im Sommer an Land, um ihre Eier auszubrüten.

Ballonvogel
Der Fregattvogel bläht sich auf, um ein Weibchen anzulocken.

Futterneid
Wie viele andere Vögel auch ist die Sturmschwalbe mit von der Partie, wenn es etwas zu fressen gibt.

Tauchkünstler
Meeresvögel haben unterschiedliche Techniken zum Fisch- und Planktonfang entwickelt. Die Tölpel stürzen sich kopfüber ins Wasser, die Fregattvögel dagegen jagen anderen Vögeln das Futter ab.

Eier des Papageitauchers (natürliche Größe)

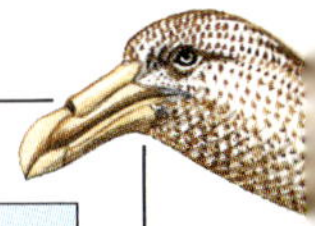

Vogelparade

Seevögel gibt es in ganz unterschiedlichen Größen. Das Mädchen mit dem Messstab ist 1,25 Meter groß, nur etwas größer als der größte Pinguin.

Vollendete Flieger

Die weißen Flügel eines Wanderalbatros können von Spitze zu Spitze über drei Meter messen. Mit ausgestreckten Flügeln schweben diese Vögel durch die Lüfte und legen am Tag über 800 Kilometer zurück. In den ersten vier Jahren ihres Lebens sind sie fast nur in der Luft.

Kaiserpinguin

Fregattvogel

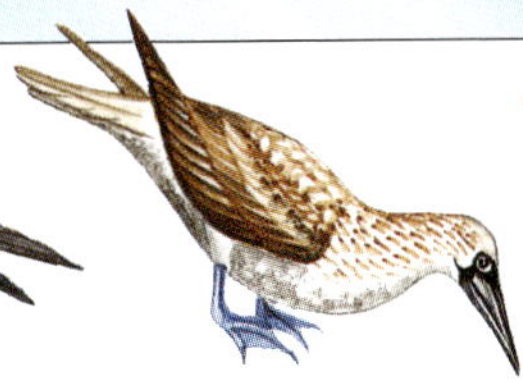

Blaufußtölpel

Silbermöwe

Rotschwanz-Tropenvogel

Hauben-Papageitaucher

Papageitaucher sind keine guten Flieger – sie haben nur kurze Flügel und einen schweren Körper. Unter Wasser allerdings dienen ihnen die Flügel als Flossen.

Übergewicht

Tölpeljunge werden mit Fisch so sehr überfüttert, dass sie zu schwer werden, um mit ihren Eltern davonzufliegen. Deshalb lassen sie sich von der Klippe, auf der sie ausgeschlüpft sind, direkt ins Meer plumpsen und schwimmen in der ersten Zeit. Währenddessen zehren sie von ihrem Fettvorrat, bis sie leicht genug sind, um sich in die Luft zu erheben.

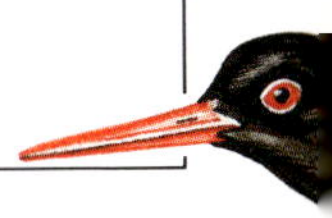

Meeresschildkröten

Der Körper fast aller Schildkröten ist – bis auf Kopf und Beine – mit Hornplatten und einem knochigen Panzer bedeckt. Dieser Panzer schützt sie vor Feinden. Wegen ihrer flachen Gestalt können Meeresschildkröten mit einer Geschwindigkeit von bis zu 65 Kilometern in der Stunde durch das Wasser schießen.

Skelett einer Schildkröte
Das Unterteil des Panzers dieser Schildkröte ist entfernt worden, damit ihr Skelett zu sehen ist.

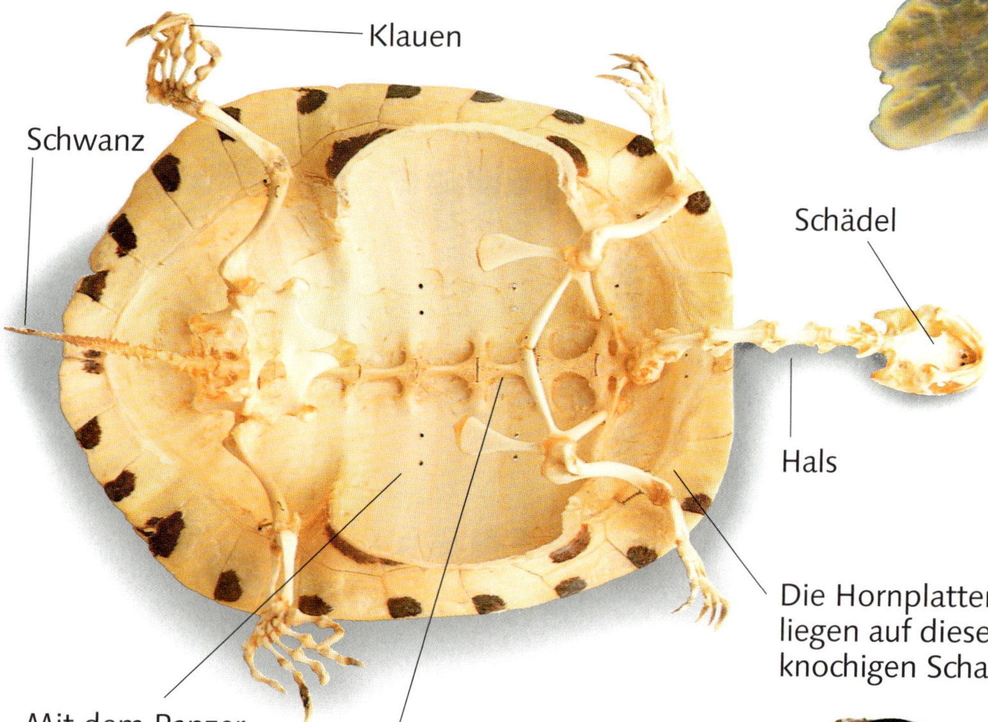

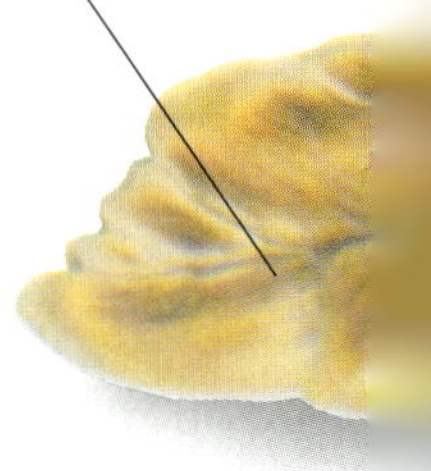

Schildkrötenbrut
Eine Meeresschildkröte gräbt mit ihren starken Hinterflossen am Strand ein Loch und legt mehr als 100 Eier hinein, die sie dann mit Sand abdeckt. Sind die Jungen geschlüpft, krabbeln sie zum Wasser. Viele werden aber auf dem Weg dorthin gefressen.

Meeresschildkröten

Groß und lederartig

Der Panzer der Lederschildkröte ist statt mit Hornplatten oben mit einer lederartigen Haut bedeckt.

Schildkröten haben keine Zähne, ihre Kiefer sind vielmehr mit einem Hornschnabel bedeckt.

Diese Echte Karettschildkröte frisst mit Vorliebe Krebse und Tintenfische. Die Arrauschildkröten dagegen ernähren sich von Meeresalgen und Seegras.

Echte Karettschildkröte

Suppenschildkröte

Pazifische Bastard-Schildkröte

Unechte Karettschildkröte

Lederschildkröte

Vom Aussterben bedroht!

Die großen Hornplatten, die den Panzer der Meeresschildkröten bedecken, bestehen – wie unsere Fingernägel – aus Keratin. Man nennt sie auch Schildpatt. Früher hat man die Tiere wegen dieser Platten getötet. Das ist heute verboten, weil die Tiere vom Aussterben bedroht sind.

Diese Gegenstände sind aus Schildpatt hergestellt.

Weite Wanderungen

Viele Tiere verbringen ihr ganzes Leben an einem Ort. Andere über- oder durchqueren ganze Ozeane auf der Suche nach Futter oder um ihre Jungen zur Welt zu bringen. Diese regelmäßigen Ortswechsel nennt man Wanderungen. Eines der größten Geheimnisse der Tierwanderungen besteht darin, wie die Tiere den richtigen Weg finden.

Im Schwarm
Heringe haben feste Wanderzeiten. Von ihrem Winterstandort schwimmen sie zur Nahrungsaufnahme in tiefere, wärmere Gewässer. Sie laichen, je nach Rasse, im Frühjahr, Sommer oder Herbst.

Walwanderung
Jedes Jahr im Oktober ziehen die in der Nähe des Nordpols lebenden Grauwale nach Süden. Vor der mexikanischen Küste bringen sie ihre Jungen zur Welt. Im März schwimmen sie wieder nach Norden. Auf dieser Reise legen sie bis zu 20 000 Kilometer zurück.

Langustenwanderung
Die Langusten, die vor der Küste Floridas leben, ziehen bei den ersten Winterstürmen nach Süden. Nach einer rund 100 Kilometer langen Reise erreichen sie wärmere Gewässer und legen ihre Eier ab. Sie machen zwar nicht so weite Wanderungen wie Wale, Vögel und Fische, aber schließlich müssen sie ihre Reise zu Fuß auf dem Meeresgrund zurücklegen.

Lachswanderung

Zum Laichen verlassen die Lachse den Ozean, um in den Fluss zurückzukehren, in dem sie geboren wurden. Dabei kann sie nichts aufhalten, selbst steilste Hindernisse überspringen sie auf ihrer Wanderung.

Ewiger Sommer

Die Küstenseeschwalbe lebt im Sommer im Norden. Wenn es im Herbst kälter und das Futter knapp wird, fliegt sie nach Süden und verbringt dort den antarktischen Sommer. In ihrem Leben legt sie etwa die Strecke Erd–Mond–Erde zurück.

Die Tiefsee

Auf dem Grund des Ozeans herrscht totale Finsternis, und es ist dort unten so kalt wie in einem Kühlschrank. Aber selbst an diesem unwirtlichen Ort leben noch seltsame Fische. Die meisten sind bleich, denn im Dunkeln müssen sie sich nicht tarnen, und sie besitzen ein Leuchtorgan, ähnlich wie die Glühkäfer. Damit locken sie ihre Beute an.

Naturschauspiel
Wunderschöne Quallen treiben langsam in der Tiefsee dahin.

Leuchtender Bauch
Dieser Beilfisch lebt im Halbdunkel. Seine großen Augen sind dem von oben einfallenden Licht zugewandt.

Leben im Schlick
Viele Tiere leben in dem dicken Schlick, der den Grund der Meere bedeckt. Sie ernähren sich von den Überresten toter Pflanzen und Tiere, die von oben herabsinken.

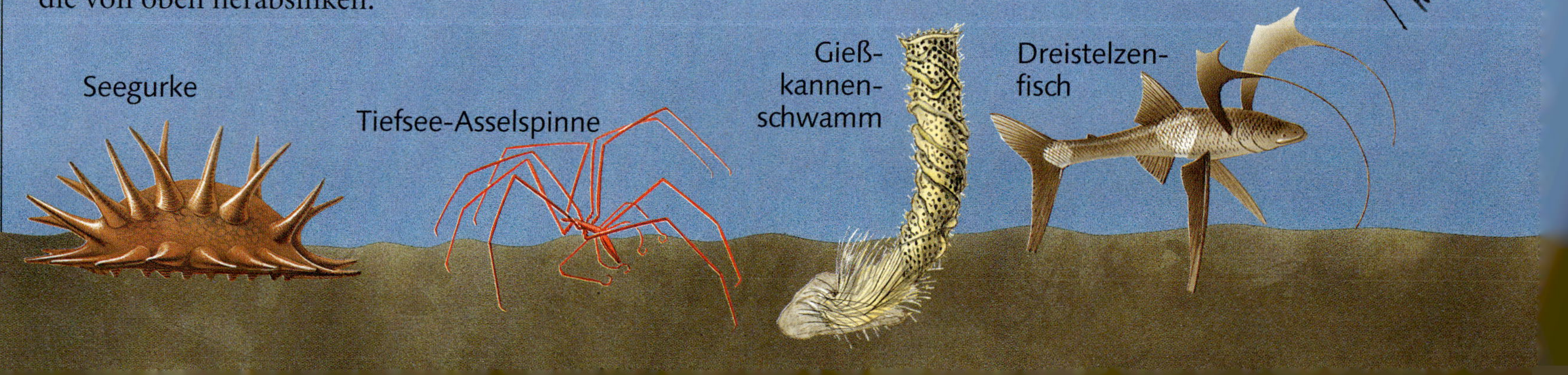

Licht und Dunkelheit

Die meisten Ozeane sind rund 6000 Meter tief. Das Licht erhellt nur die oberen Wasserschichten. Unterhalb 1000 Meter herrscht völlige Dunkelheit.

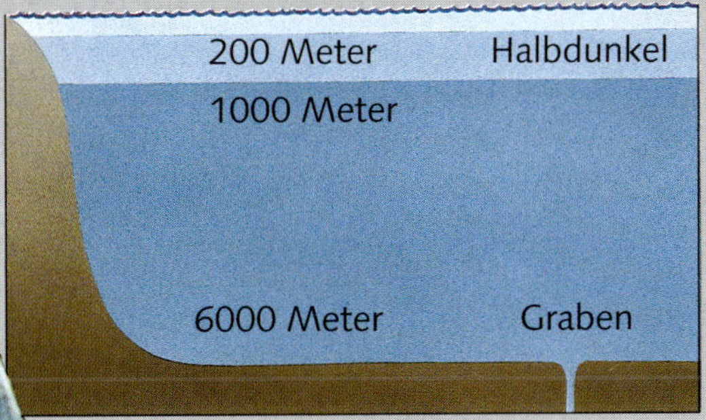

Delikatessen

In den Tiefen des Meeres ist die Nahrung knapp. Deshalb sind die leuchtend roten Garnelen eine bevorzugte Mahlzeit vieler Tiefseebewohner.

Heißwasserfontänen

Wie ein Unterwasservulkan bricht an manchen Stellen kochend heißes Wasser durch den Schlick. Dabei entsteht aus Ablagerungen eine Art Schornstein, auch Schwarzer Raucher genannt.

Worterklärungen

Art Eine Sorte Tier. Männliche und weibliche Angehörige einer Art können zusammen Junge bekommen. Pottwal und Finnwal können zum Beispiel keine Jungen zeugen, weil sie verschiedenen Arten angehören.

Atemloch Ein oder mehrere Nasenlöcher des Wals auf der Oberseite seines Kopfes.

Ei Ein ungeborenes Tierjunges und seine Nahrung. Ein Ei ist gewöhnlich von einer Schale umschlossen.

Fischbein Ein horniges Material, das die Barten im Oberkiefer einiger Wale bildet. Die Barten lassen Wasser passieren, halten aber Kleinlebewesen im Rachen zurück.

Flosse An den Seiten oder dem Schwanz eines Fisches vorhandenes flaches, knochengestütztes Körperteil. Mithilfe der Flossen bewegen sich die Fische im Wasser fort. Auch die Schwimmorgane von Walen, Delfinen, Robben und Seeschildkröten heißen Flossen.

Flossenstachel Ein kleines knorpeliges Gebilde, das eine Flosse festigt.

Fühler Ein fadenförmiges Tastorgan.

Gelenk Das Scharnier, das zwei oder mehr Knochen miteinander verbindet, zum Beispiel das Knie.

Gezeiten Durch die Anziehungskraft von Sonne und Mond entstehende, ständig wechselnde Wasserhöhe – Niedrigwasser (Ebbe) und Hochwasser (Flut).

Gräben Breite Vertiefungen auf dem Grund des Ozeans.

Häutung Abstoßen und Erneuern der alten Haut oder des alten Panzers.

Kiemen Körperanhänge, mit denen dem Wasser Sauerstoff entnommen und den Tieren das Atmen im Wasser ermöglich wird.

Knorpel Ein elastisches Material, aus dem das Skelett von Haien und Rochen gebildet ist.

Korallen Kleine Seetierchen (Korallenpolypen), die um sich herum Gehäuse aus Kalk bauen.

Laichen Das Verspritzen von Millionen winziger weichschaliger Eier in Wasser.

Larven Ein frühes Stadium im Leben vieler Tiere, wie zum Beispiel der Fische, Krebse, Schnecken und Muscheln. Im Aussehen unterscheiden sich die Larven von den erwachsenen Tieren.

Lunge Ein Körperorgan, das die Atmung an der Luft ermöglicht. Säugetiere haben zum Beispiel eine Lunge.

Mineralien Chemische Substanzen wie Salz oder Eisen. Viele davon sind für Lebewesen lebensnotwenig, manche aber auch sehr giftig.

Ozean Ein riesiges Salzwassergebiet, das größer und tiefer ist als ein See.

Panzer Die Schutzhülle der Krebstiere und Schildkröten.

Plankton Winzige Pflanzen und Tiere, die im Meer treiben und die Nahrungsgrundlage vieler anderer Tiere bilden.

Reptil Ein wechselwarmes Wirbeltier mit Schuppenhaut, das seine Eier an Land legt.

Riff Ein aus Korallenskeletten bestehendes Gebilde, das in flachen, warmen Meeren in Strandnähe emporwächst.

Salz Das häufigste Mineral im Ozean. Es gibt dem Wasser den salzigen Geschmack.

Sauerstoff Ein Gas, das Mensch und Tier zum Atmen brauchen. Es ist in der Luft und im Wasser enthalten.

Säugetiere Warmblüter, die lebendige Junge gebären und sie mit Milch säugen. Auch der Mensch gehört zu dieser Gruppe.

Schuppen Kleine, flache, harte Platten, die die Haut der Fische und auch die einiger anderer Tiere bedecken.

Skelett Die tragenden Teile eines Tierkörpers. Das Skelett der Wirbeltiere besteht aus Knorpeln oder Knochen.

Stromlinienform Meerestiere mit abgerundetem Körper sind stromlinienförmig gebaut. Die schlanke Gestalt macht sie zu besonders schnellen Schwimmern.

Tarnung Körperformen oder -farben, durch die ein Tier für Fressfeinde nicht mehr erkennbar ist.

Tran Eine dicke Fettschicht unter der Haut von Walen, Robben und Walrossen, die sie warm hält.

Wanderungen Die regelmäßigen Zugbewegungen von Tieren auf der Suche nach Futter oder um der Kälte zu entfliehen. Dabei werden oft weite Entfernungen zurückgelegt.

Wechselwarme Tiere Die Körpertemperatur wechselwarmer Tiere steigt oder fällt je nach Außentemperatur.

Weichtiere Tiergruppe, zu der unter anderem Muscheln, Schnecken und Tintenfische gehören.

Wirbelsäule Knochensäule aus einander ähnlichen Bauteilen, den Wirbelkörpern, die den Kopf trägt und den Rumpf stützt. Amphibien, Reptilien, Vögel, Säuger, Fische und Kieferlose haben eine Wirbelsäule.

Technik

Fahrzeuge und Maschinen

Inhalt

Das Auto

Die ersten Autos sahen ganz anders aus als die von heute. Eher wie Kutschen, allerdings nicht von Pferden gezogen, sondern von Benzinmotoren angetrieben. Sie waren langsam und schwierig zu fahren. Noch schwieriger war es, sie zum Halten zu bringen. Nicht umsonst hatte jedes Auto eine laute Hupe! Dennoch bewährte sich das Automobil, und mit der Zeit wurde es unserem heutigen Auto immer ähnlicher.

Die rote Fahne
Die ersten Autos galten als so gefährlich, dass ein Mann mit roter Fahne vor ihnen hergehen musste!

Schutzkleidung
Die ersten Autos waren völlig offen und die Straßen holprig und staubig. Um sich vor Kälte, Nässe und Schmutz zu schützen, trugen die Autofahrer von einst eine spezielle Schutzkleidung.

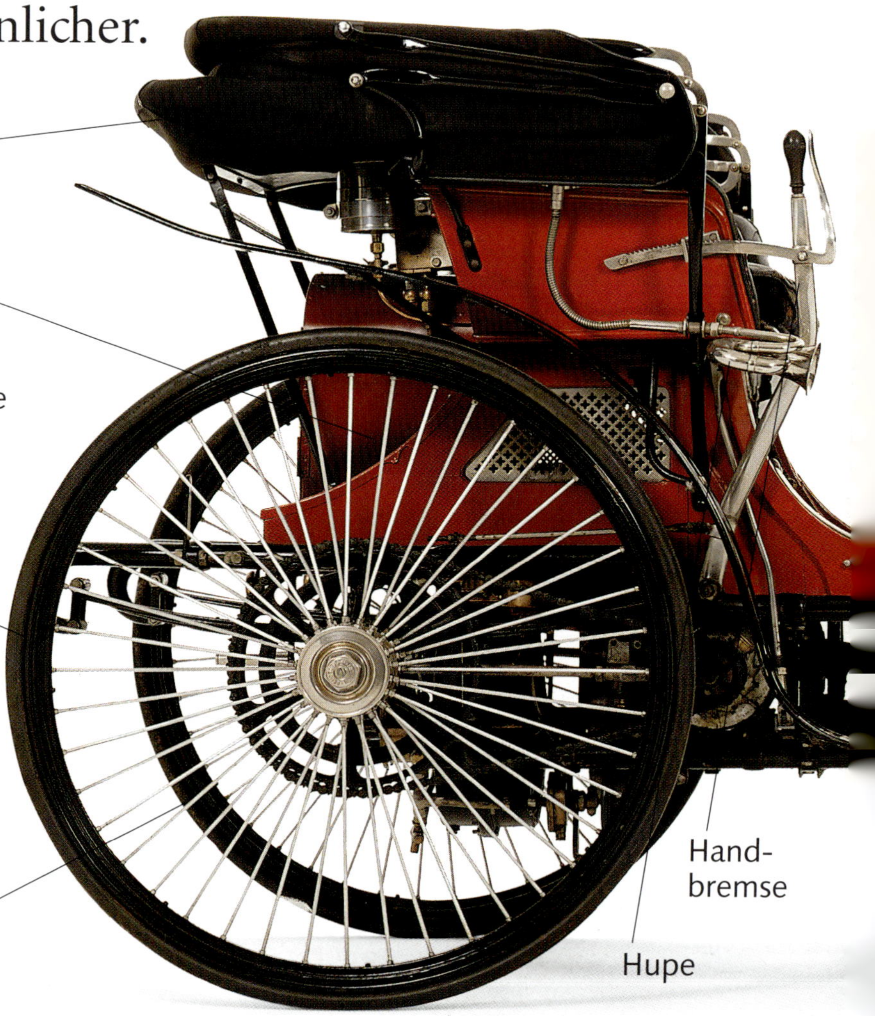

Auto-Konvoi
Im Laufe der Jahre haben sich die Autos enorm verändert.

Rolls-Royce Silver Ghost

Cadillac

Bugatti

Austin Ten

Ein Auto fürs Volk

Früher konnten sich nur sehr Reiche ein Auto leisten. 1908 produzierte der Amerikaner Henry Ford das Modell „T“ – das erste Fließband-Auto der Welt. Von dem schwarzen, preiswerten Auto wurden insgesamt 15 Millionen Stück gebaut und verkauft.

Mit dieser „Lenkstange“ wurde das Auto gelenkt.

Die Sitze sind einander gegenüberliegend angeordnet wie bei einer Pferdekutsche.

Anstelle der heute üblichen Luftreifen hatten die Autos damals Vollgummireifen.

Korb

Schalt-knüppel

Der amerikanische Traum

Nach dem Zweiten Weltkrieg erlebte die Autoindustrie in den USA Hochkonjunktur. Fantastische Fahrzeuge wie der Cadillac Coupé de Ville – ein sechs Meter langer „Schlitten“ – wurden gebaut. Den Amerikanern wuchs das Auto so ans Herz, dass sie es überallhin mitnahmen. Das Ergebnis waren Autokinos und Autorestaurants!

VW Käfer

Citroën 2 CV

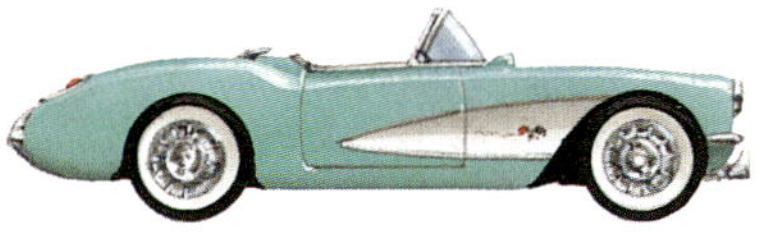

Chevrolet Corvette

Mercedes-Benz 300 SL

Busse und Straßenbahnen

Früher gelangten die Menschen zu Fuß oder auf dem Pferderücken zur Arbeit. Aber mit dem Anwachsen der Städte wurden auch die Wege zur Arbeit oder zur Schule weiter. Neue Transportmittel waren nötig: Busse und Straßenbahnen. Im 19. Jahrhundert wurden sie von Pferden gezogen, zu Beginn des 20. Jahrhunderts traten an die Stelle der Pferdebahn elektrisch betriebene Straßenbahnen und Busse mit Benzinmotoren.

„Ziehharmonika"-Bus
In Gelenkomnibussen finden bis zu 180 Fahrgäste Platz. Der vordere Teil des Busses ist durch bewegliche „Gelenke" mit dem hinteren Teil verbunden – wichtig beim Um-die-Ecke-Biegen.

Straßenbahnen
1832 zogen Pferde die ersten Straßenbahnen durch die Straßen von New York. Heutzutage sind es elektrisch betriebene Schienenbahnen, die zum Beispiel die steilen Straßen von San Francisco (USA) hinaufzuckeln oder durch Amsterdam (Niederlande) fahren.

Jeep-Busse
Kleinbusse eignen sich gut für verkehrsreiche Straßen. Die farbenfrohen philippinischen Jeep-Busse schlängeln sich geschickt durch den Verkehr.

Doppelstöckig

Die großen roten Londoner Doppeldeckerbusse sind weltberühmt. Bis zu 91 Fahrgäste haben darin Platz, und sie gelten noch heute als einfachstes und bestes Nahverkehrsmittel.

Oberdeck

Für Menschen, die in abgelegenen Gebieten leben, sind Busse enorm wichtig. Kinder fahren damit zur Schule und Bauern zum Markt. In Entwicklungsländern sind sie oft so voll, dass die Menschen samt ihrem Gepäck auf dem Dach fahren müssen.

Reisekomfort

Reisebusse, die oft lange Strecken fahren, haben stärkere Motoren und eine bessere Innenausstattung als normale Busse. Toilette, Klimaanlage und Video sind in modernen Reisebussen eine Selbstverständlichkeit.

Taxi bitte!

Taxis gibt es viele verschiedene – nicht nur zu Land, auch zu Wasser.

Gondel (Italien)

Rikscha (Indien)

Tuk-tuk (Thailand)

Taxi (Großbritannien)

Elektroloks und Dieselloks

1964 bauten die Japaner als Erste elektrische Hochgeschwindigkeitszüge, die 210 km/h erreichten – damals ein Weltrekord. Das meiste Geld wird jedoch nicht mit Personenzügen, sondern mit Güterzügen verdient. Dank dieser Güterzüge, die meist von Dieselloks gezogen werden, wird ein großer Teil des Frachtverkehrs von den Straßen fern gehalten. Der längste Güterzug der Welt ratterte durch Südafrika: Er hatte 660 Wagen und war über sieben Kilometer lang!

Gute Kurvenlage Höchstgeschwindigkeiten können die meisten Züge nur auf geraden Strecken fahren. In Italien wurde ein Zug entwickelt, der sich in den Kurven nach innen neigt und daher kaum abbremsen muss.

Stromabnehmer entnehmen der Oberleitung die Elektrizität, mit der der Zug angetrieben wird.

Triebkopf nennt man bei den modernen elektrischen Zügen die Lokomotive.

Der ICE (Intercity-Express) ist Deutschlands schnellster elektrischer Zug.

Der französische Hochgeschwindigkeitszug TGV erreicht eine Spitzengeschwindigkeit von 380 km/h.

Der Bau von Gleisanlagen für superschnelle Züge ist teuer, denn man braucht spezielle Schienen und weite Kurven.

Dieselkraft ist billiger. Deshalb werden noch viele Züge, wie dieser lange kanadische Zug, von Dieselloks gezogen.

Alles unter Kontrolle

Die Kontrollzentrale des TGV in Paris ist ständig mit jedem einzelnen Zugführer in Kontakt. So kann er rechtzeitig über jedes auftauchende Problem informiert werden, wie Verzögerungen, Stromausfall oder Defekt eines Signals. Die Kontrollzentrale sorgt dafür, dass der Schienenverkehr so reibungslos wie möglich abläuft.

Grand Central Station

Der größte Bahnhof der Welt ist die „Grand Central Station“ in New York. Er hat zwei Ebenen: Auf der oberen sind 41 Gleise, auf der unteren 26.

Auf Schienen

Die verschiedensten Fahrzeuge sind auf den Schienensträngen der Welt unterwegs.

Abschleppzug

Schneepflug

Personenzug

Güterzug

Der Triebkopf des ICE kann 12 Waggons mit insgesamt 500 Reisenden ziehen.

Auf einer Teststrecke erreichte der stromlinienförmige ICE 345 km/h.

Von Küste zu Küste

Von Sydney nach Perth, quer durch ganz Australien, führt eine der längsten Eisenbahnlinien. Drei Tage dauert die Fahrt, 3968 Kilometer lang ist die Strecke, davon verlaufen – einsamer Weltrekord – 478 Kilometer schnurgerade!

Unter der Erde und darüber

Je größer die Städte wurden, desto dichter und zähflüssiger wurde der Verkehr. Abhilfe konnten hier nur Bahnen quer durch die Stadt schaffen, entweder über der Erde als Hochbahnen oder unter der Erde. Untergrundbahnen gibt es überall auf der Welt, von London, das mit 408 Kilometern das größte U-Bahn-Netz der Welt hat, bis Moskau, dessen U-Bahn-Stationen an Paläste erinnern. Sie alle transportieren die Menschen schnell und sicher durch die Städte.

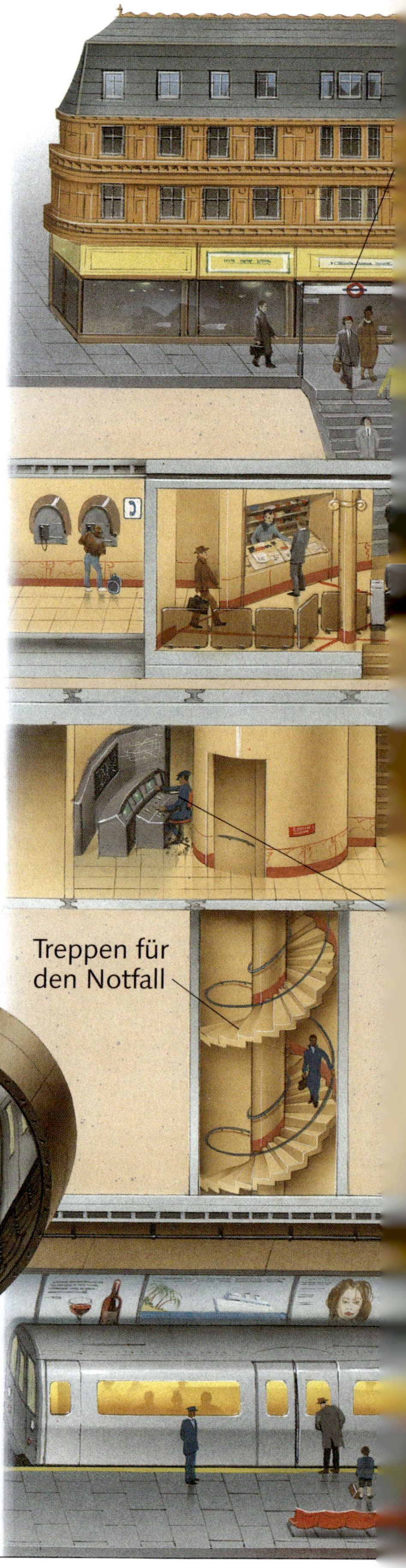

Total verräuchert
Die erste U-Bahn der Welt wurde 1863 in London eingeweiht. Sie fuhr mit Dampfloks. Doch der Dampf und vor allem der Rauch in den Tunnels waren lästig. Deshalb fuhren ab 1890 elektrische Züge.

Qualvolle Enge
Die U-Bahn von Tokio in Japan ist so voll, dass in Stoßzeiten extra dafür angestellte Männer die Passagiere in die Züge quetschen müssen.

Die Londoner nennen ihre U-Bahn „tube“ (Röhre), weil die tief unter der Erde liegenden Tunnels aus Stahlrohren bestehen.

U-Bahnen entnehmen die elektrische Energie einer neben der Fahrschiene verlegten Stromschiene.

Wo eine U-Bahn-Station ist, kann man an entsprechenden Hinweisschildern erkennen.

Eingleisig
Manchmal kommt eine U-Bahn zu teuer, dann baut man eine Hochbahn. In Sydney (Australien) gibt es Einschienenbahnen; das sind Züge, die auf einem einzigen Gleis fahren.

Hängebahn
Nicht alle Züge rollen auf dem Gleis. In Wuppertal wurde die erste elektrische Einschienenbahn gebaut, die an einer Stahlschiene hängt.

Bergauf
Spezialbahnen transportieren Menschen steile Berge hinauf.

Zahnradbahn

Drahtseilbahn

Standseilbahn

Maschinenbetriebene Schiffe

Auf Windenergie ist nicht immer Verlass: Manchmal bläst der Wind aus der falschen Richtung, manchmal bläst er überhaupt nicht! Um 1800 wurden Dampfmaschinen eingesetzt, um Schaufelräder oder Schiffsschrauben anzutreiben. Dampfschiffe kamen schneller voran als Segelschiffe und waren für den Transport von Menschen und Gütern besser geeignet. Moderne Schiffe haben Dieselmotoren; sie transportieren vor allem Fracht.

Schiffsschrauben
Die Schiffsschraube am Heck wird von einem Motor angetrieben. Sie ist es, die das Schiff vorwärts treibt. Große Schiffe haben riesige Schrauben.

Im Hafen
In modernen Häfen kommt der größte Teil der Fracht auf Lkws oder Zügen bereits in Containern verpackt an. Diese werden im Hafen gelagert und später problemlos mit einem Kran aufs Schiff gehoben.

Ziehen und schieben
Große Schiffe sind schwer zu manövrieren. Um aus voller Geschwindigkeit zum Halten zu kommen, brauchen sie mehrere Kilometer! Deshalb werden sie im Hafen von kleineren Schleppern an ihren Liegeplatz bugsiert.

Ferien auf See

Mit Kreuzfahrtschiffen kann man Vergnügungsreisen auf hoher See unternehmen. Die „Queen Elizabeth II“ bietet Platz für 1800 Passagiere und 1100 Mann Besatzung.

Ladelinie

Am Schiffsrumpf ist eine Reihe von Zeichen, die Ladelinie, angebracht. Sie müssen immer über Wasser sein, sonst sinkt das Schiff. Es sind mehrere Zeichen, weil der Tiefgang des Schiffes in Salz- oder Süßwasser, im Sommer oder im Winter, in den Tropen oder im Nordatlantik verschieden ist.

Ladelinie

Der Schiffsbug wird von einem Sichtmast markiert, denn von der Kommandobrücke aus ist der Bug nicht zu sehen. Er wird von den Containern verdeckt.

Die Container werden auf Containerschienen übereinander gestapelt.

SOS

Gerät ein Schiff in Seenot, legen Passagiere und Besatzung Rettungswesten an und der Kapitän funkt das Notrufsignal SOS. Seenotkreuzer bringen Hilfe.

In vielerlei Gestalt

Schiffe aller Größen und Formen befahren die Meere der Welt.

Marine-Fregatte

Autofähre

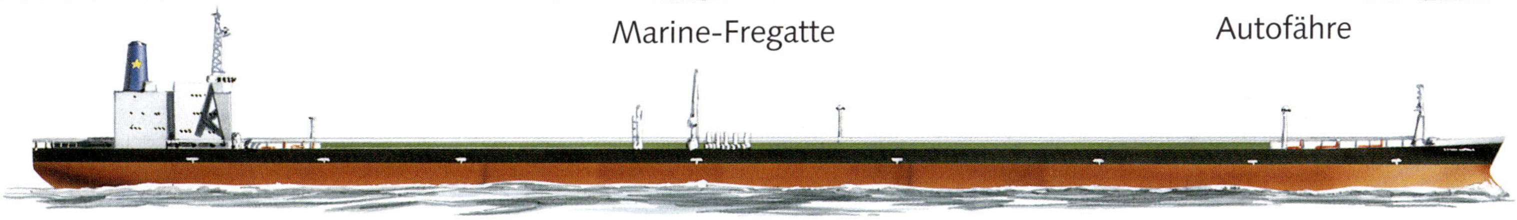

Öltanker

Unter Wasser

Menschen können nicht unter Wasser leben, denn es fehlt der Sauerstoff zum Atmen und der Wasserdruck ist zu groß. Dennoch können sie sich unter Wasser fortbewegen – mit Unterseebooten zum Beispiel. U-Boote sind aus extrem stabilem Material, das dem Wasserdruck standhält. In modernen U-Booten wird Luft und Wasser recycelt, und sie haben so viel Treibstoff an Bord, dass sie zwei Jahre unter Wasser bleiben können.

Tauchausrüstung
Neoprenanzüge halten Taucher im kalten Wasser warm. Außerdem tragen Taucher am Rücken Pressluftflaschen. Den Sauerstoff atmen sie über einen Schlauch mit Mundstück ein.

Rettung unter Wasser
Hat ein U-Boot einen Unfall und sitzt am Meeresgrund fest, wird ein spezielles Unterwasser-Rettungsboot eingesetzt, um die Mannschaft in Sicherheit zu bringen.

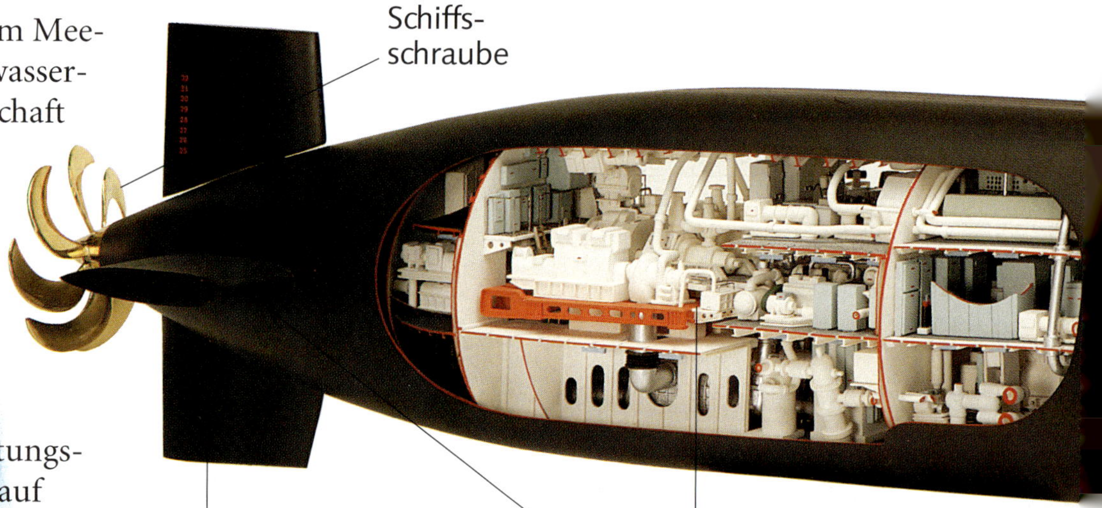

1. Ein Transportflugzeug bringt das Rettungsboot zum nächsten Hafen. Hier wird es auf ein Schiff oder ein „Mutter"-U-Boot geladen.

2. Das „Mutter"-U-Boot bringt das Rettungsboot zum Unfallort.

3. Das Rettungsboot macht an einer Luke auf dem U-Boot fest, über die sich die Männer in Sicherheit bringen können.

Unterwasser-Trip
Taucher, die es eilig haben, benutzen Elektro-Skooter, die sie durch das Wasser ziehen.

Gefahren der Tiefe
Tiefseetaucher brauchen eine Spezialausrüstung, um nicht vom Wasserdruck zerquetscht zu werden: speziell verstärkte Tauchboote und druckfeste Anzüge aus Stahlplatten.

Im Dienst
Nach dem Abtauchen werden alle Manöver vom Kapitän und der Besatzung in der Kommandozentrale mit Computern und elektronischen Geräten durchgeführt.

Echo
Mithilfe von Sonargeräten findet das U-Boot seinen Weg. Es sendet einen Ton aus und misst dann das Echo. Wird der Ton schnell zurückgeworfen, befindet sich in der Nähe ein Gegenstand.

Passagierflugzeuge

Ein sehr großes Passagierflugzeug ist die Boeing 747, Jumbojet genannt. Noch größer aber ist der neu entwickelte Airbus A 380, der bis zu 850 Passagieren Platz bietet. Mit solch großen Maschinen ist das Fliegen für viele erschwinglich geworden. Die Passagiere brauchen nur in das wartende Flugzeug einzusteigen; aber es steckt viel Arbeit dahinter, Start und Landung jeder Maschine sicher zu gewährleisten.

Schlange stehen
Auf dem verkehrsreichsten Flughafen der Welt, Chicago O'Hare (USA), starten und landen pro Stunde 110 Flugzeuge. Wie auch auf anderen großen Flughäfen müssen sich die Maschinen in eine Warteschlange einreihen, bis sie starten dürfen.

Follow me
Nach der Landung wird die Maschine mit Signalen auf den richtigen Platz eingewiesen.

Die Schnellste

Mit ihren 2150 km/h war die Concorde mit Abstand das schnellste Flugzeug. Weil sie schneller flog als der Schall, wurde sie als Überschallflugzeug bezeichnet.

Seltsame Fracht

Die Fracht wird mit einem Scherenkran oder einem Förderband verladen. Bisweilen verlässt sie auch auf den eigenen vier Beinen die Maschine!

Gute Aussicht

In Stoßzeiten landet auf großen internationalen Flughäfen fast alle 60 Sekunden eine Maschine, während andere in Warteposition stehen. Start und Landung aller Maschinen werden vom Kontrollturm aus überwacht.

Sicher und sauber

Vor jedem Flug wird die Maschine vom Bodenpersonal gründlich gereinigt. Inzwischen überprüfen Techniker alle wichtigen Teile des Flugzeugs.

Ungewöhnliche Flugzeuge

Moderne Flugzeuge sind so kompliziert, dass der Pilot sie nur noch mithilfe von Computern steuern kann. Manche Militärmaschinen sind so schnell, dass sie sogar die Raketen einholen können, die sie soeben abgeschossen haben! Andere Flugzeuge können auf der Stelle schweben und dann blitzschnell in die Luft steigen.

In die Luft

Transportflugzeug Guppy

Betanken im Flug

Wenn auf Langstreckenflügen die Maschinen nicht zum Auftanken landen können, koppeln sie sich in der Luft an ein Tankflugzeug an und werden durch Treibstoffleitungen betankt.

Senkrechtstarter

Die Harrier ist so konzipiert, dass sie wie ein Hubschrauber senkrecht starten kann. Kaum in der Luft, fliegt sie jedoch wie ein normales Flugzeug. Ihre Spitzengeschwindigkeit liegt bei 1180 km/h.

1. Anfangs zeigen die Düsen nach unten; der Jet wird durch Schub senkrecht nach oben gestoßen.

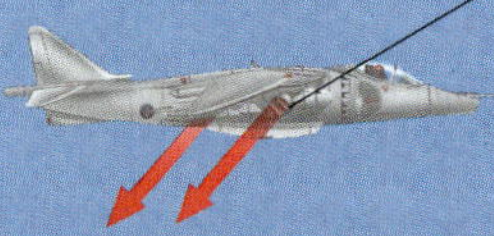

2. Beim Aufsteigen drehen sich die Düsen; sie treiben das Flugzeug vorwärts und nach oben.

3. Dann drehen sich die Düsen ganz nach hinten; der Jet wird durch Rückstoß vorwärts getrieben.

Kurze Startbahn

Startbahnen auf Flugzeugträgern sind sehr kurz. Bei einem Katapultstart wird das Flugzeug mit einer Startschleuder beschleunigt, sodass es am Ende der Startbahn genügend Geschwindigkeit zum Starten hat.

Langsam-Flugzeug Optica, Beobachtungsflugzeug

Sikorsky Skycrane (fliegender Kran)

Der Motor versetzt die Rotorblätter in Drehbewegung. Der Hubschrauber steigt auf.

Hubschrauber sind laut und fliegen unruhig. Doch sie sind ideal für Rettungseinsätze, weil sie in der Luft „stehen" können.

Der Heckrotor gleicht das Gegendrehmoment des Hauptrotors aus. Außerdem dient er zum Steuern des Hubschraubers.

Rettungshubschrauber haben medizinische Geräte an Bord, damit man die Verunglückten sofort verarzten kann.

Hubschrauber brauchen sehr viel Treibstoff, weil der Hauptrotor, der die Maschine in der Luft hält, enorm viel Antriebskraft braucht.

Einer der Flieger wird an einer Winde zu dem Verunglückten hinuntergelassen, damit dieser mithilfe eines Gurtes hochgehievt werden kann.

Bewegliche Flügel

Flugzeuge wie der F14 Tomcat können die Form ihrer Flügel verändern. Fliegen sie langsam, sind die Flügel weit ausgebreitet, bei schnellem Flug dagegen eng an den Rumpf angelegt.

langsam

schnell

Kraftmaschinen und Motoren

Kraftmaschinen und Motoren setzen ihre Kraft in Bewegungsenergie um. Elektromotoren treiben meist kleinere Geräte an. Kraftmaschinen sind stärker und arbeiten mit Wärmeenergie. Bei der Dampfmaschine – der ersten echten Maschine – wird Wasser durch Hitze zu Dampf, der die Maschine antreibt, so wie der Dampf in einem Topf mit kochendem Wasser den Deckel hochdrückt. Autos haben einen Verbrennungsmotor, der Antrieb entsteht durch Verbrennen von Benzin.

Stromerzeuger
Bis vor etwa 40 Jahren sah man solche bunt bemalten Dampfzugmaschinen häufig auf Jahrmärkten. Sie dienten dem Antrieb von Karussellen und zur Stromerzeugung für die Beleuchtung.

Elektromotoren

Elektromotoren funktionieren mit Magnetismus. Fließt Strom durch eine Drahtspule, baut sich ein magnetisches Feld auf. Liegt die Drahtspule in einem anderen Magneten, so dreht sie sich sehr schnell und treibt damit den Haarföhn an.

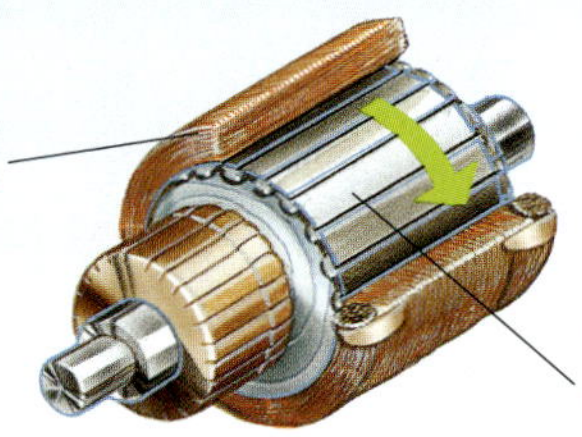

Düsenantrieb

Die meisten modernen Flugzeuge haben ein Düsentriebwerk. Glühend heiße Gase geben den Rückstoß, der das Flugzeug mit enormer Geschwindigkeit vorwärts treibt.

Benzinmotor

Die meisten modernen Autos fahren mit einem solchen Verbrennungsmotor. Der Treibstoff wird laufend in den Zylinder gesaugt und dort durch einen elektrischen Funken entzündet. Das Gasgemisch explodiert, drückt den Kolben nach unten und der Motor dreht sich.

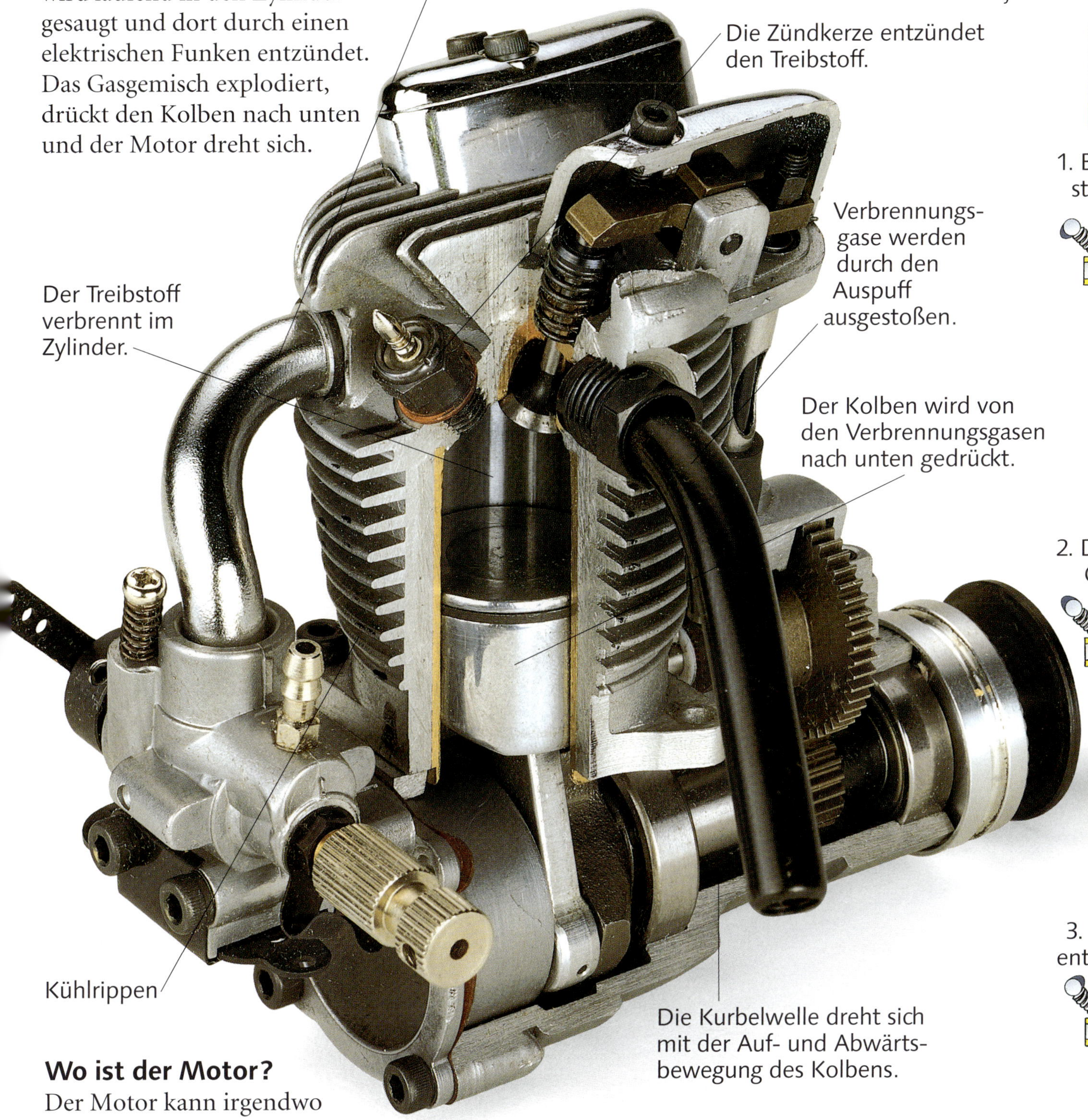

Vier Stufen

Bei den meisten Autos arbeitet der Motor in vier Stufen und heißt deshalb Viertaktmotor.

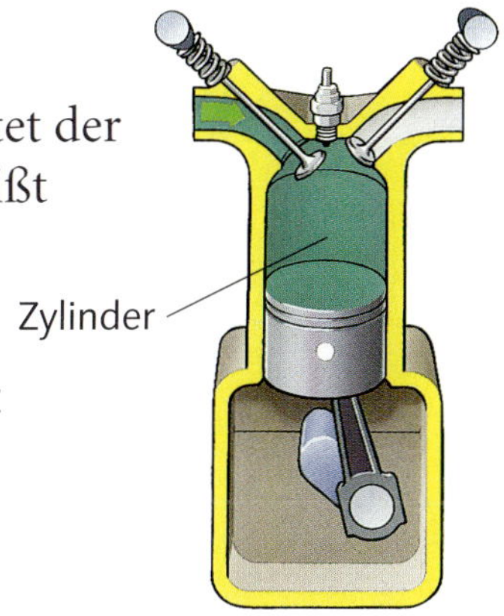

1. Benzin und Luft strömen in den Zylinder.

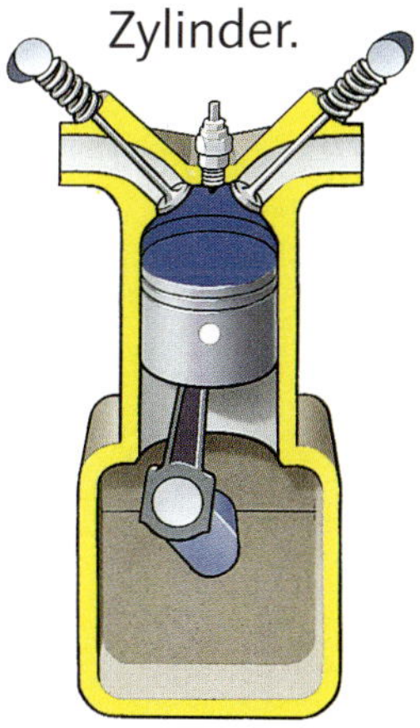

2. Das Benzin-Luft-Gemisch wird verdichtet.

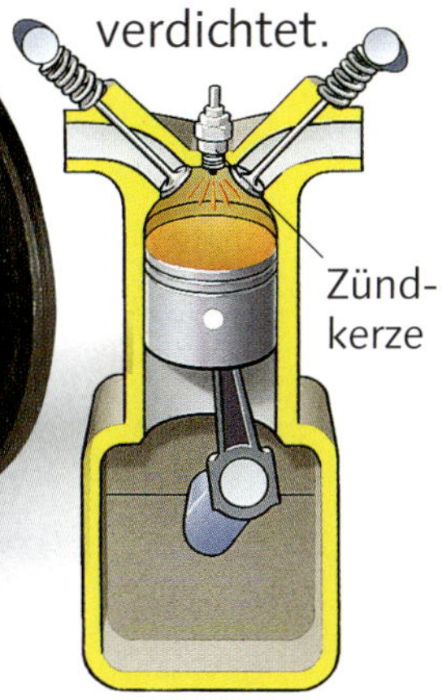

3. Der Zündfunke entzündet das Gasgemisch.

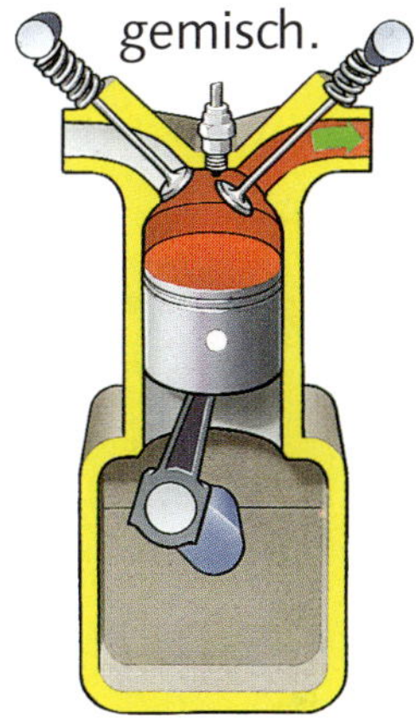

4. Verbrennungsgase werden ausgestoßen.

Wo ist der Motor?

Der Motor kann irgendwo in der Maschine sitzen. Die Motoren sind hier jeweils grün markiert.

Elektroauto

Magnetbahn

Propellerflugzeug

Düsenjet

Antriebsmaschinen

Die Flügel einer Windmühle drehen sich mit dem Wind, wie ein Windrädchen, wenn du es anbläst. Das Rad der Wassermühle wird von einem darunter fließenden Bach angetrieben. Wind- und Wassermühlen dienten früher als Kraftwerke für schwere Arbeiten wie Steinschneiden oder Kornmahlen. Heute nutzt man Wind und Wasser zur Stromerzeugung, um damit Maschinen zu betreiben, die diese Arbeiten verrichten.

Windenergie
Windmühlen nutzen die Kraft des Windes. Das Dach dieser Mühle kann sich drehen, sodass die Flügel immer gegen den Wind stehen.

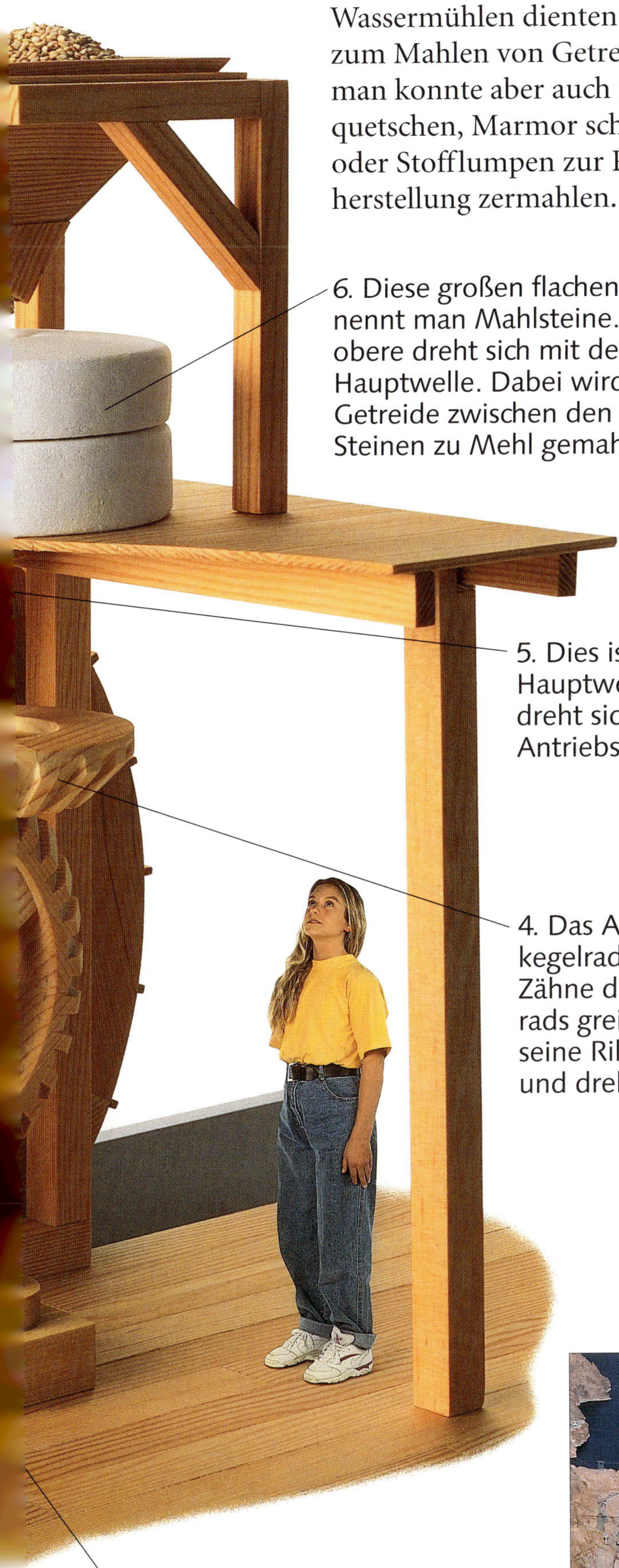

Wasserkraft

Wassermühlen dienten meist zum Mahlen von Getreide, man konnte aber auch Oliven quetschen, Marmor schneiden oder Stofflumpen zur Papierherstellung zermahlen.

6. Diese großen flachen Steine nennt man Mahlsteine. Der obere dreht sich mit der Hauptwelle. Dabei wird das Getreide zwischen den beiden Steinen zu Mehl gemahlen.

5. Dies ist die Hauptwelle. Sie dreht sich mit dem Antriebskegelrad.

4. Das Antriebskegelrad. Die Zähne des Hauptrads greifen in seine Rillen ein und drehen es mit.

3. Am Ende der Achse befindet sich das Hauptrad. Seine eingekerbten Zähne passen exakt in die Rillen des Antriebskegelrads.

Energie durch Erdgas

In gasbefeuerten Anlagen wird Erdgas zur Stromerzeugung verbrannt.

Atomkraft

In Atomkraftwerken gewinnt man Energie zur Stromerzeugung durch Kernspaltung.

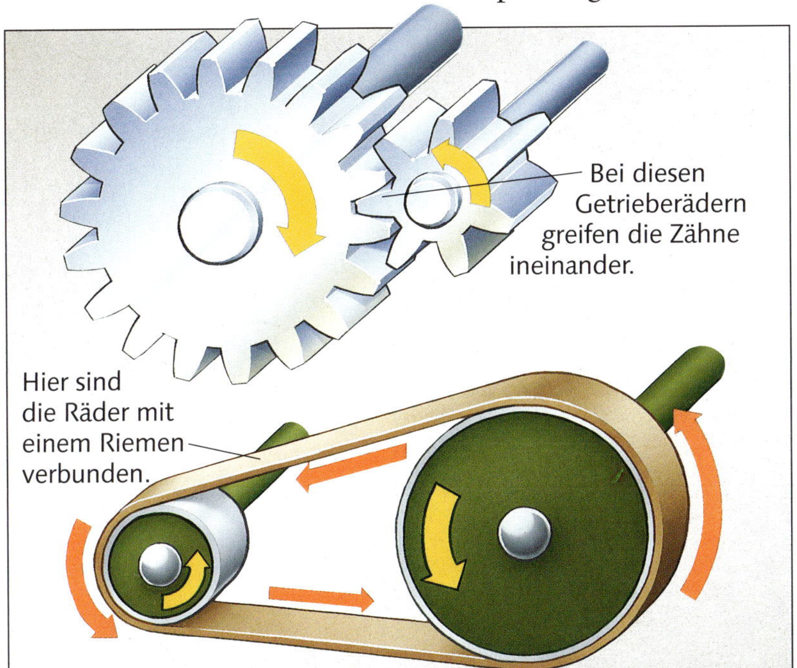

Getriebe

Getriebe sind Zahnräderpaare, die den Lauf einer Maschine verlangsamen, beschleunigen oder auch verstärken können. Treibt ein kleines Rad ein großes Rad an, läuft das große Rad langsamer, weil es für eine Umdrehung länger braucht.

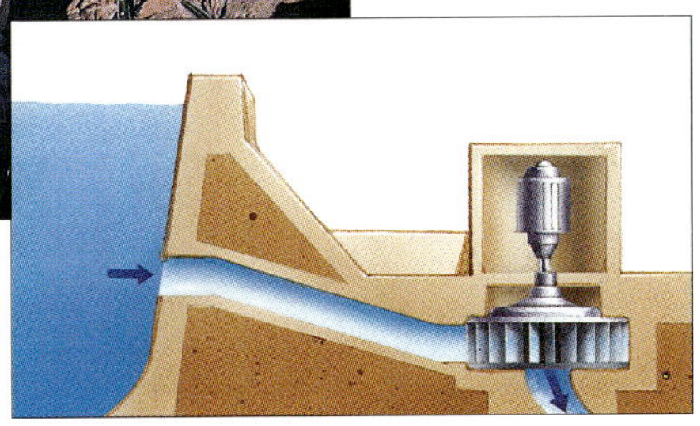

Starke Strömungen

Auch Flüsse nutzt man zur Stromerzeugung. Das Wasser wird hinter einem Damm gestaut. Aus Schleusen stürzt es durch Röhren auf Wasserturbinen, die mit Generatoren verbunden sind. Wasserkraftwerke gibt es vor allem in Ländern mit wasserreichen Flüssen und hohen Bergen.

Graben und Heben

Zum Sandburgenbauen am Strand genügt eine kleine Schaufel. Um jedoch Fabriken, Bürogebäude, Brücken oder Tunnel bauen zu können, braucht man riesige Baumaschinen, die manchmal größer sind als ein Haus. Sie haben meist starke hydraulikbetriebene Hebel und Arme oder werden über Computer und Laser gesteuert.

Tunnelriese

Der Tunnel zwischen England und Frankreich ist 50 km lang und verläuft 40 m unter dem Ärmelkanal. Um diesen Tunnel graben zu können, wurden extra zwei jeweils 230 m lange Maschinen konstruiert.

Zum Bau des Tunnels wurden zwei solche Bohrmaschinen gebaut, die sich jeweils von einem Ende vorwärts arbeiteten und sich, mithilfe von Lasersteuerung, genau in der Mitte trafen.

So funktioniert Hydraulik

Der Arm dieses mechanischen Baggers wird über Hydraulik bewegt. Das Rohr entlang des Arms ist mit einem Spezialöl gefüllt. Ein Kolben presst das Öl von einem Ende aus zusammen und drückt es mit verstärkter Kraft gegen einen anderen Kolben am anderen Ende. Mit dieser übertragenen Kraft hebt der Baggerarm sehr schwere Lasten.

Hydraulischer Kolben

Die Schaufel gräbt die Erde aus.

Die breite Spur stabilisiert den Bagger, damit er nicht wegrutschen kann.

Hebemaschinen

Gabelstapler

Kipper

Bulldozer

Mechanischer Bagger

Turmhohe Kräne

Kräne besitzen ein Rollensystem, das ihnen das Hochheben sehr schwerer Lasten ermöglicht.

Der Schild bohrt sich mit seinen scharfen Schneiden in ständiger Drehbewegung durch das Gestein.

Roboter

Roboter sind Maschinen, die mit einem Computergehirn „denken“, von dem sie ihre Befehle erhalten. Sind sie einmal richtig programmiert, können sie völlig selbstständig arbeiten. Vielleicht kann man eines Tages Roboter herstellen, die sich wie Menschen bewegen und auch so aussehen. Heute sind Roboter nicht mehr als mechanische Arme oder Kräne.

Der mechanische Mensch
Es gibt auch Maschinen, die sich annähernd wie Menschen oder Tiere bewegen. Dieser hier wurde im 19. Jahrhundert für einen Jahrmarkt gebaut.

Industrieroboter
Industrieroboter bestehen oft nur aus einem beweglichen Arm. Er dient zum Halten, Schrauben, Schweißen und Kontrollieren und kann mehrere Arbeiter ersetzen.

Mit seiner elektronischen Stimme kann der Roboter einfache Fragen beantworten. Auch kann er klar formulierte Befehle ausführen.

Roboter zum Arbeiten und Spielen

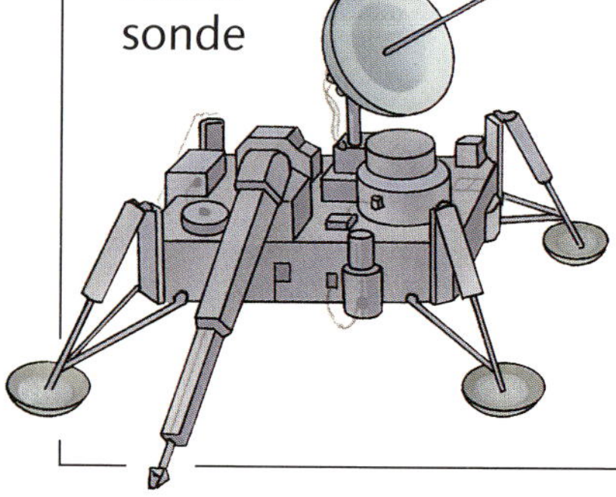

Raumsonde

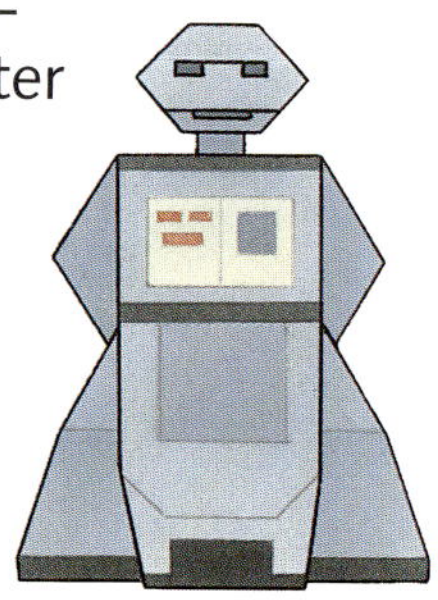

Hausroboter

Minenräumer

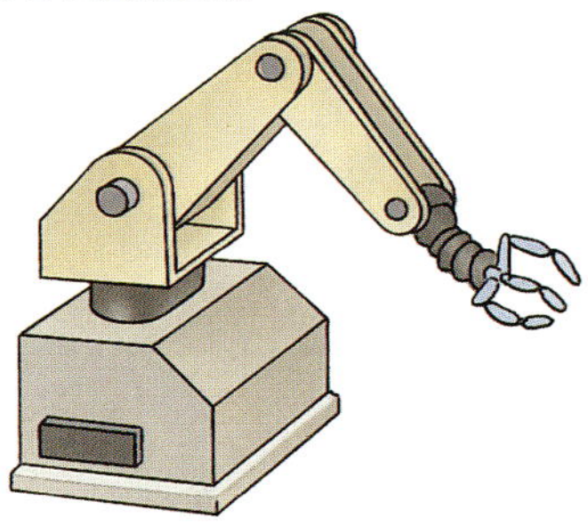

Roboterarm

Der Roboter kann mit seinen Greifern eine Zeitung halten. Seine „Muskeln“ werden von Elektromotoren betrieben.

Jeder Greifer hat spezielle Drucksensoren, damit beim Greifen nichts zerquetscht wird.

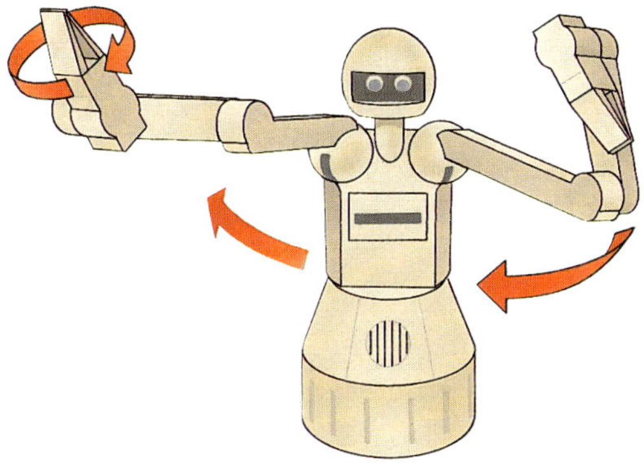

Mit seinen Sensoraugen erkennt der Roboter Hindernisse und kann sie umgehen.

Das Gehirn des Roboters ist ein leistungsfähiger Computer, der die Motoren in den einzelnen Körperteilen über elektronische Signale steuert.

Beweglicher Roboter

Der Roboter kann seine Hände und Arme um 180 Grad drehen. Das hat er dem Menschen voraus.

Er kann sich auch um die eigene Achse drehen.

Hilfe im Haushalt

Ein solcher Roboter ist eigentlich nur ein raffiniertes Spielzeug. Aber vielleicht gibt es eines Tages Roboter, die für uns einkaufen, sauber machen und andere Hausarbeiten erledigen.

Wie ein Mensch?

Manny ist ein lebensechter Roboter, der „schwitzen“ und „atmen“ kann. Er wird zu Tests von Raum- und Brandschutzanzügen eingesetzt. Wenn Manny keine Schwierigkeiten beim Atmen hat und nicht zu sehr „schwitzt“, ist die Kleidung auch für Menschen geeignet.

Mannys Gelenke sind beweglich wie die eines Menschen.

Worterklärungen

Atom Kleinstes Teilchen eines Grundstoffs, das nur unter einem sehr starken Mikroskop sichtbar ist.

Bremse Vorrichtung zum Verlangsamen oder Anhalten einer Maschine.

Cockpit Kabine des Piloten ganz vorn im Flugzeug.

Computer Elektronisches Gerät zur Datenverarbeitung, das sich vom Lösen einfacher Rechenaufgaben bis zur Steuerung eines Raumschiffs einsetzen lässt.

Container Großraumbehälter für den Gütertransport; kann schnell auf Lkws, in Schiffe oder Flugzeuge verladen werden.

Dieselmotor Motortyp für Lastwagen oder Busse. Dieselkraftstoff explodiert, sobald er im Zylinder zusammengepresst wird.

Durchstich In einen Hügel gegrabenes „Tal" für gerade Streckenführung beim Bau von Straßen oder Eisenbahnstrecken.

Elektronik Die Regelung erfolgt über elektrische Schaltkreise, die wie bei kleinen Transistoren an- und ausgeschaltet werden. Silikonchips sind winzige elektronische Schaltkreise.

Fracht Von Lkws, Zügen, Schiffen oder Flugzeugen transportierte Güter.

Hafen Geschützter Platz an der Küste, an dem Schiffe anlegen können.

Kupplung Vorrichtung in Auto oder Lkw zum Wechseln von einem Gang zum anderen. Sie sorgt dafür, dass der Motor im günstigsten Drehzahlbereich arbeitet.

Kurbelwelle Mehrfach gewinkelte Stange, die sich durch die Auf-und-ab-Bewegung der Kolben im Motor dreht.

Lokomotive Eisenbahnantriebsmaschine, die die Waggons zieht. Moderne Elektro- oder Dieselloks werden Triebkopf genannt.

Magnet Eisen mit magnetischer Energie – einer unsichtbaren Kraft, die andere Magnete anzieht oder abstößt.

Mikroprozessor besteht aus vielen komplizierten elektronischen Schaltkreisen. Er ist der wichtigste Teil eines Computers und anderer elektronischer Geräte.

Motor Maschine, die Energie produziert.

Propeller Aus zwei oder mehr Blättern bestehende Luft- oder Schiffsschraube, Antrieb durch Drehbewegung.

Radar Antenne, die zur Erkennung von Schiffen oder Flugzeugen Radiowellen aussendet.

Ruder Vorrichtung zum Steuern von Schiffen und Flugzeugen.

Satellit Künstlicher Himmelskörper, der die Erde im Weltall umkreist. Er kann Fernsehsignale und Telefongespräche übertragen oder Wolkenbilder für die Wettervorhersage auf die Erde funken.

Schaltknüppel Hebel zum Wechseln der Gänge.

Stromabnehmer Gestänge, das der Oberleitung die Elektrizität für Elektroloks und Straßenbahnen entnimmt.

Stromlinienförmig Längliche, leicht zugespitzte Form, die Luft oder Wasser wenig Widerstand bietet.

Viadukt Brücke über ein Tal, auf der eine Straße oder eine Eisenbahnstrecke verläuft.

Virtual Reality (engl. für virtuelle Realität) Die Illusion von Wirklichkeit, die in einer Art computergesteuertem Kopfhörer entsteht.

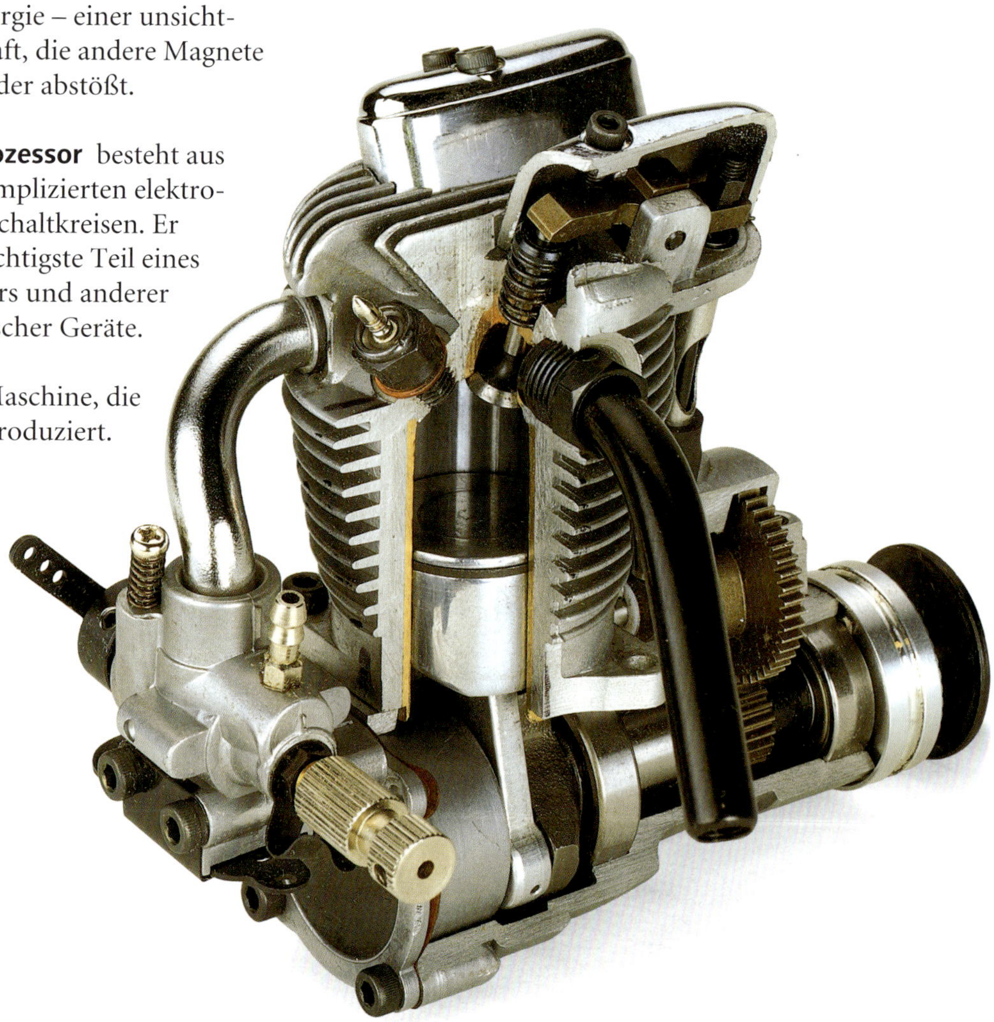

Natur und Technik

Inhalt

Feststoffe

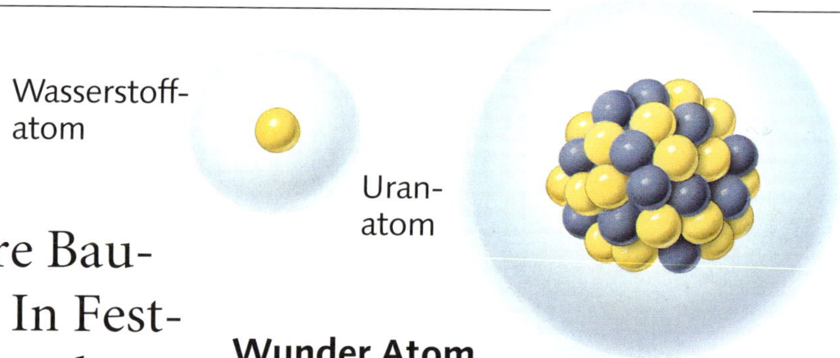

Alles besteht aus Materie. Ihre Bausteine sind die Moleküle. In Feststoffen hängen diese in regelmäßigen Formen aneinander. Materie ist meist sichtbar, aber sie kann auch unsichtbar sein wie die Luft. Materie kann fest, flüssig oder gasförmig sein und von einem Zustand in den anderen wechseln.

Wunder Atom

Die kleinsten Bausteine eines chemischen Elements heißen Atome. Am einfachsten ist das Wasserstoffatom, andere Atome sind komplexer. Sie sind unglaublich klein – etwa 100 Millionen passen in diesen Punkt.

Zustände

Eis, Wasser und Dampf bestehen aus denselben Molekülen, die aber verschieden dicht angeordnet sind. Festes Eis schmilzt zu flüssigem Wasser. Wenn Wasser kocht, wird es zu einem Gas, dem Dampf.

Moleküle in einem Feststoff

Jedes dieser Kinder stellt ein Molekül in einem Feststoff dar.

Alle Kinder tragen rote T-Shirts und zeigen damit, dass alle Moleküle gleich sind.

Die Moleküle in den meisten Feststoffen bilden ein sehr regelmäßiges Muster.

Feststoffe

Diese Feststoffe lassen sich unterscheiden, weil sie verschieden aussehen, wiegen, riechen oder sich anders anfühlen. Sie haben unterschiedliche Eigenschaften.

Eine Blume ist zart und wohlriechend.

Ein Kuchen ist krümelig und wohlschmeckend.

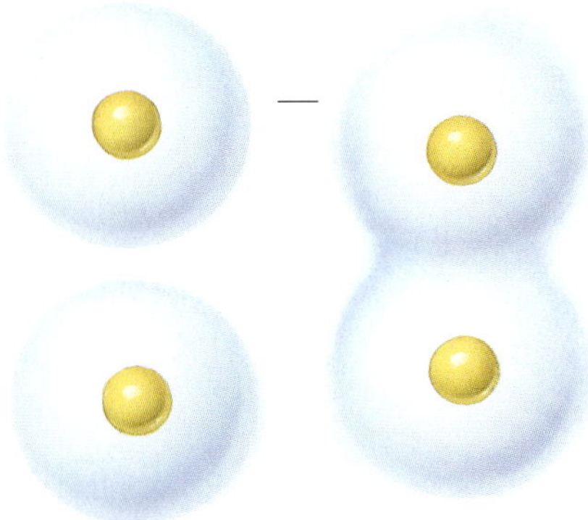

Moleküle bilden
Atome verbinden sich zu Molekülen. Zwei Wasserstoffatome vereinigen sich zu einem Wasserstoffgasmolekül.

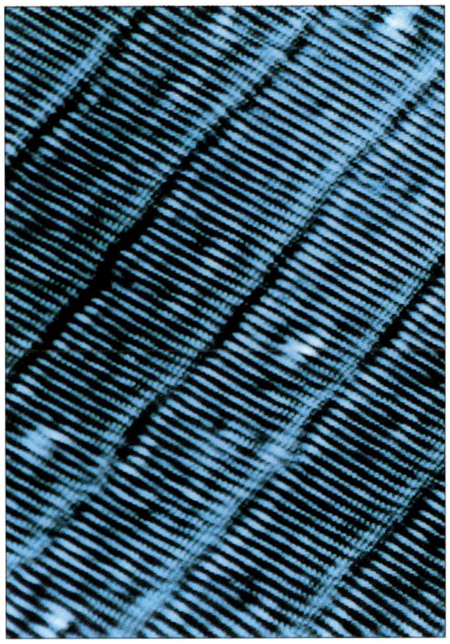

Überlebensgroß
Diese langen, dünnen Wachsmoleküle sind hier etwa 3 Millionen Mal größer als in Wirklichkeit. Die kleinen blauen Punkte sind Atome, die sich zu Wachsmolekülen verbunden haben.

Zucker

Kristallklar
Zuckerkörner sind feste Kristalle. Ihre Atome stehen eng zusammen und bilden ein regelmäßiges Muster, das Kristallgitter. Viele glatt aussehende Stoffe haben eine Kristallstruktur, wie diese Vitamin-C-Tabletten.

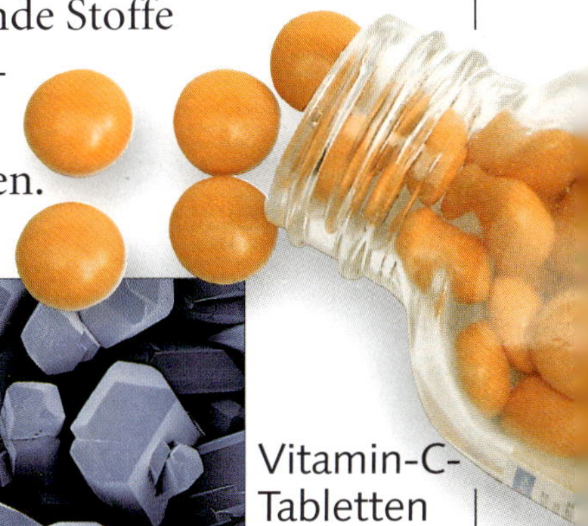
Vitamin-C-Tabletten

Vitamin-C-Kristalle unter dem Mikroskop

In einem kühlen Feststoff bewegen sich die Moleküle nicht sehr schnell. Wird er erwärmt, bewegen sie sich immer schneller.

In einem Feststoff sind die Moleküle eng miteinander verbunden, und damit hat er eine feste Form.

Grafit und Diamant
Grafit ist weich und wird für Bleistifte verwendet, der Diamant ist der härteste Stoff der Welt. Beide aber haben viel gemeinsam: Sie bestehen aus Kohlenstoffatomen, die jedoch jeweils verschieden angeordnet sind.

Eine Muschel ist hart und spröde.

Ein Spinnennetz ist leicht und stark.

Flüssigkeiten

Sirup fließt langsam.

Motoröl fließt recht gut.

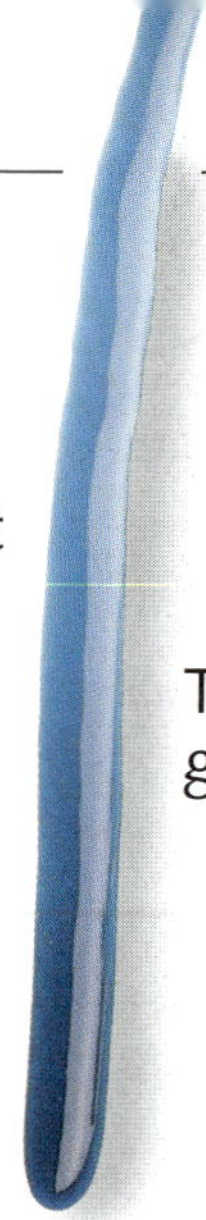

Tinte fließt ganz leicht.

Klebriger Löffel
Einige Flüssigkeiten fließen leichter als andere, die man zähflüssig oder viskos nennt.

Wenn ein Feststoff so heiß wird, dass er schmilzt, wird er eine Flüssigkeit und verhält sich anders als vorher. Die Wärme zerbricht die festen Strukturen zwischen den Molekülen, sodass diese sich freier bewegen können. Eine Flüssigkeit fließt, weil ihre Moleküle nicht mehr genug zusammenhalten, um eine feste Form zu bilden.

Flüssigkeitsmoleküle
Diese Kinder verhalten sich wie Moleküle in einer Flüssigkeit.

Gerecht geteilt?
Wer hat mehr Milch? Auch wenn es nicht so aussieht: In beiden Gläsern ist die gleiche Menge. Verschieden geformte Gefäße können das gleiche Volumen (Menge) einer Flüssigkeit enthalten.

Flüssigkeitsspiegel
Flüssigkeiten können Gefäße von jeder Form oder Größe füllen. Die Oberfläche bleibt immer eben, auch wenn man das Gefäß noch so sehr neigt.

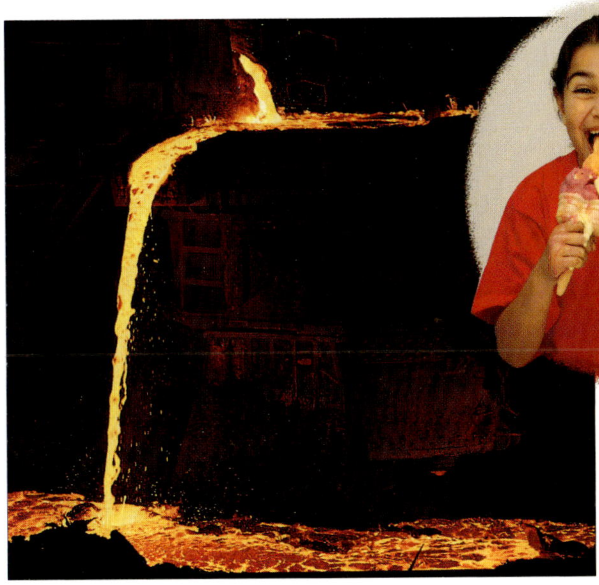

Vorsicht, heiß!

Eis schmilzt ganz leicht, aber nicht alle Feststoffe haben einen so niedrigen Schmelzpunkt. Manche müssen sehr stark erhitzt werden. Stahl zum Beispiel schmilzt erst bei 1500 °C.

Der Siedepunkt

Wenn eine Flüssigkeit bis zu einer bestimmten Temperatur, dem Siedepunkt, erhitzt wird, verwandelt sie sich in ein Gas. Flüssigkeiten haben unterschiedliche Siedepunkte. Wasser wie auf dieser Abbildung kocht bei 100 °C.

In einer Flüssigkeit sind die Moleküle voneinander getrennt.

Bewegte Moleküle können überallhin in einem Gefäß gelangen. Daher nehmen Flüssigkeiten die Form ihres Gefäßes an.

Moleküle einer Flüssigkeit sind schneller als Feststoffmoleküle.

Moleküle in einer Flüssigkeit weisen kein regelmäßiges Muster auf, sodass sie sich frei bewegen können.

Auf der Oberfläche

Moleküle nahe der Oberfläche einer Flüssigkeit ziehen sich an. Daher behält ein Tropfen seine Form. Gibt man etwas Spülmittel zu einem Wassertopfen, wird die Oberflächenspannung schwächer und der Tropfen verläuft.

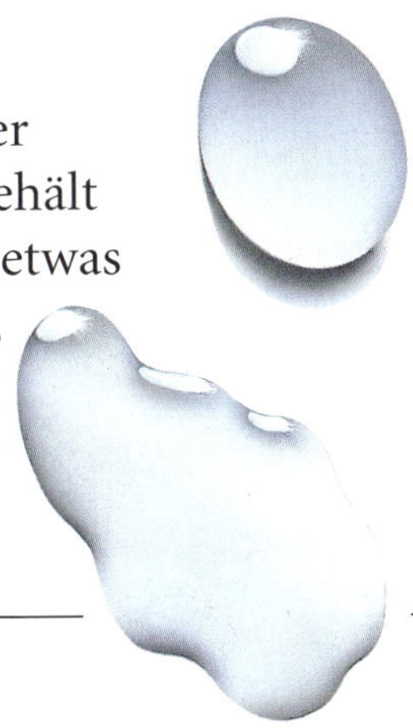

Gut zu mixen

Johannisbeersaft mischt sich gut mit Wasser. Er löst sich völlig auf.

Schlecht zu mixen

Einige Flüssigkeiten lassen sich nicht mischen – etwa Öl mit Wasser.

Gase

Wir sind ständig von Gasen umgeben, die wir weder sehen noch fühlen können – aber teilweise riechen. Wenn es nach Suppe riecht, sind dies die Suppenmoleküle in der Luft. Beim Erhitzen wird eine Flüssigkeit gasförmig. Durch die Wärme bewegen sich die Moleküle in ihr immer schneller. Als Gasmoleküle verbreiten sie sich schließlich in der Luft.

Leichter als Luft
Wenn ein Gas heiß wird, dehnt es sich aus und wird leichter. Ein Heißluftballon steigt, weil die Luft in ihm heiß und viel leichter ist als die Luft, die ihn umgibt.

Luftige Tänze
Wenn ein Lichtstrahl durch eine Lücke zwischen Bäumen scheint, sieht es aus, als ob Staubkörnchen darin tanzen. Tatsächlich bewegen sich die Moleküle in der Luft und schnippen dabei den Staub in alle Richtungen.

Gasmoleküle
Jedes dieser Kinder verhält sich wie ein Gasmolekül. Gut zu sehen, wie sie aufeinander prallen.

Es gibt keine Verbindungen zwischen einzelnen Gasmolekülen.

Beim Ausdehnen eines Gases entfernen sich die Moleküle immer mehr voneinander. Gase dehnen sich stets aus, um den Raum zu füllen.

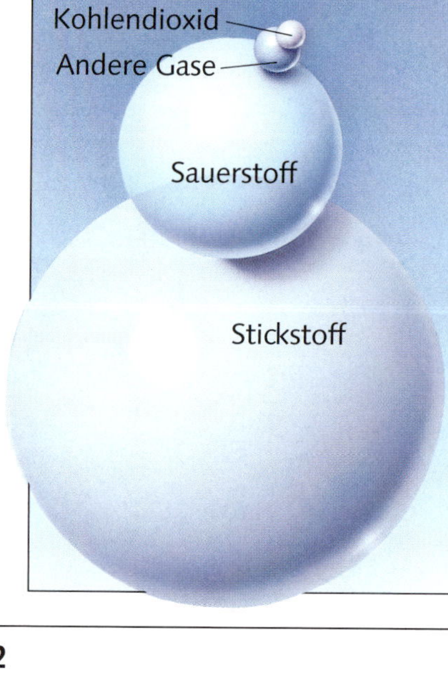

In der Luft
Die Luft, die wir atmen, setzt sich aus verschiedenen Gasen zusammen: 78 % Stickstoff, 21 % Sauerstoff. Kohlendioxid und einige andere Gase machen also nur 1 % der Luft aus.

Luft pumpen

Gasmoleküle kann man leicht zusammendrücken, das heißt komprimieren. Wenn man einen Reifen aufpumpt, komprimiert man Luftmoleküle auf engem Raum. Je mehr Luftmoleküle man hineinpumpt, desto mehr drücken sie von innen gegen den Reifen und machen ihn härter.

Luftdruck

Auf der Erde drückt Luft auf alles. Die Auswirkungen dieses Luftdrucks kann man sehen: Wenn man Saft aus einer Tüte saugt, beult sie sich ein – der Luftdruck, der von außen auf die Tüte drückt, ist größer als der Druck darin.

Gasmoleküle bewegen sich sehr rasch und schießen in alle Richtungen.

Sauerstoff zum Leben

Gase können sich in Flüssigkeiten auflösen. Sauerstoff aus der Luft löst sich in Wasser auf. Fische brauchen ihn zum Atmen – nur so können sie im Wasser überleben. Auch Menschen atmen Sauerstoff, aber anders als Fische können wir ohne Pressluft nicht unter Wasser atmen.

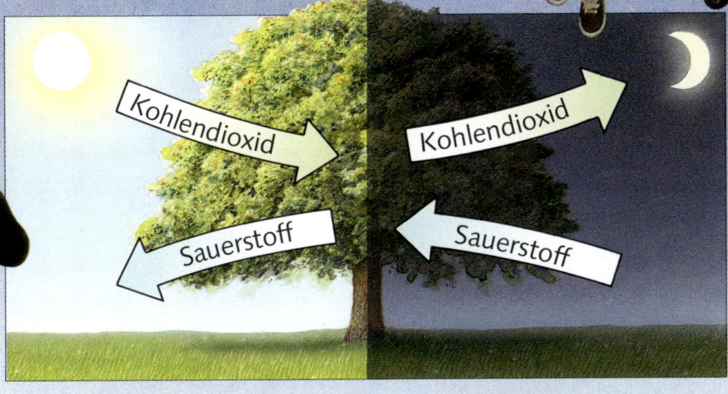

Tag und Nacht

Pflanzen sorgen für das Gleichgewicht der Gase in der Luft. Tagsüber produzieren sie mit Sonnenlicht Stärke und Zucker, indem sie Kohlendioxid aus der Luft holen und Sauerstoff freisetzen. Nachts ist es umgekehrt: Pflanzen atmen dann Sauerstoff ein und Kohlendioxid aus.

Wärme

Sonnenstrahlen können sehr heiß sein. Wenn Wärmestrahlen sich durch Luft bewegen, spricht man von Strahlung. Man fühlt sich warm, weil die Strahlung die Moleküle der Haut schneller als sonst bewegt. Wärme entsteht durch Molekülbewegung. In Feststoffen bewegt sie sich durch Konduktion: Die Moleküle stoßen sich an und geben die Wärme weiter. In Luft und Flüssigkeiten bewegt sich Wärme im Kreis, Konvektion genannt.

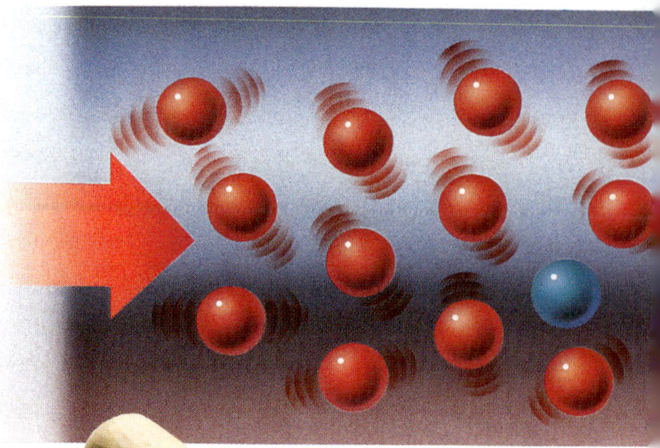

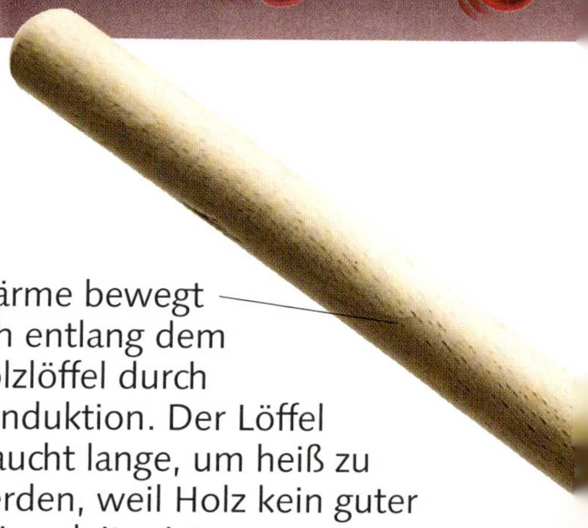

Wärme bewegt sich entlang dem Holzlöffel durch Konduktion. Der Löffel braucht lange, um heiß zu werden, weil Holz kein guter Wärmeleiter ist.

Kuschelig warm

Luft leitet Wärme schlecht, daher halten Materialien warm, die Luft einschließen. Dieser Polarforscher trägt Kleidung aus Materialien, die seinen Körper isolieren, also seine Körperwärme am Körper halten, wo er sie braucht.

Sinnestäuschung

Wenn man einen Finger in heißes und einen anderen in kaltes Wasser taucht, fühlt sich das heiße Wasser heiß an, das kalte kalt. Taucht man beide Finger in lauwarmes Wasser, empfindet der „heiße" Finger das Wasser als kalt, der andere es als heiß.

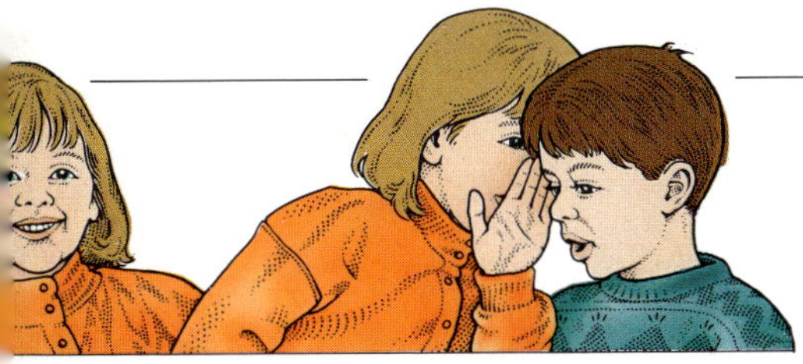

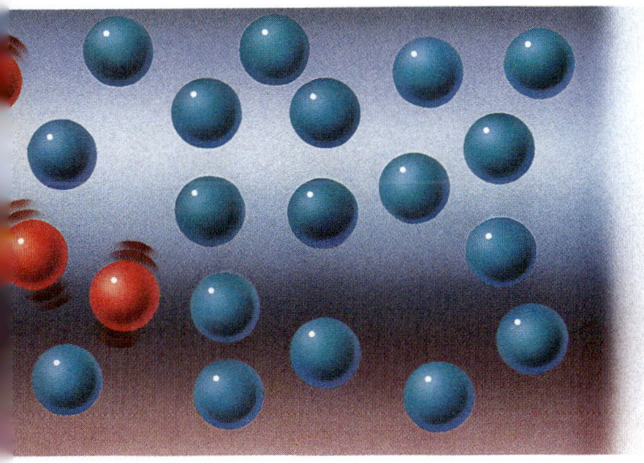

Gute Leiter

Wenn man einen Feststoff erwärmt, schubsen sich seine Moleküle herum und geben die Wärme aneinander weiter. Wie ein Flüstern durch eine Reihe von Kindern läuft, so leiten die bewegten Moleküle die Wärme von einem Ende des Stoffes zum anderen weiter – das nennt man Konduktion.

Brückenbau

Beim Erwärmen werden Feststoffe größer oder dehnen sich aus, weil die Wärme die Moleküle beschleunigt und sie sich immer weiter voneinander entfernen, während sie sich bewegen. Beim Brückenbau lässt man daher zwischen langen Metallträgern kleine Lücken, damit das Metall an heißen Tagen Platz hat, sich auszudehnen.

Licht

An sonnigen Tagen tragen wir eine Sonnenbrille, weil das helle Licht den Augen wehtut. Gefährlich ist es, direkt in die Sonne zu schauen. Das blendende Sonnenlicht gelangt sehr schnell zu uns: In einer Sekunde legt es 300 000 Kilometer zurück. Wenn ein gerader Lichtstrahl Hindernisse wie konvexe und konkave Linsen durchdringt, ändert er seine Richtung. Das nennt man Brechung.

Ganz schön heiß
Licht stammt meist von heißen Objekten: je heißer, desto heller das Licht. Die Sonne ist weiß glühend und Sonnenlicht ist das hellste natürliche Licht für uns.

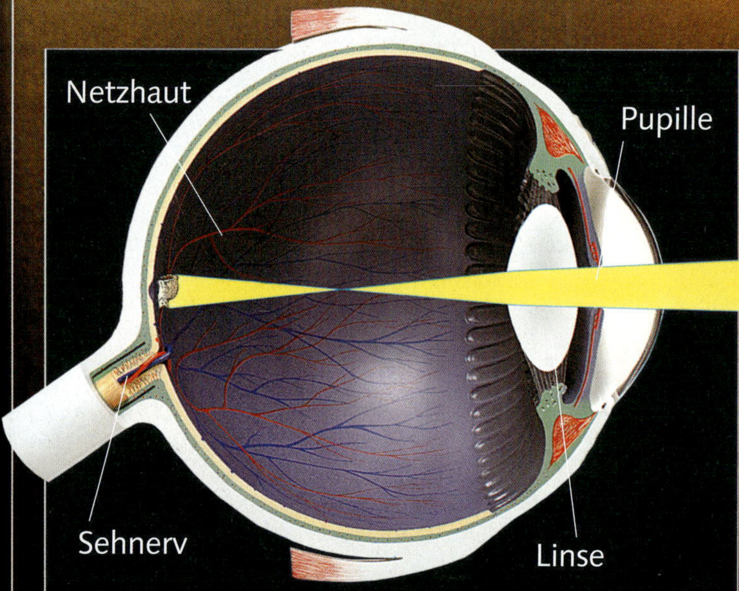

Wie wir Licht sehen
Licht tritt durch die Pupille ins Auge ein. Es dringt durch eine Linse, die das Objekt, das man sieht, auf die Netzhaut projiziert. Millionen winziger Zellen in der Netzhaut wandeln dieses auf dem Kopf stehende Bild in elektrische Botschaften um. Der Sehnerv befördert sie zum Gehirn, das uns das Bild richtig herum sehen lässt.

Licht zum Leben
Pflanzen wachsen stets zum Licht hin, selbst wenn sie wie hier um die Ecke wachsen müssen, um es zu erreichen. Licht ist sehr wichtig fürs Leben. Pflanzen brauchen es, um zu wachsen und wir müssen Pflanzen oder Pflanzenfresser essen, um leben zu können.

Lichtgeschwindigkeit
Licht bewegt sich schneller als Schall. Wenn Feuerwerkskörper explodieren, sieht man das Licht, bevor man den Knall hört. Licht erreicht das Auge schneller als Schall das Ohr.

Leuchtender Regenbogen
Regentropfen sind wie Prismen, die eindringendes Licht in seine Einzelfarben zerlegen – ein Regenbogen entsteht.

Dringt weißes Licht durch ein Prisma, wird es in einzelne Farben zerlegt, da jede Wellenlänge verschieden stark abgelenkt wird.

Licht pflanzt sich in winzigen Wellen fort. Es weist verschiedene Wellenlängen auf.

Ein Prisma ist ein dreieckiges Stück Glas oder Plastik.

Wird Licht reflektiert, prallen die Lichtstrahlen vom Spiegel im gleichen Winkel ab, in dem sie auftrafen.

Wenn Licht durch eine konvexe Linse dringt, wird es nach innen abgelenkt oder gebrochen.

Wenn Licht auf ein Objekt trifft, durch das es nicht dringen kann, wie diesen Spiegel, bildet sich dahinter ein Schatten.

Heißer Draht
Beim Telefonieren wird die Stimme in Laserlichtsignale umgewandelt und durch Glasfaserleitungen, so genannte Lichtleitfasern, geschickt. Über eine dieser Lichtleitfasern können bis zu 150 000 Gespräche geführt werden.

Kraft und Bewegung

Eine Rakete hebt nur ab, wenn sie einen Stoß Energie erhält. Dinge bewegen sich, wenn sie gestoßen oder gezogen werden. Ihre Bewegung hat eine Geschwindigkeit in einer bestimmten Richtung. Wie sehr sie sich beschleunigen, hängt von der Größe der stoßenden oder ziehenden Kraft und vom Gewicht der bewegten Dinge ab. Manche Kräfte bewegen Dinge, andere halten sie an. Die Kraft, die eine Bewegung stoppt, heißt Reibung.

Schieben!

Ziehen!

Drücken!

Kraftspiele
Kräfte können in allen möglichen Richtungen wirken, um die Form von etwas zu verändern. Probiert das selbst mit etwas Modelliermasse.

Auseinander
Stößt ein Mädchen das andere an, werden beide voneinander wegrollen. Stößt eine Kraft in eine Richtung, stößt sie gleich stark in entgegengesetzter Richtung.

Die Räder rollen so lange, bis etwas sie stoppt oder abbremst.

Sitzt jemand Schweres auf dem Gokart, kann man es nur schwer anschieben und beschleunigen.

Reibung ist eine Kraft, die Dinge abbremst. Die Räder reiben am Boden und erzeugen Reibung.

Geschwindigkeit

Die Zeit, in der eine Strecke zurückgelegt wird, nennt man Geschwindigkeit. Sie erfolgt in einer bestimmten Richtung. Eine Rakete ist viel schneller als eine Schnecke!

Eine Schnecke kriecht etwa mit 0,0049 km/h.

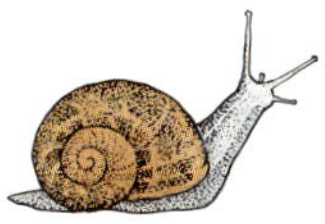

Ein schneller Sprinter läuft etwa 36 km/h.

Ein Rennauto kann bis zu 338 km/h schnell sein.

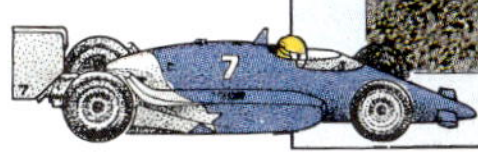

Eine Rakete verlässt die Erdatmosphäre mit 40000 km/h.

Erdanziehung

Wenn man springt, zieht einen eine starke Kraft (die Gravitation) zur Erde zurück. Andere Himmelskörper haben eine stärkere oder schwächere Gravitation. Auf dem Mond ist sie so schwach, dass Astronauten hoch springen können, bevor sie wieder auf den Boden gezogen werden.

Schieben ist eine Kraft. Je stärker der Junge schiebt, desto größer wird die Kraft auf das Gokart.

Zum Starten wird mehr Schubkraft benötigt als zum Weiterbewegen.

Bodenhaftung

Ohne Reibung zwischen Rädern und Boden könnte sich dieses Fahrzeug überhaupt nicht bewegen. Das dicke Reifenprofil gibt den Rädern Halt auf dem Boden.

Hochleistung

Bei hohem Tempo drückt die Luft ein Rennauto von oben auf die Strecke. So haben die breiten Reifen einen besseren Halt, und der Wagen kann Kurven schneller nehmen als ein normales Auto.

Maschinen

Wenn man eine schwierige Aufgabe lösen muss, empfindet man dies als Arbeit. Für Wissenschaftler bedeutet Arbeit aber etwas anderes: wenn etwas bewegt, gehoben oder gedreht wird. Maschinen helfen Dinge zu bewegen, sodass diese Arbeit weniger anstrengt. Wie die meisten Maschinen bestehen auch Fahrräder aus mehreren kleinen, einfachen Maschinen: aus Rädern, Achsen, Rollen, Zahnkränzen, Hebeln, schiefen Ebenen und Schrauben.

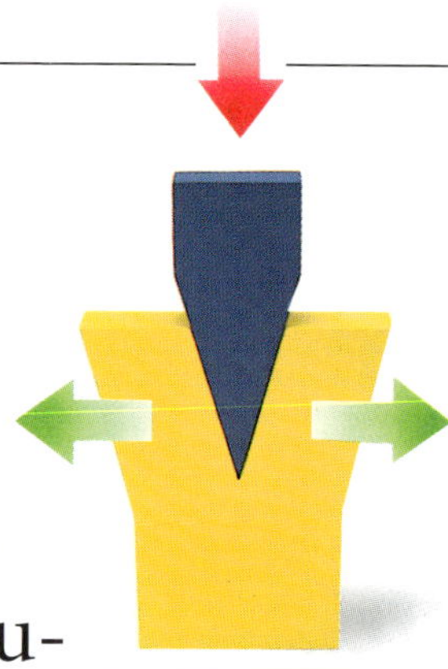

Auseinander
Keile sind einfache Maschinen, die Dinge spalten. Wenn eine Kraft einen Keil in einen Holzklotz hämmert, wird das Holz auseinander gedrückt. Ein Keil ist eine Art schiefe Ebene.

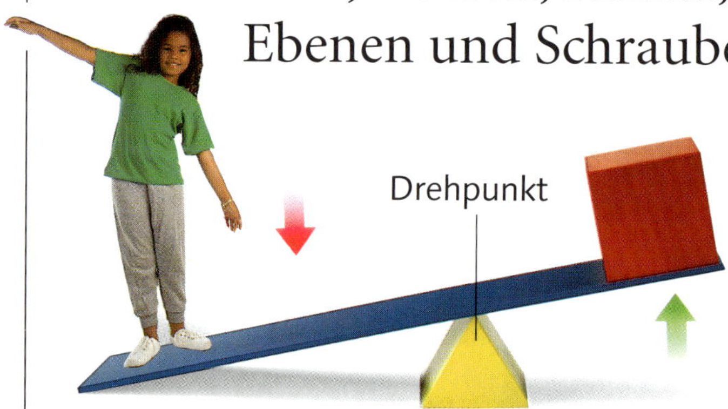

Hebelwirkung
Hebel machen schwere Arbeit leichter. Eine Wippe ist so ein Hebel. Den Gleichgewichtspunkt nennt man Drehpunkt. Das Gewicht des Mädchens ist die Kraft, die Kiste die Last.

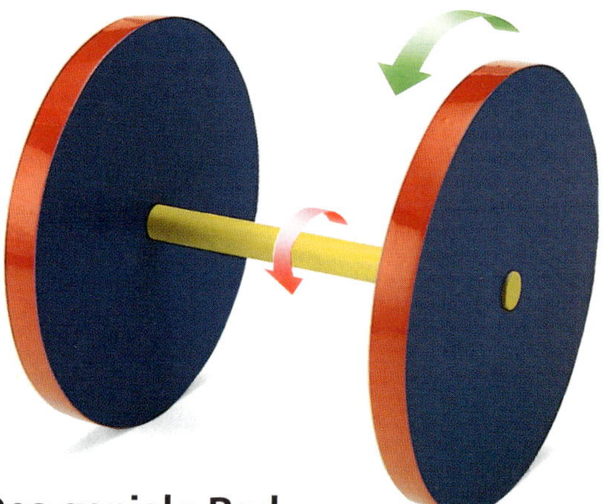

Das geniale Rad
Das Rad ist eine unserer wichtigsten Maschinen. Zwei Räder können durch eine Achse verbunden werden. Eine kleine Achsenbewegung erzeugt eine große Radbewegung.

Radrekord
Mit dem Fahrrad kommt man weit – zwischen 1922 und 1973 ist der Schotte Tommy Chambers 1 286 517 Kilometer geradelt!

Kabel verbinden die Bremshebel mit den Bremsklötzen. Zieht man an den Bremshebeln, stoppen die Bremsklötze die Räder.

Bremsklötze drücken gegen das Rad. Mittels Reibung stoppen sie die Bewegung.

Das Rad dreht sich oder rotiert um eine Achse.

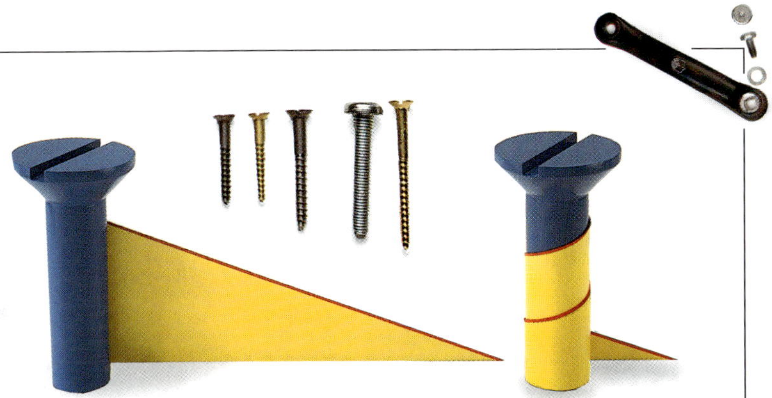

In Gang kommen

Zahnräder, die andere Zahnräder drehen, heißen Getriebe. Sie verändern Geschwindigkeit und Richtung des bewegten Teils einer Maschine. Das kleine Rad dreht sich doppelt so schnell wie das große, aber gegenläufig.

Bergauf

Schiefe Ebenen sind einfache Maschinen. Damit kann man Dinge leichter auf eine höhere oder tiefere Ebene bewegen. Eine Schraube ist nichts anderes: Könnte man das Gewinde einer Schraube aufdrehen, ergäbe das eine schiefe Ebene.

Eine Kette verbindet die Zahnkränze und die Pedale mit dem Hinterrad. Eine kleine Bewegung der Pedale wird in eine größere Drehung des Rades umgesetzt.

Die Kette ist Teil eines Flaschenzugsystems.

Über die Pedale wird die Kraft zum Starten geliefert.

Spielend leicht?

Wenn man ein Gewicht mit bloßen Händen hebt, ist das schwere Arbeit. Einfacher lässt es sich mit einem Flaschenzug heben. Verdoppelt man die Anzahl der Rollen, kann man mit der gleichen Kraft eine doppelt so schwere Last heben.

Magnete

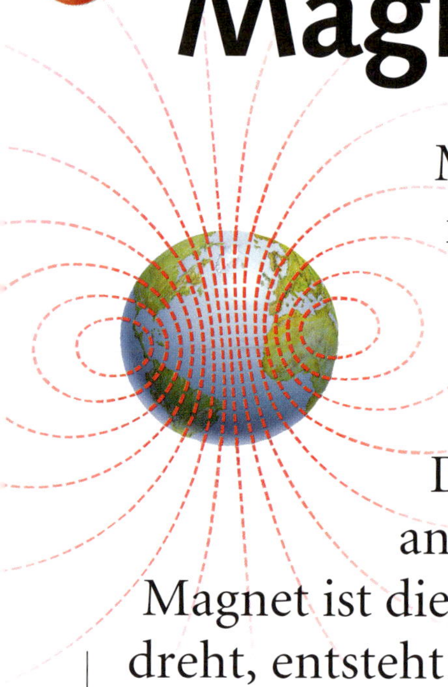

Magnete sind Metalle mit besonderen Eigenschaften: Sie können mit einer unsichtbaren Kraft Dinge abstoßen oder anziehen. Der größte Magnet ist die Erde. Wenn sie sich dreht, entsteht Elektrizität in ihrem heißen Metallkern. Diese Elektrizität verleiht der Erde magnetische Kraft. Die Erde hat zwei magnetische Pole: den magnetischen Süd- und Nordpol; zu Letzterem zeigt der Kompass.

Magnetfelder
umgeben einen Magneten als unsichtbare Kraft. Wenn man Eisenfeilspäne um einen Magneten streut, ziehen sie sich zusammen, wo das Feld am stärksten ist. Wo zwei gleiche Pole einander abstoßen, krümmen sich die Späne nach außen. Zwei ungleiche Pole ziehen sich an. Die Späne liegen zwischen ihnen.

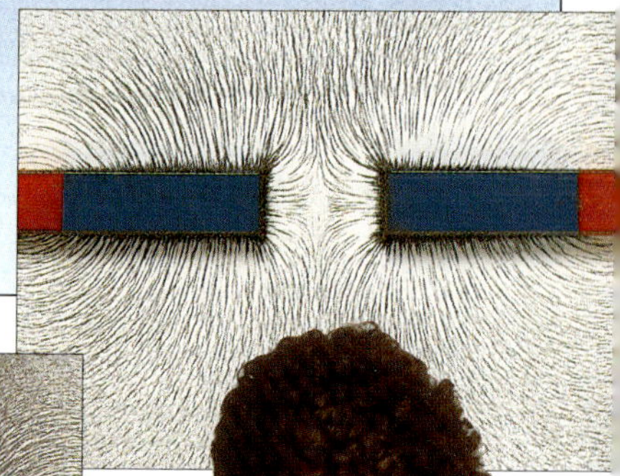

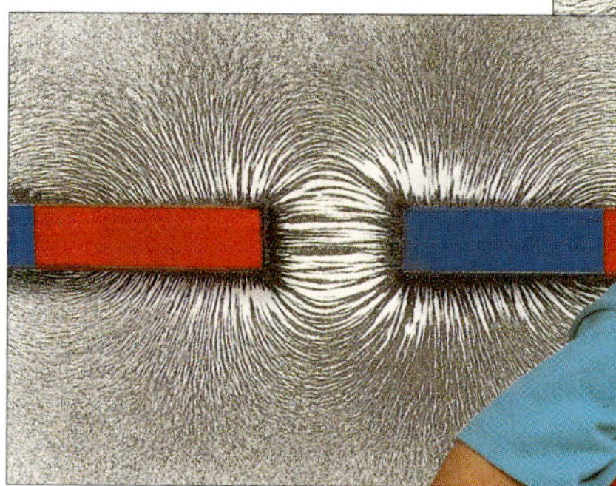

Wirkungslos
Magnete ziehen nur bestimmte Materialien an – nicht einmal alle Metalle.

Es macht Spaß, mit Magneten zu spielen. Diese Magnete nennt man wegen ihrer krummen Form Hufeisenmagnete.

Das Gebiet, in dem der Magnet seine Kraft entfaltet, nennt man Magnetfeld.

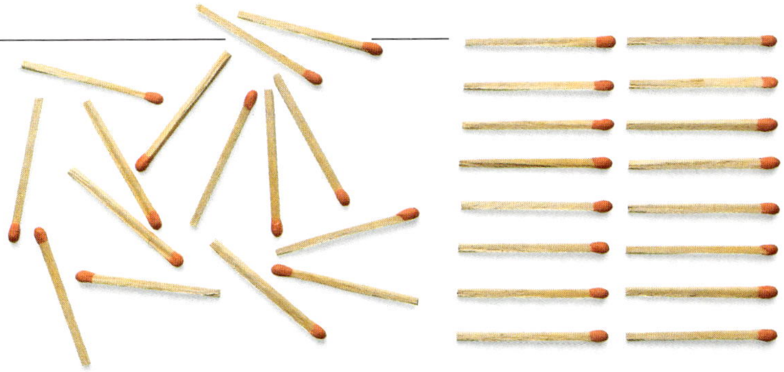

Was sind Magnete?

Man glaubt, dass sich Atome wie winzige Magnete verhalten. In nicht magnetischem Material zeigen die Atome in verschiedene Richtungen. In einem Magneten sind sie gleichgerichtet. Magnete verlieren ihre Stärke, wenn man draufschlägt, sie fallen lässt oder erwärmt – dann zeigen die Atome in verschiedene Richtungen.

Magnetisieren

Eine Nadel wird magnetisch, wenn man etwa 50-mal mit einem Magneten in einer Richtung darüber streicht. Dabei werden die Atome gleichgerichtet.

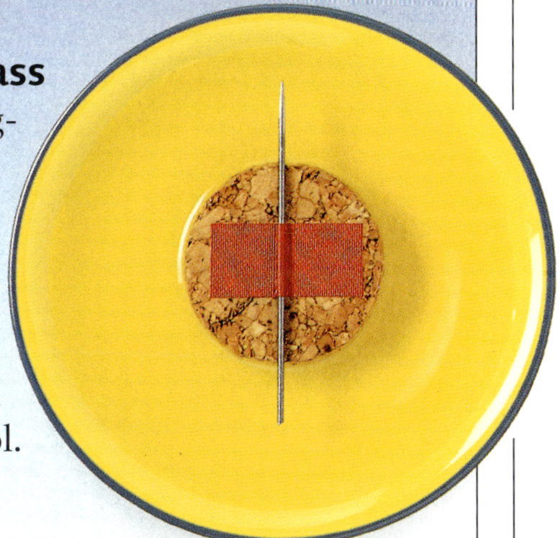

Einfacher Kompass

Kompassnadeln sind Magnete. Klebt eure magnetische Nadel auf ein Stück Korken und setzt diesen auf etwas Wasser. Er zeigt wie eine richtige Kompassnadel zum magnetischen Nordpol.

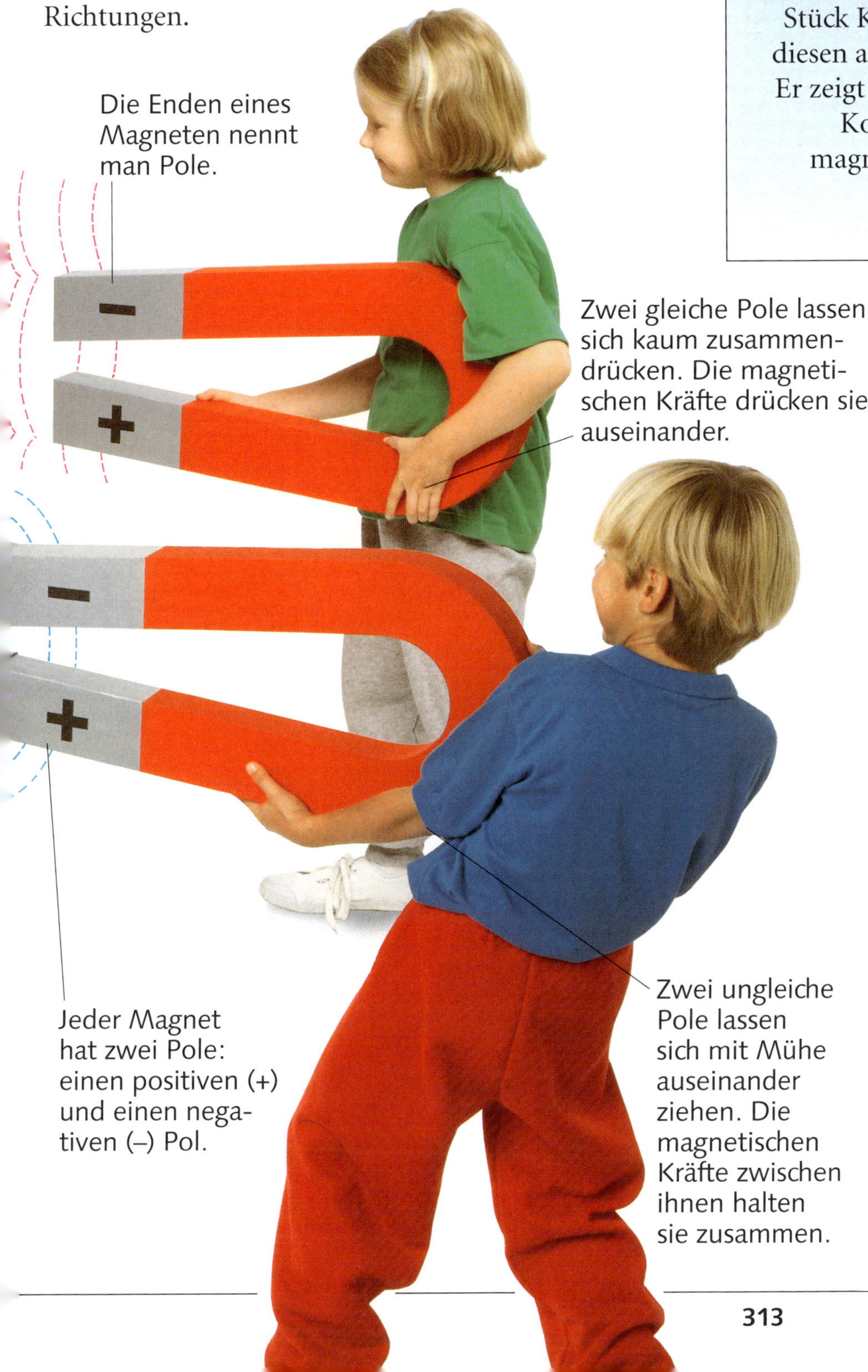

Die Enden eines Magneten nennt man Pole.

Zwei gleiche Pole lassen sich kaum zusammendrücken. Die magnetischen Kräfte drücken sie auseinander.

Jeder Magnet hat zwei Pole: einen positiven (+) und einen negativen (–) Pol.

Zwei ungleiche Pole lassen sich mit Mühe auseinander ziehen. Die magnetischen Kräfte zwischen ihnen halten sie zusammen.

Elektrizität und Magnete

Mithilfe von Elektrizität erhält man Magnete, die sich an- und abschalten lassen. Mit diesem Elektromagneten wird Schrott sortiert. Wenn man einen Draht um einen Nagel wickelt und mit einer Batterie verbindet, entsteht ein Elektromagnet.

Register

DB
Die Bahn

Bildnachweis

Tiere

Fotografie: Steve Bartholomew, Andy Crawford, Tina Chambers, Steve Gorton, Colin Keates ABIPP, Dave King, Cyril Laubscher, Tim Ridley, David Rudkin, James Stevenson, Harry Taylor und Jerry Young.
Illustrationen: Sandra Doyle, Roy Flooks, Mick Gillah, Edwina Hannah, Ray Hutchins, Stuart Lafford, Kenneth Lilly, Steve Lings, Mick Loates, Malcolm McGregor, Sean Milne, Richard Orr, John Searl, Brian Watson, Phil Weare.

Besonders danken möchten wir: Penny Boyd vom Burstow Animal Wildlife Sanctuary; Caroline Brooke; The Colour Company; Eddie Hare vom Raptor Centre in Chilham, Kent; London Butterfly House; dem Naturhistorischen Museum in London; der Norrie Carr Model Agency; Royal Botanical Gardens, Kew; der Truly Scrumptious Child Model Agency; Tina Lewis; Syon Park; H. Samuels Ltd.; der Scallywags Child Model Agency, dem Whipsnade Zoo und Julie Whittaker.

Bildnachweis:
Heather Angel: 45or; Aquila Photographics: Conrad Greaves 101or; Ardea: Ian Beames 72gul, Jean-Paul Ferrereo 36or, Kenneth W. Fink 37Mro, 39Mr, Francois Gohier 43uM, A. Greensmith 116r, Clem Haagner 13Ml, K. & L. Laidler 52M, J. M. Labat 10M, R. F. Porter 38ul, John Swedberg 104, Adrian Warren 25u, 29Mr; Biofotos: Paul Ormerod 110o, Brian Rogers 69gol; Bruce Coleman Ltd.: David Austen 42M, Jane Burton 20/21oM, 30Mr, 63gu, 79go, 86, John Cancalosi 58gor, David Chouston 108o, Alain Compost 24/25M, 64Mgu, Gerald Cubitt, 55gu, 64/65, 71go, Peter Davey 48Ml, Adrian Davies 26M, Francisco Erize 32or, 36or, Jeff Foott 37oM, 54gol + Mrgu, 61gur, C. B. Frith 62gol, Frances Furlong 104o, Dennis Green 92, 117, Frank Greenaway 105o, Steven C. Kaufman 7M, 27hur, Stephen Kraseman 27ur, Gordon Langsbury 105ul, L. C. Marigo 78r, 82/83go, 83gor, William S. Paton 5M, 19Mro, M. R. Phicton 40Mr, Dieter & Mary Plage 49Mr, Hans Reinhard 40or, 47oM, 85, Leonard Lee Rue 45ur, John Shaw 96/97, Norman Tomalin 18Mr, John Uisser 31Ml, Peter Ward 62gul, Rod Williams 55gor + Mr, Konrad Wothe 27ol, 53gol + gor, 65gu; Comstock Inc.: George Lepp 92/93; Environmental Picture Library: H. Girardet 82l; Michael Fogden: 70/71; Frank Lane Picture Agency: Eichhorn/Zingel 75gur; Erikc & David Hosking 15ol, M. Macri 9M, Len Robinson 115; W. Wisniewski 34Mlu; Robert Harding Picture Library: 9ur, 44Ml; 81gu; The Image Bank: David Muench 51, Guido Alberto Rossi 42oM, Jack Ward 37hur; Jacana: Jean-Michel Labat 91, Jean-Philippe Varin 93o; Nature Photographers Ltd.: Frank Blackburn 108u, Kevin Carlson 100u, Hugh Clark 97, Andrew Cleave 105ur, Ernie Janes 101u, Paul Sterry 35Mro, Roger Tidman 99; NHPA: Agence Nature 46M, A.N.T./M. Cermak 77gul, A.N.T./C.S. Pollitt 63M, Henry Ausloos 7or, 40Mlu, G. I. Bernard 68go, N. Dennis 112o, Stephen Dalton 14or, 14Mlu, 30M, 30Mlo, 53goM, 56go + gu, 60Ml, 61go, Hellio & Van Ingen 110u, Michael Leech 31l, Lact Lemoine 36ol, Ivan Polunin 71gu, Tsureo Nakamura 35ur, Haroldo Palo 39ur, S. Robinson 24M, 39ol, Jany Sauvanet 12/13or, 53Mru, 70, John Shaw 22Mr, Morten Strange 61gul + gor, Roger Tidman 93u, Martin Wendler 72/73M, 113; Oxford Scientific Films Ltd.: Animals Animals/Breck P. Kent 46/48M, G. I. Bernard 76go, 106, Hans & Judy Beste 27ul, John Downer 95, Michael Fogden 29ol, 72M + gul, Max Gibbs 78l, Michael Leach 117, Renee Lynn 17or, Joe & Carol McDonald 10/11M, Tom McHugh 9ol, Stan Osolinski 19Mro, Partridge Films/Michael Goulding 78/79gu, Andrew Plumtre 54M, James H. Robinson 90, Tony Tilford 55gor; Planet Earth Pictures: K. Ammann 40/41uM, Gary Bell 10/11uM, John Bracegirdle 33Mr, Jim Brandenburg 20Mlo, 22or, Philipp Chapman 63gor, Mary Clay 18Ml, Richard Coomber 49oM, 81go, 100o, Ken Lucas 24Ml, Richard Matthews 27M, Scott McKinley 44ur, J. & G. Lythgoe 58M, Doug Perrine 34/35oM, Ronald S. Rogoff 17M, 21hor, Jonathan Scott 48M, 48/49M, Anup & Manoj Shah 18uM, Peter Stephenson 46ul; Premaphotos Wildlife: K. G. Preston-Mafham 8Mr; Silvestris 64go; South American Pictures: Tony Morrison 57gu; Survival Anglia Ltd.: Jen & Des Bartlett 112u, Jeff Foott 41or, Nick Gordon, 17Mru, J. M. Pearson hul, Alan Root 11Mr, Alan Root 65go; Vivek Sinha 44ul; Keith A. Szafranski: 102or; ZEFA: 24ul, 104/105, 112M, Heintgel 102ol, oM + u Frans Lanting 45M.

Erde

Fotografie: Peter Anderson, Tina Chambers, Geoff Dann, John Edwards, Steve Gorton, David Rudkin, James Stevenson.
Illustrationen: David Bergen, Jim Channell, Bob Corley, Roy Flooks, Tony Gibbons, Mick Gillah, Terry Hadler, Keith Hume, Aziz Khan, Chris Lyon, Annabelle Milne, Sebastian Quigley, Christine Robins (Garden Studios), Michelle Ross (Linden Artists), Roger Stewart, Grose Thurston, Graham Turner, Phil Weare.
Modelle: Atlas Models, Donks Models, Peter Griffiths, Truly Scrumptious Child Model Agency
Zusätzliche Fotos von: Jane Burton, Peter Chadwick, Geoff Dan, Philip Dowell, Dave King, Andreas Einsiedel, Stephen Hayward, Jacqui Hurst, Trevor Melton, Andrew McRobb, Martin Norris, Kim Taylor, Matthew Ward, Steven Wooster.

Besonders danken möchten wir: Carolin Brooke, der ESA, H. Samuel Ltd., Mark Lamey von Kew Gardens, dem Londoner Planetarium, Lee Marshfield vom Meereskundezentrum in Portsmouth, Oxfam, Dr. Potts von der Marine Association in Plymouth, Scallywags Child Model Agency, The Colour Company, der Truly Scrumptious Child Modell Agency, Ray Waites von Wisley, Whittards of Chelsea,dem Wissenschaftsmuseum London.

Bildnachweis:
Ardea: François Gohier 254gu, 255go, 257, 264gu; Biofotos: Heather Angel 160ur, 161uM, 164ur, 170ur, 173ol, 180M, 180Mlu, 183oM, 189or, 195ur; 258go, 267; Bruce Coleman Ltd: Jane Burton 169ul, 180Mlo, Mark N. Boulton 183oMr, Bob & Clara Calhoun 161oM, Gerald Cubitt 168or, 171Mr, Alain Compost 199uMr, Francisco Erize 259go, Dr. Inigo Everson 254go, CB & DW Frith 159M, 166Ml, Jeff Foott 163Ml, 256/257, MPL Fogden 177ol, Udo Hirsch 174ur, Charles Henneghien 195ul, M. P. Kahl 167ur, Steven C. Kaufman 169ur, Harald Lange 163or, Luiz Claudio Marigo 199oMr, M. Timothy O'Keefe 172ul, Charlie Ott 194Ml, Dieter & Mary Plage 231, Sandro Prato 169, Fritz Prenzel 175, Eckart Pott 176, Andrew Purcell 176, Hans Reinhard 162ul, 173or, 195Mr, 258gu, Leonard Lee Rue 168ur, Norman Owen Tomalin 198M, Konrad Wothe 171ul;Dr. Fred Espenak: 225Mr; Michael & Patricia Fogden: 179ur; Rafn Hafnfjord: 129; Robert Harding Picture Library: 141gol, 157gu, David Hughes 193oMr, Schuster/Kosel 259gul; David A. Hardy 225M; Holt Studios Int: Nigel Cattlin 170Ml, 180Mr, 180uM; Dianne R. Hughes (Biological Sciences, Macquarie University, NSW, Australien): 257goM; Image Bank: James H. Carmichael 149; Japan Meteorological Agency/National Meteorological Library; Kapteyn Laboratorium 222gu; Frank Lane Picture Agency: Australian Information Service 157gor, Ray Bird 155r, H. D. Brandt 265gor, R. Jennings 155l, S.McCutcheon 142Mlu, G. Moon 190ul; G.S.F. Picture Library: 130, 131, 140gor; Dr. John Lorre 225uMr; NASA 221go, 222u; Max-Planck-Institut 222go; Mountain Camera: John Cleare 148; NASA: 122go+gu, 217, 201l, 207go+gu, 209, 210/211, 212go, M, gul, gur, 213gu, 214gu, 215go, 217go+gu, 218go, 219go+gu, 221gu, 222M, 223Mr, 227Ml; NASA/Dr. Gene Feldman/GSFC 210go; Nature Photographers: Paul Sterry 199Mr; NHPA: A.N.T./Dk. D. Bishop 162Ml, A.N.T./Grant Dixon 151go, Jim Bain 192M, 192ur, 192or, 193M, G. I. Bernard 160Mr, 173uMr, Anthony Bannister 177oMr, 263,N. A. Callow 170Mlo, J. Carmichael 252gul, L. Campbell 171uM, Stephen Dalton 177u, Nigel Dennis 194Mr, J. B. Free 171ol, B. Jones & M. Shimlock 251gu, M. Morecombe 167Mlo, David Middleton 161ol, 191r, Ashod Papaziar 249, John Shaw 176M, 265gol,190Ml, Martin Wendler 160Mlu, Bill Wood 244Mlu, David Woodfall 186M; NOAO 224gu; OSF: J. A. L. Cooke 198ul, David Thompson 175or; Mike Osmond/Auscape International 254/255; Oxford Scientific Films: Doug Allen 153, 259gu, Kathie Atkinson 234Mr, Stuart Bebb 134l, Martyn Colbeck 147M, Warren Faidley 154/155, Laurence Gould 250M, Mark Hamblin 260/261, Frank Huber 265gu, T. S. McCann 261go, Terry Middleton 141gu; Ben Osborne 260gu, Peter Parks 232go+r, 232/233go+gu, 266gor, Frank Schneidermeyer 256go, Wisniewski/Okapia 260go; Pictor: 137, 145go, 152; Planet Earth Pictures: Rob Beighton 150M, Leo Collier 239gu, Peter David 266/267, Walter Deas 252gur, G. Deichmann/Transglobe 147gu, Georgette Douwma 245Mro, Hans Christian Heap140, A. Kerstich 240Ml, Kenneth Lucas 241goM, 243gu, John Lythgoe 134r, Doug Perrine 234/235, Christian Petron 235gur, Mike Potts 145gu, K. Puttock 150gu; Peter Scoones 244gul, 245gul, 253Mgu, 264go, Herwath Voigtmann 248, James D. Watt 244M, 256gu, 258/259; Ronald Royer 224/225, John Sanford 204, 205, 27gol, Dr. Rudolph Schild/Smithsonian Astrophysikalisches Observatorium 224go; Royal Botanic Gardens, Kew: David Cutler 172ur; Science Photo Library: 223gor, 124gol, Dr. Gene Feldman/NASA/GSFC 233go, Geosphere Project, Santa Monica/Tom Van Sant 124Mr, 125Ml, Maptec International 124gor, Dr. Martin N. England 225gur, NASA 124gul, 125gul, 125gol+gor, 150go, National Snow & Ice Data Center 125Mr, Claude Nuridsany & Marie Perennou 142gol, Mlo+gul, 143gor+gur, David Parker 132, Sheila Terry 135r, Tom Van Sant/Geosphere Project, Santa Monica 230gol; Ron & Valerie Taylor 246; Telegraph Colour Library: Space Frontier 205r, 211gu, Space Frontiers/N.R.S.C. 211go; Tony Stone Worldwide: 161Mr; South American Pictures: Tony Morrison 151gu, 188Mlu, Dr. Peter Francis 195ul; John Massey Stuart: 139; Survival Anglia: Annie Price 262; US-Marine-Observatorium 223gur; Margaret Welby 261gu, Norbert Wu 240gor, 266l; ZEFA: 167ul, 167ur ALLSTOCK/W. McIntyre 135l, DAMM 144, Knight & Hunt 147go.

Technik

Fotografie: Martin Cameron, Tina Chambers und James Stevenson vom National Maritime Museum, Greenwich; Andy Crawford, Mike Dunning, Philip Gatward, Steve Gorton, Dave King, Ray Mollers, Stephen Oliver, Dave Rudkin und Jerry Young.
Illustrationen: Peter Bull, The Colour Company, Roy Flooks, Mick Gillah, Tony Graham, Peter Griffiths, Keith Hume, Ray Hutchins, Pavel Kostal, Norman Lacey, Linden Artists, Janos Marffy, Josephine Martin, Sean Milne, Patrick Mulray, Alex Pang, Darren Pattenden, Sebastian Quigley, Eric Rome, Colin Salmon, Pete Serjeant, Rob Shone, Clive Spong, Brian Watson, Sonia Whillock, John Woodcock.
Modelle: Cheltenham Cutaway Exhibits Ltd., Donks Models, Peter Griffiths, Celia Allen
Zusätzliche Fotos von: Paul Bricknell, Jane Burton, Andreas von Einsiedel, Philip Gatward, David Johnson, Dave King, Stephen Oliver, Tim Ridley, Karl Shone, Clive Streeter, Kim Taylor, Jerry Young

Bildnachweis:
Air France: 285or; Allsport: Pascal Rondeau 309u; Australia House: 277uM; Aviation Picture Library: Austin J. Brown 284u, 285oM, 287ul; Bridgeman Art Library/Guildhall Library: Metropolitan Railway, Pread St., Paddington by Kell Bros. 278M; J. Allan Cash: 274or; Brookes and Vernons/JCB: 292ol, 292ul, 293oM; Bruce Coleman: Eric Crichton 290Mlu, 302l, Geoff Dore 291ol; French Railways Ltd.: 277or; Robert Harding: 274Ml, 279Mr, 287ul, 287M, Robert Francis 274ur, Nigel Gomm 275oM, A. Wolf 276uM, Saul Young 286ur; Hulton-Deutsch Collection: 273oM, 273Mr, 274ol; Image Bank: Jacques Cartier 305, Grant V. Faint 276ul, David W. Hamilton 274ul, Ronald Johnson 291oM, Chuck Mason 286Mro, Ocean Images 283or, Holger Schoenbeck 276/277uM, Milan Skaryd 284Ml, Jurgen Vogt 293M, Hans Wolf 275ol, 276uM; Images: 280or, 281or, 281Mr, 284ol; La Vie Du Rail: 276or; Mansell Collection: 272Ml; Michelin: 309M; Museum of Automata, York ©: 294Ml; NASA. 309o; National Motor Museum: 272or; NHPA: Henry Ansloos 303; Planet Earth: Garry Bell 282or, Peter Scoones 283ol; Quadrant: 285Mr, Anthony R. Dalton 280/281M; Science Photo Library: Dr. Jeremy Burgess 299, Peter Menzel 276ol, NASA 308, Sheila Terry 294M, US Dept. of Energy 295ur; Frank Spooner: Rotolo Liais 277Ml; Standard Fireworks: 307ol; Steel Can Recycling Information Bureau: 313; Tony Stone Images: Paul Chesley 277ul, David Higgs 283ul, Ian Murphy 280ul, Robin Smith 279or; Telegraph Colour Library: 285Ml, 288ur; University of Bristol: Dr. Mervyn Miles 299o; ZEFA: 278ol, 281ol, 284/285u, 286ul, 291or, 291uMl, 302r, 304o + u, Thomas Dimock 299u, W. Eastep 280ul, J. Feingersh 307, R. Halin 301, NASA 306, Richard Nicholas 285or, Schroeter 307or.

l = links	Mlo = Mitte links oben	uM = unten Mitte
r = rechts	Mru = Mitte rechts unten	hol = halb oben links
o = oben	Mro = Mitte rechts oben	hor = halb oben rechts
u = unten	ur = unten rechts	hur = halb unten rechts
M = Mitte	ul = unten links	or = oben rechts
Ml = Mitte links	go = ganz oben	ol = oben links
Mr = Mitte rechts	gu = ganz unten	
Mlu = Mitte links unten	oM = oben Mitte	

Bibliografische Information der Deutschen Nationalbibliothek:

Die Deutsche Nationalbibliothek verzeichnet diese Publikation
in der Deutschen Nationalbibliografie.
Detaillierte bibliografische Daten sind im Internet über
http://dnb.d-nb.de abrufbar.

A Dorling Kindersley Book
www.dk.com

2 3 12 11

Redaktion: Sabine Zürn
Printed in Germany

ISBN 978-3-473-55268-9

www.ravensburger.de